Teubner
Studienskripten (TSS)

Mit der preiswerten Reihe **Teubner Studienskripten** werden dem Studenten ausgereifte Vorlesungsskripten zur Unterstützung des Studiums zur Verfügung gestellt. Die sorgfältigen Darstellungen, in Vorlesungen erprobt und bewährt, dienen der Einführung in das jeweilige Fachgebiet. Sie fassen das für das Fachstudium notwendige Präsenzwissen zusammen und ermöglichen es dem Studenten, die in den Vorlesungen erworbenen Kenntnisse zu festigen, zu vertiefen und weiterführende Literatur heranzuziehen. Für das fortschreitende Studium können **Teubner Studienskripten** als Repetitorien eingesetzt werden. Die auch zum Selbststudium geeigneten Veröffentlichungen dieser Reihe sollen darüber hinaus den in der Praxis Stehenden über neue Strömungen der einzelnen Fachrichtungen orientieren.

Zu diesem Buch

Dieses Skriptum enthält den Stoff einer Wahlvorlesung für Elektrotechniker, die der Verfasser an der Universität der Bundeswehr Hamburg für Studenten des dritten Studienjahres hält. Vorausgesetzt werden elementare Kenntnisse in Mathematik, Physik und Hochfrequenztechnik. Die Darstellung ist so gewählt, daß das Buch vorlesungsbegleitend, aber auch zum Selbststudium verwendet werden kann. Es gibt einen zusammenfassenden Überblick über das Basiswissen zur monochromen (Schwarzweiß-) Fernsehtechnik, die physikalischen und physiologischen Grundlagen des farbigen Sehens, der Wiedergabe von farbigen Bildern mit Elektronenstrahlröhren, der elektrischen Wandlung und Übertragung von Farbfernsehbildern, der verwendeten Farbfernsehsysteme NTSC, SECAM, PAL und D2-MAC und der Farbfernsehempfänger-Schaltungstechnik, wobei der Schwerpunkt auf dem PAL-Empfänger liegt. Außerdem werden neuartige Techniken zur digitalen Fernsehübertragung besprochen. Das Buch ist wegen des relativ elementaren mathematischen Niveaus auch für den mehr praktisch orientierten Leser bedingt geeignet.

Farbfernsehtechnik

Von Dr.-Ing. B. Morgenstern

Professor an der
Universität der Bundeswehr Hamburg

3., vollständig neu bearbeitete und
erweite te Auflage
Mit 327 Bildern und 17 Tabellen

Springer Fachmedien Wiesbaden GmbH

Univ.-Prof. Dr.-Ing. Bodo Morgenstern

1934 in Weimar/Thür. geboren. 1954 bis 1957 Lehre als Rundfunk- und Fernsehtechniker; 1957 bis 1962 Studium der Hochfrequenztechnik an der T.H. Hannover, 1962 bis 1973 Wissenschaftlicher Assistent bzw. Akademischer Rat/Oberrat am Institut für Hochfrequenztechnik an der T.U. Hannover. 1971 Promotion. Seit 1973 Professor für Elektronik und Nachrichtenverarbeitung an der Universität der Bundeswehr Hamburg.

CIP-Titelaufnahme der Deutschen Bibliothek

Morgenstern, Bodo:
Farbfernsehtechnik / von B. Morgenstern. -
3., vollst. neu bearb. u. erw. Aufl. -
Stuttgart : Teubner, 1989
   (Teubner-Studienskripten ; 77 : Elektrotechnik)
   ISBN 978-3-519-20077-2   ISBN 978-3-322-94117-6 (eBook)
   DOI 10.1007/978-3-322-94117-6
NE: GT

Das Werk einschließlich aller seiner Teile ist urheberrechtlich geschützt. Jede Verwertung außerhalb der engen Grenzen des Urheberrechtsgesetzes ist ohne Zustimmung des Verlages unzulässig und strafbar. Das gilt besonders für Vervielfältigungen, Übersetzungen, Mikroverfilmungen und die Einspeicherung und Verarbeitung in elektronischen Systemen.

© Springer Fachmedien Wiesbaden 1989
Originally published by B. G. Teubner Stuttgart 1989

Gesamtherstellung: Druckhaus Beltz, Hemsbach/Bergstraße
Umschlaggestaltung: W. Koch, Sindelfingen

Vorwort

Dieses Skriptum enthält den Stoff einer Wahlvorlesung, die von mir an der Universität der Bundeswehr Hamburg für Studierende der Elektrotechnik im dritten Studienjahr gehalten wird. Die Darstellung ist so gewählt, daß das Buch sowohl vorlesungsbegleitend als auch zum Selbststudium verwendet werden kann. Im Hinblick darauf, daß ein möglichst breiter Leserkreis - auch außerhalb der Technischen Universitäten und der Fachhochschulen im Bereich der Praxis - angesprochen werden soll, wurde der mathematische Aufwand möglichst niedrig gehalten.

Die vorliegende dritte Auflage wurde völlig überarbeitet und ergänzt. Während man beim Erscheinen der ersten Auflage im Jahre 1976 noch davon ausgehen konnte, daß viele Leser über genügende Vorkenntnisse aus der Schwarzweißtechnik verfügten - das Farbfernsehen hatte sich damals gerade als Ergänzung zum Schwarzweißfernsehen etabliert - ist heute ein kurzer, einführender Abriß der monochromen Grundlagen im Sinne der Vollständigkeit unverzichtbar.

Im ersten Kapitel wird deshalb das Basiswissen der monochromen, optoelektrischen Bildwandlung, der Quantisierung der Bildinformation und der elektrooptischen Rückgewinnung des monochromen Bildes am Empfangsort vermittelt.

Ausgehend von den physikalischen und physiologischen Grundlagen der farbigen Wahrnehmung von Gegenständen wird anschließend die Dreifarbentheorie behandelt, die die Grundlage des Farbfernsehens schlechthin ist.

Danach wird ein Überblick über die wichtigsten Prinzipien der Farbbildwiedergabe mit Elektronenstrahlröhren gegeben, wobei zunächst die früher übliche Delta- und dann die derzeit verwendete In-Line-Dreistrahlröhre und das Trinitron mit ihren schaltungstechnischen Problemen im Mittelpunkt der Betrachtungen stehen.

Ein weiteres Kapitel befaßt sich mit der Farbfernsehübertragung. Ausgehend von der optoelektrischen Wandlung der Information in der Farbfernsehkamera werden die Aspekte der Kompatibilität, also der Verträglichkeit mit existierenden Schwarzweiß-Fernsehübertragungssystemen, beleuchtet und die Entstehung des kompletten Sendersignals allgemein dargestellt. Anschließend erfolgt eine vergleichende Darstellung der drei weltweit eingeführten terrestrischen Farbfernsehübertragungssysteme NTSC, SECAM und PAL sowie deren mögliche Verbesserungen (z.B. I-PAL und Q-PAL). Sie wird ergänzt durch eine kurze Betrachtung neuer Fernsehübertragungssysteme über Satellit oder Breitbandkabel. Stichworte sind hier die MAC-Familie und HDTV.

Breiten Raum nimmt die Behandlung des Fernsehempfängers, speziell des PAL-Empfängers ein. Anhand des Blockschaltbildes wird der Weg der Information durch die einzelnen Stufen verfolgt, wobei Aufgaben, Anforderungen und Schaltungstechnik diskutiert werden. Sofern möglich und notwendig, wird darauf hingewiesen, ob die betreffenden Stufen PAL-spezifisch oder auch in anderen Systemen realisiert sind. Am Ende dieses Kapitels findet der Leser einige Ausführungen zur Verwendung von analogen integrierten Schaltungen in der Farbfernsehempfangstechnik, die den rasanten technischen Fortschritt, der unvermindert anhält, andeuten sollen. Auch die digitale Kleinsignalverarbeitung wird in den wichtigsten Punkten beleuchtet. Die Fortschritte auf den Gebieten Schaltungstechnik und Halbleitertechnologie haben einerseits zu neuen, hochintegrierten Bausteinen der analogen Signalverarbeitung geführt und zum anderen im Bereich der Digitaltechnik die Einführung von Videotext und VPS erst ermöglicht. Wegen des begrenzten Umfangs dieses Skriptums einerseits und der Fülle von Schaltungsvarianten andererseits muß auf die Behandlung von Details weitgehend verzichtet werden. Dagegen sind einige prinzipielle Dinge zum Teil sehr breit abgehandelt.

Seit dem Erscheinen der ersten Auflage hat sich in der Fernsehtechnik und den ihr verwandten Gebieten der Elektronik und der Digitaltechnik eine stürmische Entwicklung vollzogen. Die Fortschritte in der Fernseh-Systemtechnik sind gekennzeichnet durch die Verbesserung der existierenden Fernsehübertragungs- und -meßtechnik, durch die Einführung von Videotext, VPS und Stereoton/Zweiton sowie durch die Erprobung neuer Methoden intelligenter Signalverarbeitungsverfahren. Letztere sollen helfen, die systembedingten Mängel z.B. von PAL zu mildern oder zu beseitigen, indem bestehende Redundanzen im Fernsehkanal ausgenutzt werden. Die 3. Auflage trägt dem Rechnung und behandelt diese Themenkreise unterschiedlich ausführlich.
Obwohl manche Schaltungsdetails veraltet sein mögen, wurden sie dennoch nicht herausgenommen, weil sie erstens das prinzipielle Verständnis für die elektronische Signalverarbeitung generell schulen und zweitens den enormen Fortschritt insbesondere in der Mikroelektronik verdeutlichen.

Letztgenannter schlägt sich auch in der Gestaltung dieses Buchs nieder, das erstmals mit einem Textverarbeitungssystem erstellt wurde. Wer sich einmal mit diesem neuen Medium befaßt hat, weiß ein Lied von dessen Tücken, insbesondere in der Einführungsphase, zu singen. Ich möchte mich deshalb bei allen im privaten und im dienstlichen Bereich, die mir für die vielen Überstunden geduldiges Verständnis entgegengebracht haben, und die mir mit Rat und Tat zur Seite standen, herzlich bedanken. Ebenso gilt mein Dank dem Teubner-Verlag für die gute Zusammenarbeit.

Hamburg, im August 1989.

Bodo Morgenstern

Inhaltsverzeichnis

Seite

1. Prinzip des monochromen Fernsehens 11

1.1. Optoelektrische Wandlung von monochromen Bildern 11
1.1.1. Gewinnung der Grauwerte, (Luminanzextraktion) 11
1.1.2. Quantisierung des Luminanzsignals 13
    1.1.2.1. Zeitliche Quantisierung der Luminanz 14
    1.1.2.2. Örtliche Quantisierung der Luminanz, Bildformat und Zeilenzahl 15
1.1.3. Abtastung des Bildfeldes (Multiplexer), das BAS-Signal 16
1.1.4. Erforderliche Übertragungsbandbreite 18
1.1.5. Zeilensprungverfahren, Synchronsignale 20
1.1.6. Frequenzspektrum des BAS-Signals 22
1.1.7. Bildaufnahme-Sensoren 23
    1.1.7.1. Lichtpunkt-Abtaster (Flying Spot Scanner) 23
    1.1.7.2. Bildaufnehmer mit Ladungsspeicherung 25

1.2. Elektrooptische Wandlung monochromer Bilder, Bildwiedergabe 30
1.2.1. Die Katodenstrahlröhre für monochromes Fernsehen 30
    1.2.1.1. Strahlerzeugung, die Glühkatode 31
    1.2.1.2. Der Bildschirm oder Leuchtschirm 31
    1.2.1.3. Strahlfokussierung 33
    1.2.1.4. Strahlablenkung, Rastererzeugung 36
1.2.2. Andere Verfahren, der "flache" Bildschirm 37
1.3. Gamma-Korrektur (Gradations-Vorentzerrung) 40

1.4. Fernseh-Übertragungsnormen 41
1.4.1. Überblick 41
1.4.2. Die CCIR-Norm 42

2. Die Farbe, Das Licht als Teil des elektromagnetischen Strahlungsspektrums 46

3. Das Auge, Farbiges Sehen 48

4. Farbenlehre 50

4.1. Dreifarbentheorie, Additive Farbmischung 50
4.1.1. Farbmischkurven 50
4.1.2. Darstellung der Farbe im Raum 52

4.2. Darstellung der Farbe im Farbdreieck 54
4.3. Farbton, Farbsättigung, Farbart und Leuchtdichte 54
4.4. Komplementärfarben, Subtraktive Farbmischung 55
4.5. Das Normalfarbendreieck und der Spektralfarbenzug, Farbmetrik 55
4.6. Das I-Q-Koordinatensystem 59
4.7. Darstellung der Farbe im Farbkreis 60

5. Farbbildwiedergabe 62

5.1. Wiedergabe mit 3 Farbbildröhren 62
5.2. Dreistrahlröhren mit Schattenmaske 62
5.2.1. Prinzip der Dreistrahlröhre 62
5.2.2. Technische Entwicklung 63

5.3. Dreistrahlröhre mit Delta-Lochmaske in 90° -Technik 63
5.3.1. Der Abgleich der Grauskala 66
5.3.2. Purity (Farbreinheit) 67
5.3.3. Konvergenz 69
    5.3.3.1. Allgemeines 69
    5.3.3.2. Statische Konvergenz 69

5.3.3.3. Dynamische Konvergenz — 72
5.3.4. Dynamische Kissenentzerrung — 79

5.4. Dreistrahlröhre mit Delta-Lochmaske in 110° -Technik — 82
5.4.1. Prinzipien der Strahlablenkung bei 110° -Farbbildröhren, Konvergenz und Strahllandung — 84
5.4.2. 110°-Dickhalsröhren und 110° -Dünnhalsröhren — 88
5.4.3. 110°-Ablenktechnik mit Sattelspulen und Dickhalsröhre — 89
    5.4.3.1. Sattelspulen — 89
    5.4.3.2. Horizontalablenkkreis mit Eckenkonvergenzgenerator — 90
    5.4.3.3. Dynamische Fokussierung — 92
    5.4.3.4. Vertikalablenkkreis — 92
    5.4.3.5. Aktive Kissenentzerrung — 92
5.4.4. Konvergenzschaltungen für die 110°-Dickhalsröhre — 95
5.4.5. 110°-Ablenktechnik mit Toroidspulen für Dünnhalsröhren — 97
    5.4.5.1. Toroidspulen, Allgemeines — 97
    5.4.5.2. Daten von Ablenksystemen im Vergleich — 98

5.5. Die Trinitron-Farbbildröhre — 99

5.6. In-Line-Röhre mit Schlitzmaske — 100
5.6.1. Aufbau der Bildröhre — 101
5.6.2. Prinzipien der Strahlablenkung bei In-Line-Röhren, Selbstkonvergenz — 102
5.6.3. Korrektur fertigungsbedingter Konvergenz- und Farbreinheits-Restfehler — 105
    5.6.3.1. Farbreinheitseinstellung mittels Zweipolfeld — 106
    5.6.3.2. N-S-Rasterkorektur — 106
    5.6.3.3 Statische Konvergenzeinstellung mittels Vierpol- und Sechspolfeld oder mit Mehrpol-Magneteinheit — 107
    5.6.3.4. Dynamische Konvergenz — 108
5.6.4. Abgleichfreies Farbbildsystem in Paßtechnik — 110
    5.6.4.1. Modifikation des Elektronenstrahlsystems — 110
    5.6.4.2. Modifikation der Ablenkeinheit — 111
5.6.5. Weitere Verbesserungen bei In-Line-Röhren — 112

6. Farbfernsehübertragung — 114

6.1. Farbfernsehkamera mit 3 Aufnahmeröhren — 114
6.2. Farbfernsehkameras mit Halbleiter-Bildwandlern — 115
6.3. Dreikanalübertragung — 115
6.4. Kompatibilität — 116
6.5. Das Leuchtdichtesignal (Y-Signal, Luminanzsignal) — 116
6.6. Das Farbartsignal (C-Signal, Chrominanzsignal) — 117
6.7. Die Farbträgerfrequenz — 119
6.8. Übertragung der Farbdifferenzsignale, Quadraturmodulation — 121
6.9. Das I- und das Q-Signal — 125
6.10 Modulationstechnik des Farbträgers — 125
    6.10.1. Amplitudenmodulation klassischer Art — 125
    6.10.2. Quadratur-Amplitudenmodulation des Farbträgers (QAM) — 129

6.11. Das komplette FBAS-Sendersignal — 129

6.12. Farbfernsehsysteme — 131
    6.12.1. Das NTSC-Verfahren — 132
    6.12.2. Das SECAM-Verfahren — 135
    6.12.3. Das PAL-Verfahren — 146
    6.12.4. Das I-PAL-Verfahren, Q-PAL — 152
    6.12.5. Die MAC-Familie und der D2-MAC-Packet-Standard — 156
    6.12.6. Hochauflösendes Fernsehen, HDTV — 158

7. Der PAL-Empfänger, Blockschaltbild — 160

7.1. Allbereichtuner (Allbandwähler, Kombituner) — 162

7.1.1.	Aufgabe des Tuners	162
7.1.2.	Forderungen an den Tuner	162
7.1.3.	Blockschaltbild desTuners	165
7.1.4.	Technische Realisierung	165

7.2. Bild-Zwischenfrequenz-Verstärker (Bild-ZF) — 167
- 7.2.1. Aufgaben des Bild-ZF-Verstärkers — 167
- 7.2.2. Anforderungen an den Bild-ZF-Verstärker — 168
- 7.2.3. Technische Realisierung des Bild-ZF-Verstärkers — 171
  - 7.2.3.1. Resonanzverstärker mit LC-Schwingkreisen — 171
  - 7.2.3.2. Bild-ZF-Verstärker mit Oberflächen-Wellen-(OWF)-Filtern — 174

7.3. Bild- und Ton-Demodulatorstufen — 176
- 7.3.1. Aufgabe der Demodulatorstufen — 176
- 7.3.2. Anforderungen an die Demodulatoren — 176
- 7.3.3. Technische Realisierung — 177

7.4. Automatische HF- und ZF-Verstärkungsregelung (getastete Regelung) — 179
- 7.4.1. Technische Realisierung — 180
- 7.4.2. Verzögerte Regelung — 180

7.5. Leuchtdichteverstärker (Luminanz-, Video- oder Y-Verstärker) — 180
- 7.5.1. Aufgaben des Videoverstärkers — 181
- 7.5.2. Anforderungen an den Y-Verstärker — 182
- 7.5.3. Schaltungstechnik im Video-(Y-) Verstärker — 183

7.6. Farbartverstärker (Farb-ZF- oder Chrominanzverstärker) — 186
- 7.6.1. Aufgaben des Farbartverstärkers — 186
- 7.6.2. Anforderungen an den Farbartverstärker — 187
- 7.6.3. Schaltungstechnik im Farbartverstärker — 188

7.7. Getasteter Burstverstärker — 189
- 7.7.1. Aufgaben des Burst — 189
- 7.7.2. Aufgabe des getasteten Burstverstärkers — 189
- 7.7.3. Schaltungstechnik im Burstverstärker, Regelspannungsgewinnung — 190

7.8. Farbabschalter (Color Killer) — 191
- 7.8.1. Aufgabe des Farbabschalters — 191
- 7.8.2. Anforderungen an den Farbabschalter — 191
- 7.8.3. Schaltungstechnik im Farbabschalter — 192

7.9. Phasendiskriminator für Farbabschalter und PAL-Schalter — 192
- 7.9.1. Aufgabe des Phasendiskriminatros für den Farbabschalter — 192
- 7.9.2. Schaltungstechnik — 193
- 7.9.3. Wirkungsweise des Diskriminators — 193

7.10. 4,43 MHz-Referenzoszillator — 198
- 7.10.1. Aufgabe des Referenzoszillators — 198
- 7.10.2. Anforderungen an den Referenzoszillator — 198
- 7.10.3. Schaltungstechnik beim Referenzoszillator und Diskriminator für die Nachstimmspannung — 198

7.11. PAL-Laufzeitdecoder (PAL-Laufzeitdemodulator, PAL-Laufzeitaufspalter) — 200
- 7.11.1. Aufgabe des PAL-Laufzeitdecoders — 200
- 7.11.2. Die PAL-Laufzeitleitung — 201
- 7.11.3. Anforderungen an die PAL-Laufzeitleitung — 202
- 7.11.4. Prinzip des PAL-Laufzeitdecoders — 204

7.12. Synchrondemodulatoren und Hilfsstufen — 208
- 7.12.1. Aufgabe der Synchrondemodulatoren — 208
- 7.12.2. U-V-Entzerrung — 209
- 7.12.3. PAL-Synchronisation und PAL-Schalter (Flipflop) — 209

7.12.3.1.	Aufgabe des PAL-Schalters	209
7.12.3.2.	Schaltungstechnik beim PAL-Schalter	210
7.12.4.	Prinzipschaltung des Synchrondemodulators	211
7.12.4.1.	(B-Y)-Synchrondemodulator	213
7.12.4.2.	(R-Y)-Synchrondemodulator	214

7.13. Dematrizierung, Gewinnung der Farbsignale — 214
- 7.13.1. Erzeugung der Farbdifferenzsignale (R-Y), (G-Y) und (B-Y) — 215
- 7.13.2. Erzeugung der Farbsignale R, G und B — 216

7.14. Ansteuerung der Farbbildröhre — 219
- 7.14.1. Kenndaten von Farbbildröhren — 219
- 7.14.2. Ansteuerungsarten für die Farbbildröhre — 220
  - 7.14.2.1. RGB-Ansteuerung an den Katoden — 222
  - 7.14.2.2. RGB-Ansteuerung an den Gittern — 222
  - 7.14.2.3. Farbdifferenzansteuerung an den Gittern mit Leuchtdichteansteuerung an den Katoden — 223
  - 7.14.2.4. Leuchtdichteansteuerung an den Gittern mit Farbdifferenzansteuerung an den Katoden — 223
  - 7.14.2.5. Vergleich der RGB- mit der Farbdifferenzansteuerung, Vor- und Nachteile — 224

7.15. Lineare integrierte Schaltkreise in der Farbfernseh-Empfängertechnik — 225

7.16. Digitale Signalverarbeitung im Fernsehempfänger — 230

7.17. Hochspannungsversorgung — 233
- 7.17.1. Hochspannungsstabilisierung mit Röhren — 234
- 7.17.2. Hochspannungserzeugung mittels Kaskadengleichrichter — 235
- 7.17.3. Hochspannungserzeugung mittels Split-Dioden-Transformator — 237

7.18. Ablenktechnik für die Bildröhre — 237
- 7.18.1. Vertikalablenkung (Bildendstufe) — 237
- 7.18.2. Horizontalablenkung (Zeilenendstufe) — 239
  - 7.18.2.1. Horizontal-Ablenkschaltungen mit Thyristoren — 240
  - 7.17.2.2. Horizontalablenkung mit Transistoren — 246

8. Zusätzliche Informationsübertragung im Fernsehkanal — 250

8.1. Prüfzeiletechnik — 250

8.2. Videotext (Teletex) — 253
- 8.2.1. Allgemeines — 253
- 8.2.2. Anforderungen an Bildschirmtext — 253
- 8.2.3. Bildaufteilung und Zeichenform — 255
- 8.2.4. Zeichenvorrat und Darstellungsarten — 255
- 8.2.5 Codierung und Informationsübertragung — 256
- 8.2.6. Videotext-Signalverarbeitung im Empfänger — 259

8.3. Datenübertragung in der V-Austastlücke — 261

8.4. Zweiton- und Stereoton-Übertragung — 261
- 8.4.1. Zweiton- und Stereoton-Verfahren im Frequenzmultiplex — 261
- 8.4.2. Sound-in-Sync-(SIS-)- Verfahren — 264

8.5 Video-Programm-System VPS — 265

Formelzeichen und Abkürzungen — 268
Quellennachweis — 269
Sachweiser — 275

1. Prinzip des monochromen Fernsehens

1.1. Optoelektrische Wandlung von monochromen Bildern

Das *Fernsehen* ist als eine Teildisziplin der *elektrischen Kommunikationstechnik* zu verstehen. Es hat die Aufgabe bewegte, optische Szenen *monochrom* (also schwarzweiß) oder farbig qualitativ so hochwertig zu übertragen und wiederzugeben, daß der Nachrichtenempfänger einen möglichst wirklichkeitsgetreuen Eindruck des Geschehens erhält. Dazu gehört selbstverständlich auch die Übermittlung der begleitenden akustischen Information.

Die elektrische Übertragung des Tons ist - historisch gesehen - älter, entsprechende Verfahren existierten bereits lange vor der Einführung des Fernsehens. Wir wollen uns mit ihr nur in dem Maße befassen, wie es zum Verständnis spezifischer Probleme im Zusammenhang mit dem Fernsehen erforderlich ist und im übrigen beim Leser entsprechende Kenntnisse voraussetzen.

Es ist außerdem sinnvoll, bei der Behandlung des Stoffes - der technischen Entwicklung folgend - zunächst nur das monochrome Fernsehen zu betrachten, das die Grundlage für das Farbfernsehen bildet.

Bild 1.1 gibt die Problemstellung der monochromen Bildübertragung in einem Blockschaltbild wieder, anhand dessen wir in diesem Buch die charakteristischen Schritte der Signalverarbeitung diskutieren werden.

1.1.1. Gewinnung der Grauwerte. (Luminanzextraktion)

Wir gehen aus von der *farbigen, bewegten Vorlage*, wie sie z.B. von der Optik einer Kamera geliefert wird. Sie beinhaltet *4 Signalparameter* (man spricht signaltheoretisch von einem vierdimensionalen Vektor):
- die **Ortskoordinaten** x und y mit maximalen Werten ($x_{max} = b$, $y_{max} = h$), entsprechend der Breite b und der Höhe h des Bildes,
- die **Wellenlänge** λ *der Farbe*, die gemäß Kapitel 2 eine elektromagnetische Strahlung darstellt,
- die **Zeit**, da es sich um zeitveränderliche Bilder handelt.

Die Aufgabe besteht also darin, aus der *vierdimensionalen Videoinformation*
$$V(x, y, \lambda, t)$$
durch Reduktion der Parameter eine *eindimensionale elektrische Signalspannung*
$$u_Y(t)$$
zu erzeugen, die dann elektrisch beliebig weit übertragen werden kann.

In einem ersten Schritt erfolgt in der Kamera die sog. *Luminanz-* oder *Hel-*

- 12 -

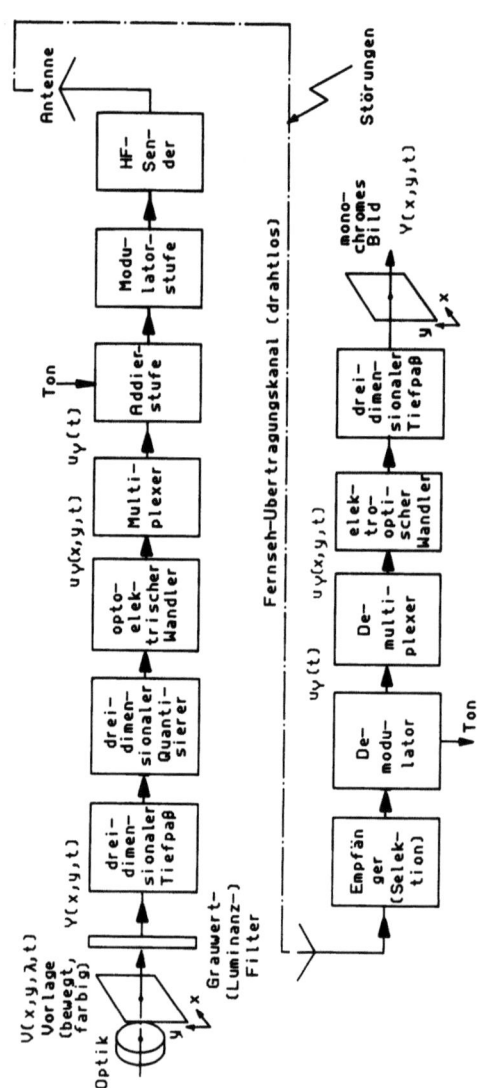

Bild 1.1: Prinzip eines Fernseh-Übertragungssystems (monochrom)

ligkeitsexraktion. Dieser Prozeß bedeutet, daß die einzelnen Farbtöne aus V(x,y,λ,t) in entsprechende *Grauwerte*
Y (x,y,t)
eines monochromen Bildes umgewandelt werden, wie wir das beispielsweise von der Schwarzweiß-Fotografie her kennen. Aus der farbigen Szene wird also ein bewegtes Schwarzweißbild erzeugt, das nur die Helligkeitswerte der einzelnen Farben enthält. Dazu gehört:
- *Optische Filterung* von V entsprechend der sog. *Hellempfindungskurve* des menschlichen Auges (s. Kapitel 2), um nur den optisch sichtbaren Bereich zu erfassen. Dadurch entsteht das Signal y*(x,y,λ,t).
- *Integration* aller Spektralanteile y*(x,y,t) über den optisch sichtbaren Bereich λ_{rot} bis λ_{blau}, so daß die *Luminanz*

$$Y(x, y, t) = \int_{\lambda_{rot}}^{\lambda_{blau}} y^*(x,y,\lambda,t) \, d\lambda \tag{1.1}$$

entsteht. Diesen kompliziert erscheinenden Vorgang erzeugt in einfacher Weise die fotoelektrische Schicht des Bildwandlers (z.B. Kameraröhre oder Halbleiterchip).

1.1.2. Quantisierung des Luminanzsignals

Im Prinzip ist der Informationsinhalt der Luminanz unendlich groß, denn man könnte sich sowohl die örtliche als auch die zeitliche Auflösung von Y(x,y,t) beliebig fein vorstellen. Allerdings ergeben sich hierbei schnell technologische Grenzen, so daß man für die 3 Parameter x,y und t eine *Quantisierung* vornehmen muß. Darunter versteht man allgemein die Aufteilung eines Wertebereichs in *endlich viele, diskrete Stufen*. Details werden also in ihren Feinheiten begrenzt, was signaltheoretisch einer dreidimensionalen *Tiefpaßfilterung* in x, y und t gleichkommt.
Die Quantisierung wird dabei möglichst an die Leistungsfähigkeit des menschlichen Auges angepaßt, dessen *örtliches* und *zeitliches* Auflösungsvermögen ebenfalls begrenzt ist. Es ist irrelevant, in der Fernsehtechnik Informationen zu übertragen, die oberhalb dieser Leistungsgrenze liegen, und deshalb spricht man von *Irrelevanzreduktion* im Zusammenhang mit der Quantisierung. Damit trotz Quantisierung bei der Luminanzverarbeitung eine zufriedenstellende Qualität während der Wiedergabe gewährleistet ist, muß das sog. **Abtasttheorem** von *Shannon* erfüllt sein, das - auf eine einfache Formulierung reduziert - folgendes aussagt:

Will man eine sinusförmige Luminanzänderung mit der maximalen Frequenz $f_{lum\ max}$ *übertragen, so muß die abtastende Frequenz* f_{sample} **mindestens doppelt so hoch** *sein* (s. Bild 1.2):

$$\boxed{f_{sample} \geq 2 f_{lum\ max}} \tag{1.2}$$

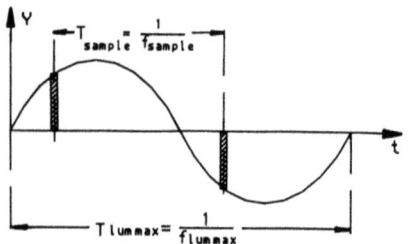

Bild 1.2: Zum Abtasttheorem (Shannon)

Das Signal Y muß also mindestens einmal pro Halbwelle abgetastet werden. Das gilt sowohl für örtliche als auch für zeitliche Luminanzänderungen.

Zwei *Beispiele* mögen das erläutern:
Aus der Kinotechnik ist der Effekt bekannt, daß sich bei bewegten Fahrzeugen mit Speichenrädern die Speichen scheinbar rückwärts drehen, obwohl das Fahrzeug vorwärts fährt (Stroboskopeffekt). Hier ist die zeitliche Speichenfolgefrequenz größer als die Bildabtastfrequenz. Damit ist das *zeitliche* Abtasttheorem verletzt.
In manchen Aufnahmeszenen erscheint bei feinen Detailstrukturen (z.B. feingemusterten Saccos von Nachrichtensprechern) ein grobes Störmuster (Moiré), das sich bei leichter Bewegung der Struktur sehr stark ändert. Hier ist die *örtliche* Abtastfrequenz, die in der Zeilenzahl des Bildes ihren Niederschlag findet, niedriger als die größte örtliche Luminanzfrequenz, also das Abtasttheorem im *Ortsbereich* verletzt.
Man faßt Fehler dieser Art unter dem Begriff **Aliasing** zusammen. Hierzu gehören auch noch das *Flimmern* und die *ruckweise Bewegung* im Zeitbereich sowie *treppenförmige Strukturen* im Ortsbereich (s. nächste Abschnitte).

Zur Vermeidung von Aliasing-Fehlern bei der Quantisierung gehört neben genügend hohen Abtastfrequenzen eine entsprechende *Tiefpaßfilterung von Y vor der Quantisierung*, damit Gleichung (1.2) erfüllt ist (s.a. Bild 1.1).

1.1.2.1. Zeitliche Quantisierung der Luminanz

Das Problem der *zeitlichen Quantisierung* bewegter Szenen ist aus der Kinotechnik seit langem bekannt. Werden dem Auge Bilder in rascher Folge angeboten, so ist es oberhalb einer Folgefrequenz von etwa 16 Hz nicht mehr in der Lage, sie zeitlich aufzulösen: Sie werden als kontinuierliche Folge empfunden.
Das Auge wirkt, signaltechnisch gesehen, als *Integrator*. Die untere Grenzfrequenz für ruckfreie Übertragung f_{ruck} ist also etwa

$$\boxed{f_{ruck} \approx 16 \text{ Hz}} \qquad (1.3).$$

Allerdings reicht f_{ruck} für eine zufriedenstellende Bildübertragung noch nicht aus, denn bei einer Bildwechselfrequenz in diesem Bereich ist ein weiterer Effekt sehr störend, nämlich das *Flimmern* (engl. flicker). Hierunter versteht

man die periodische Änderung der (Bild-)Helligkeit, wie sie z.B. im Kino beim Filmbildwechsel zwangsläufig auftritt. Die *kritische Flimmerfrequenz* des Gesichtssinns liegt etwa um den Faktor 2...3 höher als f_{ruck}, sie hängt entsprechend Bild 1.3 von der Leuchtdichte des Bildes ab.
Für die mittlere Leuchtdichte von etwa 250 asb, wie sie beim normal eingestellten Monochrom-Bildschirm auftritt, liest man aus Bild 1.3 ab

$$\boxed{f_{flimmer} \approx 2...3\ f_{ruck}} \quad (1.4).$$

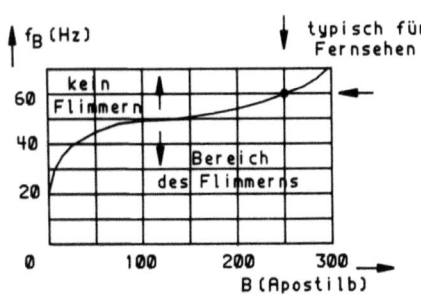

Bild 1.3: Flimmern als Funktion der Leuchdichte

Aus Wirtschaftlichkeitsgründen möchte man die Bildfolgefrequenz so niedrig wie möglich halten, also in der Nähe von f_{ruck}. Die Flimmergrenze erfordert aber einen wesentlich höheren Wert. In der Kinotechnik hat man die Bildfolgefrequenz f_B festgelegt auf

$$\boxed{f_B = 18\ \text{Hz oder}\ 24\ \text{Hz}} \quad (1.5).$$

Die Flimmerstörung beseitigt man dadurch, daß man jedes Bild zweimal oder dreimal hintereinander beleuchtet, indem eine rotierende Blende synchron zu f_B den Lichtstrom des Wiedergabeprojektors unterbricht.
In der Fernsehtechnik muß man einen anderen Weg gehen, der als *Zeilensprung, Interlace-Technik* oder *Zwischenzeilenverfahren* bezeichnet wird (s. Abschnitt 1.1.5).

1.1.2.2. Örtliche Quantisierung der Luminanz, Bildformat und Zeilenzahl

Die *örtliche Quantisierung* des Bildes wird so festgelegt, daß sich horizontal und vertikal die gleiche Auflösung ergibt. Entsprechend Bild 1.4 sind dazu quadratische Bildpunkte *(Pixel)* erforderlich. Man erkennt hier unmittelbar einen möglichen Aliasing-Fehler (s.a. Abschnitt 1.2):
Bei zu kleiner Bildpunktzahl (oder zu großen Pixeln) entstehen an schrägen Kanten Treppenstrukturen. Die Größe eines Pixels (Kantenlänge p) wird nun so definiert, daß sie etwa der *örtlichen Auflösungsgrenze* des Auges entspricht. Hierzu gehört nach Bild 1.4 ein Sehwinkel δ von

$$\delta \approx 1{,}5' \quad (1.6).$$

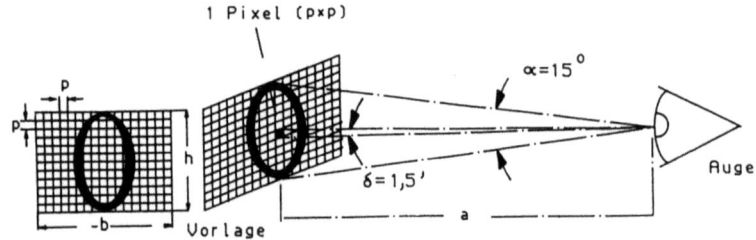

Bild 1.4: Modell zur Abschätzung der benötigten Bildpunktzahl

Pixel, die dem Auge unter einem kleineren Sehwinkel angeboten werden, kann es nicht mehr einzeln auflösen. Das *Seitenverhältnis* eines Fernsehbildes beträgt

$$\text{Breite : Höhe} = b : h = 4 : 3 \tag{1.7}$$

Dies ist übrigens nahezu der einzige Parameter, der bei allen klassischen Fernsehübertragungssystemen einheitlich ist. Als zweckmäßig hat sich ein *Betrachtungsabstand* a erwiesen, bei dem die Bildhöhe unter einem Sehwinkel von $\alpha \approx 15°$ erscheint. Hieraus resultiert $a \approx 4 \ldots 5 \times$ Bildschirmdiagonale. Die erforderliche *Anzahl z der Zeilen* kann man bei gegebenem a nunmehr unmittelbar aus Bild 1.3a entnehmen.

$$z = h/p \approx \alpha/\delta = 15° / 1{,}5\,' = 600 \tag{1.8}$$

In den einzelnen Normen weicht z von diesem Wert ab (s. Tabelle 1.1).

Ferner ergibt sich die *Anzahl der Pixel* eines einzelnen Bildfeldes etwa zu

$$P_{bild} = z^2 \cdot b/h = 480.000 \tag{1.9}$$

Wir benötigen diesen Wert noch für die Berechnung der erforderlichen Übertragungsbandbreite (Abschnitt 1.1.4).

1.1.3. Abtastung des Bildfeldes (Multiplexer), das BAS-Signal

Die Aufgabe der Bildübertragung besteht nun im nächsten Schritt darin, die einzelnen Pixel eines Bildfeldes getrennt zu übermitteln, um sie am Empfangsort wieder zusammensetzen zu können. Hierfür ist eine *Multiplex*- oder *Vielfach-Technik* erforderlich. Man unterscheidet in der Signalübertragung drei Arten von Multiplex:

- **Raummultiplex:** Hierbei erhält jedes Pixel eine eigene Übertragungsleitung, alle Pixel werden gleichzeitig übertragen. Der technische Aufwand ist gigantisch (480 000 Leitungen entsprechend Gleichung (1.9)), das Verfahren ist also nicht praktikabel.
- **Frequenzmultiplex:** Jedem Pixel wird eine eigene hochfrequente Trägerfrequenz zugeordnet, auf die der indivudelle Helligkeitswert aufmoduliert wird. Alle Frequenzen werden - systematisch gestaffelt- gleichzeitig übertragen. Auch hier ist ein hoher technischer Aufwand erforderlich. Das Verfahren scheidet deshalb (bis heute jedenfalls) aus.
- **Zeitmultiplex:** Bei diesem derzeit ausschließlich verwendeten Prinzip werden alle Pixel zeitlich hintereinander in einem einzigen Kanal übertragen. Hierbei wird die Luminanzinformation Y(x,y,t) nach der optoelektrischen Wandlung in $u_Y(x,y,t)$ gemäß Bild 1.1 in ein elektrisches Signal $u_Y(t)$ umgeformt, wobei die Parameter x und y in der zeitlichen Reihenfolge der Pixel enthalten sind (Parameterreduktion x,y,t auf t). Damit empfängerseitig eine exakte Rekonstruktion von x und y möglich ist, müssen zusätzliche *Synchronsignale* in $u_Y(t)$ eingeschachtelt werden.

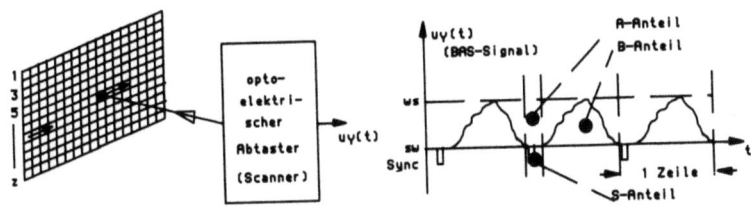

Bild 1.5: Entstehung des BAS-Signals

Bild 1.5 zeigt schematisch die technische Realisierung. Die Vorlage wird zeilenweise von links nach rechts abgetastet, und zwar beginnend mit Zeile 1 in der linken oberen Ecke. Die Helligkeit (Luminanz) entspricht einem elektrischen Spannungswert (z.B. schwarz (sw) = 0 V und weiß (ws) = 1 V).
Zu Beginn einer jeden Zeile wird ein *Horizontal-* oder *Zeilensynchronsignal* (**H-Sync**) erzeugt, das durch einen negativen Spannungsimpuls (z.B. -0,3 V) charakterisiert ist.
Während der zeilenweisen Abtastung bewegt sich der Abtaststrahl zusätzlich von oben nach unten, um in die jeweils nächste Zeile zu kommen. Damit der Beginn eines Bildes (Anfang Zeile 1) exakt signalisiert wird, ist zusätzlich zu den H-Syncs noch ein *Vertikal-* oder *Bildsynchronsignal* (**V-Sync**) erforderlich. Er ist in Bild 1.5 nicht mit dargestellt, weil er im Abschnitt 1.1.5 noch ausführlich erläutert wird. Während der Dauer des H-Sync erfolgt keine Abtastung der Bildvorlage, der Abtaststrahl wird (vergleichsweise rasch) vom rechten zum linken Bildrand zurückgeführt *(Zeilen-* oder *Horizontalrücklauf).*
Entsprechendes geschieht während der Dauer des V-Sync bezüglich der-

Rückführung des Strahls von der rechten unteren in die linke obere Bildecke
(*Bild-* oder *Vertikalrücklauf*). Für den Horizontalrücklauf sind etwa 18% der
Zeilendauer und für den Vertikalrücklauf etwa 6% der Bilddauer vorgesehen.
Da während der Rückläufe keine Luminanzinformation übertragen wird, muß
das Bild bei der Wiedergabe dunkel ("ausgetastet") sein.
Das Zeitmultiplexsignal $u_Y(t)$ enthält also 3 Informationen:
- den eigentlichen *Bild-(B-) Inhalt* (die Luminanz) im Zeilenhinlauf,
- das *Austast-(A-) Signal* beim Rücklauf und
- (additiv zum A-Signal) das *Synchron-(S-) Signal*. (vgl. Bild 1.5).

Man bezeichnet es deshalb als *BAS-Signal*. Auf Details kommen wir im Abschnitt 1.4 noch zurück.

1.1.4. Erforderliche Übertragungsbandbreite

Wir wenden uns nun der Frage zu, welche *Übertragungsbandbreite* ein Fernsehkanal haben muß. An ihn werden zwei extreme Forderungen gestellt, die
die *untere* und die *obere Grenzfrequenz* bestimmen.
- Übertragung eines konstanten Luminanzwertes, was z.B. einer gleichförmigen weißen, schwarzen oder beliebig grauen Fläche entspricht: Daraus
resultiert: Die niedrigste zu übertragende Videofrequenz ist

$$f_{video\ min} = 0\ Hz \qquad (1.10).$$

- Übertragung der größtmöglichen Feinheit im Raster nach Bild 1.4: Das ist
offensichtlich u.a. dann gegeben, wenn die einzelnen Pixel schachbrettartig schwarz oder weiß sind. Hierzu gehört ein Videosignal, wie es in
Bild 1.6 für den Teil einer Zeile dargestellt ist.

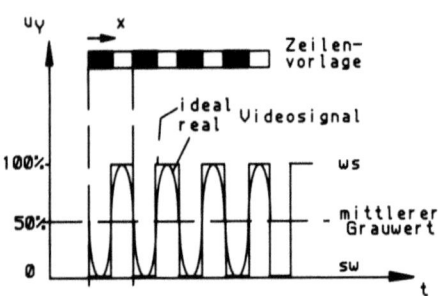

Das ideal rechteckförmige Videosignal kann in der Praxis nicht realisiert werden, sondern es entsteht näherungsweise ein Sinussignal mit den Spitzenamplituden ws und sw und einer Frequenz, die gleich der *halben Ortsfrequenz* f_x der Pixel ist. Ihm ist außerdem der *mittlere Grauwert* von 50% überlagert, also ein Gleichspannungsanteil.

Bild 1.6: Erläuterung zur oberen
  Video-Grenzfrequenz (s.Text)

Aus der zu übertragenden Anzahl von Pixeln pro Bild (s. Gleichung 1.9) und den Verhältnissen nach Bild 1.6 ergibt sich für 1 Bild pro Sekunde als obere Grenzfrequenz

$$f_{\text{video max 1}} = \frac{1}{2} \cdot z^2 \cdot b / h \qquad (1.11).$$

Es werden aber B Bilder pro Zeiteinheit übertragen, also erhöht sich der Wert auf

$$f_{\text{video max 2}} = f_{\text{video max 1}} \cdot f_B \qquad (1.12).$$

Diese Frequenz muß aus zwei Gründen noch korrigiert werden:
1) Wir hatten gesehen, daß für Zeilen- und Bildrücklauf gewisse Zeiten (18% der Zeilendauer bzw. 6% der Bilddauer) erforderlich sind. In der Praxis wirkt sich das so aus, als würde man gemäß Bild 1.7 eine Vorlage abtasten, die die Breite

$$b^* = b/0,82 \qquad (1.13)$$
und die Höhe $\quad h^* = h/0,94 \qquad (1.14)$
hat.

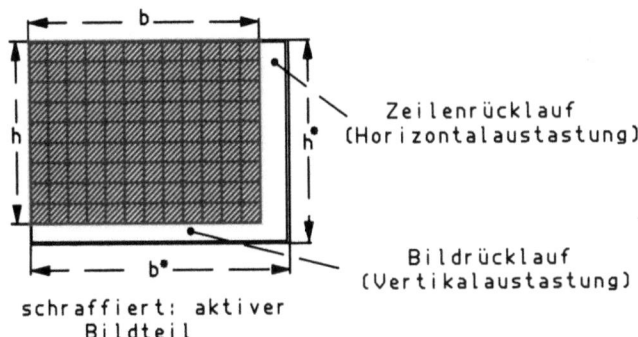

schraffiert: aktiver Bildteil

Bild 1.7: Reduktion der idealen Bildfläche durch Zeilen- und Bildrücklauf

2) Im Abschnitt 1.2 hatten wir die Aliasing-Fehler kennengelernt. Schon in den frühen Anfängen des Fernsehens legten sich *Kell* und seine Mitarbeiter bei der Ermittlung der optimalen Zeilenzahl die Frage vor, wieviele horizontal verlaufende Streifen eine Vorlage maximal haben darf, wenn man sie bei spielsweise mit 100 Zeilen darstellen will und Aliasingfehler erträglich bleiben sollen. Sie kamen dabei empirisch auf 64 Streifen. Verallgemeinert heißt das : Ein Fernsehbild mit z Zeilen darf nur
$$z' = z \cdot k \qquad (1.15)$$
horizontale Streifen enthalten, wobei k = 0,64 der sog. **Kellfaktor** ist.
Die *Auflösung in vertikaler Richtung reduziert sich also um den Kellfaktor* und damit auch die Übertragungsbandbreite, weil es nicht sinnvoll ist, feinere Details in vertikaler Richtung zu übertragen.

Unter Verwendung der Gleichungen (1.11) ... (1.15) erhält man nunmehr die tatsächliche obere Videogrenzfrequenz

$$f_{video\ max} = \frac{1}{2} z^2 \cdot \frac{b^*}{h^*} \cdot k \cdot f_B \qquad (1.16).$$

oder, für die später noch ausführlich behandelte CCIR -Norm mit f_B = 25 Hz, dem *modifizierten Kellfaktor* k = 0,67 sowie z = 625

$$f_{video\ max} = 5\ MHz \qquad (1.17).$$

Häufig wird statt der erforderlichen Videobandbreite die *horizontale Auflösung* in *wahrnehmbaren Linien* L angegeben. Zwischen beiden Größen besteht ein linearer Zusammenhang.

Es gilt
$$L = \frac{1}{2} \cdot \frac{b}{h} \cdot k \cdot \frac{z_s}{\tau_s} \qquad (1.18).$$

mit z_s : Zahl der sichtbaren Zeilen (ohne Vertikalrücklauf, bei CCIR: z_s = 587),

τ_s : Dauer des Zeilenhinlaufs (CCIR 52 µs).

Bild 1.8 zeigt diesen Zusammenhang für die CCIR-Norm grafisch.

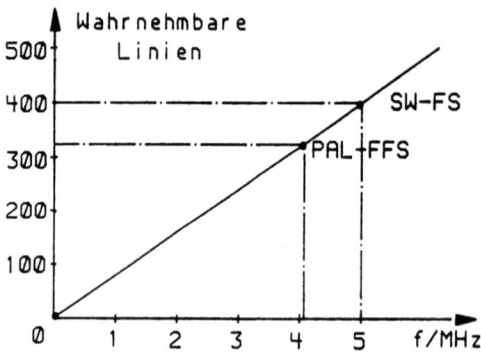

Bild 1.8: Zusammenhang zwischen sichtbaren Linien und Videobandbreite (CCIR)

1.1.5. Zeilensprungverfahren, Synchronsignale

Im Abschnitt 1.1.2.1 hatten wir das Problem des Flimmerns bei der Bildwiedergabe kennengelernt. Es wurde gezeigt, daß die kritische Flimmerfrequenz mit 50 ... 60 Hz etwa dreimal so hoch ist wie die kritische Ruckfrequenz von 16 Hz. Die Bildwechselfrequenz beim *Kino* ist mit 24 Hz genormt, beim Fernsehen hat man eine *Vertikalfrequenz* gewählt, die an die Netzfrequenz des jeweiligen Landes gekoppelt ist, also

$$f_B = 25 \text{ Hz oder } 30 \text{ Hz} \tag{1.19}$$

Ein denkbarer Weg, das Bildflimmern zu vermeiden, wäre, die Vertikalfrequenz (Gleichung (1.19)) einfach zu verdoppeln. Das würde entsprechend Gleichung (1.16) gleichzeitig eine Verdopplung der erforderlichen Videobandbreite bedeuten, ein aus anderen Gründen unnützer Aufwand. Eine bessere - relativ einfache, aber sehr wirksame - Lösung bietet sich mit dem sog. *Zeilensprung-* oder *Zwischenzeilenverfahren* (engl. *Interlace*). Es macht Gebrauch von der Tatsache, daß das Flimmern im Bereich kleiner Flächen (z.B. das Zeilenflimmern) das Auge wesentlich weniger stört als großflächiges Flimmern über das gesamte Bild. Man teilt deshalb ein *Vollbild* (englisch *Frame*) mit z Zeilen in zwei *Halbbilder* (englisch *Field*) auf, indem man dem *ersten* Halbbild (Halbraster) die *ungeraden Zeilen* (1,3,5 ....) und

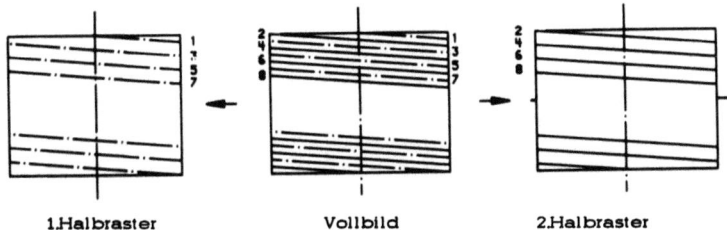

1.Halbraster   Vollbild   2.Halbraster
Bild 1.9: Zeilensprungverfahren, Prinzip

dem *zweiten* Halbbild die *geraden Zeilen* (2,4,6 ...) eines Vollbildes mit der Numerierung nach Bild 1.5 zuordnet. Um nun sicherzustellen, daß die beiden Halbraster bei der Wiedergabe ohne zusätzliche Hilfsmaßnahmen genau "auf Lücke" ineinander geschrieben werden, wählt man generell bei allen Normen einen *ungeradzahligen Wert für z*. Das führt dazu, daß das erste Teilraster mit einer halben Zeile beginnt und das zweite Teilraster mit einer halben Zeile endet, wie es Bild 1.9 schematisch zeigt. Hier ist vereinfachend angenommen, daß der Vertikalrücklauf keine Zeit beansprucht.

Während die *Vollbildfrequenz* f_B unverändert bleibt, ist der Wert f_V für den Halbbildwechsel, der das Großflächenflimmern bestimmt, doppelt so hoch und damit oberhalb der kritischen Flimmergrenze. Dieser Kunstgriff wird ohne Erhöhung der Videobandbreite erreicht.
Wir wollen nun in einem nächsten Schritt das Zustandekommen des *kompletten Synchronsignalgemisches* erörtern. Bezogen auf die Zeilensynchronimpulse (H-Sync) müssen die Bildsynchronimpulse (V-Sync) von Halbbild zu Halbbild um eine halbe Zeilendauer versetzt sein (Bild 1.10).
Die Zeitdauer der V-Sync-Signale beträgt bei den gängigen Normen 2,5 H, wenn H die Dauer einer Zeile ist. Das komplette Sync-Signal (englisch *Com-*

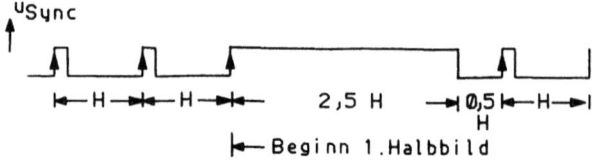
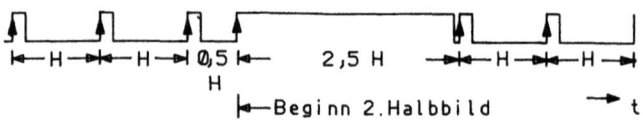

Bild 1.10: Lage der V-Sync-Signale relativ zu den H-Sync (schematisch)

posite Sync Signal) muß nun noch folgende Nebenbedingungen erfüllen:
- Die Zeilensynchronisation darf während der Bildsynchronsignalübertragung nicht unterbrochen werden.
- Der Bildrücklauf benötigt etwa eine Zeitspanne von 25 Zeilen (25 H).
- Zur einwandfreien Auswertung des V-Sync im Empfänger sind für beide Teilbilder die gleichen Anfangsbedingungen erforderlich.

Die erste Bedingung wird erfüllt, indem der Bildsynchronimpuls zwischendurch eingeschnürt wird (s. Bild 1.35 am Beispiel von CCIR-Norm G).

Die zweite Forderung bedeutet, daß es in der zeitlichen Umgebung des V-Sync Zeilen ohne Videoinhalt gibt (in Bild 1.35 nicht schraffiert dargestellt, **Vertikalaustastlücke** 25 H).

Der dritten Bedingung wird dadurch Genüge getan, daß vor Beginn und nach Ende des V-Sync jeweils 5 sog. **Vor-** und **Nachtrabanten** übertragen werden, deren Zeitdauer halb so groß wie die der H-Sync und deren Folgefrequenz doppelt so hoch wie f_H ist. Bild 1.35 zeigt dies detailliert für die CCIR-Norm mit f_B = 25 Hz und z = 625. Man beachte, daß sich die Zeilennumerierung gegenüber der in Bild 1.9, bedingt durch den Zeilensprung, geändert hat. Die relativen Spannungspegel des kompletten BAS-Signals werden im Abschnitt 1.4 noch näher erläutert.

1.1.6. Frequenzspektrum des BAS-Signals

Im Zusammenhang mit Untersuchungen bei der Bildtelegrafie hat man bereits vor vielen Jahren gefunden, daß sich das *Frequenzspektrum eines BAS-Signals* - das heißt also die Verteilung des Energieinhaltes über der Videofrequenz - nicht kontinuierlich über die gesamte Frequenzbandbreite erstreckt, sondern sich - bedingt durch die periodische Abtastung - entsprechend Bild 1.11a um diskrete Linien gruppiert, die im Abstand f_H zueinander angeordnet sind.

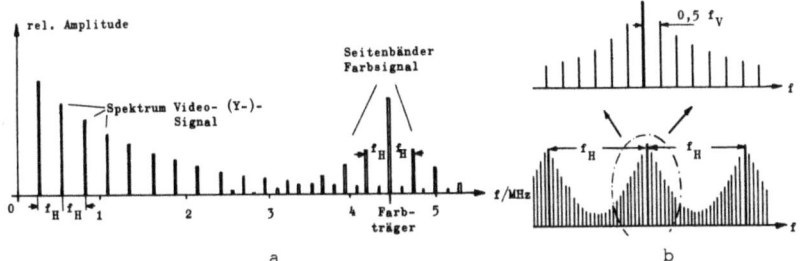

Bild 1.11: Spektrale Verteilung des BAS-Signals

Da das Videosignal außerdem noch bildfrequent ist, treten zusätzliche Nebenlinien im Abstand der halben Vertikalfrequenz f_v auf (Bild 1.11b). Es gibt also im BAS-Signal zwischen den Häufungsstellen Frequenzgebiete mit relativ geringen Energieinhalten. Diese Eigenschaft wird für die sog. *Frequenzverkämmung* der Farbinformation ausgenutzt, wir greifen dieses Thema im Abschnitt 6.7 wieder auf.

1.1.7 Bildaufnahme-Sensoren

Gemäß Bild 1.1 werden im *Aufnahmesensor* die *Filterung*, die *Quantisierung* und die *optoelektrische Wandlung* der Vorlage durchgeführt. Das kann auf prinzipiell verschiedene Weise geschehen, die technologische Vielfalt ist groß und unterliegt einem ständigen Wandel. Wir wollen uns auf drei wichtige Varianten beschränken.

1.1.7.1. Lichtpunkt-Abtaster (Flying Spot Scanner)

Als Urform des *Lichtpunktabtasters* (Flying Spot Scanner) kann man die bereits im Jahre 1883 von Nipkow vorgeschlagene elektromechanische Abtasteinrichtung mittels rotierender Blendenlochscheibe *(Nipkowscheibe)* Bild 1.12 ansehen, die in den Anfängen der Fernsehtechnik (um 1925-38) im technischen Einsatz war. Ihr Prinzip zeigt Bild 1.13 am Beispiel der Abtastung von stehenden, transparenten Vorlagen (Dia oder Film).

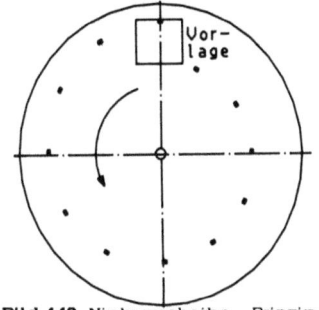

Bild 1.12: Nipkowscheibe, Prinzip

Mittels einer Lichtquelle wird die zu verarbeitende Vorlage gleichmäßig ausgeleuchtet und auf die Nipkow-

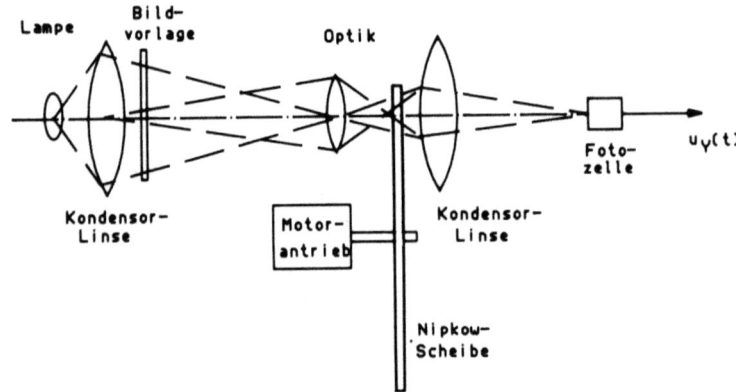

Bild 1.13: Prinzip der Nipkow-Abtastung

scheibe scharf abgebildet. Diese hat entsprechend Bild 1.12 eine Anzahl spiralförmig angeordneter Lochblenden, deren Anzahl der Zeilenzahl, deren (tangentialer) Winkelabstand der Bildbreite und deren radialer Abstand der Zeilen- bzw. Lochblendenhöhe entspricht. Vollzieht die Scheibe eine Umdrehung, so wird die Vorlage Zeile für Zeile von oben nach unten abgetastet, das jeweils von der in Aktion befindlichen Lochblende auf die nachfolgende Optik mit Fotozelle durchgelassene Licht entspricht der Luminanz des betreffenden Pixels.

Man erreichte damals (bei allerdings sehr hohem technischen Aufwand) eine Zeilenzahl von z = 441 mit Zwischenzeilenverfahren und 50 Hz Halbbildfolgefrequenz.

In moderner Form hat sich der Flying-Spot-Scanner für Film und Dia-Abtastung bis heute erhalten, bei dem ein sehr heller und kleiner Lichtpunkt auf dem Schirm einer speziellen Elektronenstrahlröhre zeilenförmig abgelenkt wird. Mittels einer Optik wird er auf die Vorlage scharf abgebildet und beleuchtet dort entsprechend jeweils immer ein Pixel. Die Umwandlung der Lu-

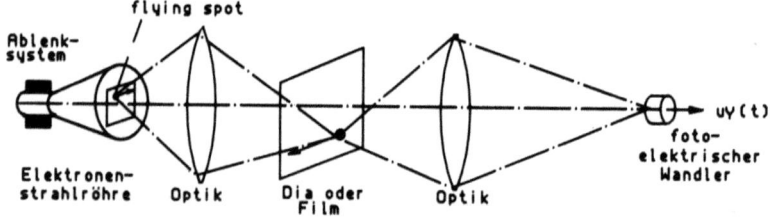

Bild 1.14: Flying-Spot-Scanner mit Elektronenstrahlröhre

minanz, die der Transparenz der Vorlage proportional ist, in eine elektrische Spannung nimmt eine Fotozelle oder Fotodiode vor (Bild 1.14).

1.1.7.2. Bildaufnehmer mit Ladungsspeicherung

Im Gegensatz zu den Lichtpunktabtastern haben fotoelektrische Wandler mit *lichtempfindlichen Halbleiterschichten*, zu denen die nachfolgend zu behandelnden *Vakuum-Aufnahmeröhren* sowie die *Halbleiterchip-Bildwandler* gehören, eine *Speicherwirkung*, weil das Licht der Vorlage ständig während der Dauer eines Vollbildes auf sie einwirkt, die Abtastung aber nur während der sehr kurzen Dauer eines Bildpunktes (ca. 0,1 µs) erfolgt. Damit erhöht sich die Empfindlichkeit des Sensors gegenüber der des Flying-Spot-Scanners beträchtlich, nämlich näherungsweise um den Faktor Bilddauer/Pixeldauer, weil die Sensorschicht als Integrator für die eingestrahlte Lichtmenge wirkt.

Halbleiter besitzen generell den sog. *inneren Fotoeffekt*, das heißt, ihre Leitfähigkeit kann durch Einstrahlen von Photonen (Energiequanten in Form von Licht) erhöht werden.

Vakuumröhren-Bildaufnehmer (Vidikon, Plumbikon und verwandte Typen)

Vakuumröhren-Bildaufnehmer bestehen grundsätzlich aus drei Funktionsgruppen:
- dem *fotoelektrischen Sensor (Speicherplatte)*, der das optische Bild in ein elektrisches Ladungsbild umwandelt.
- einem *Elektronenstrahl-Erzeugungssystem (Elektronenkanone)*, das einen Strahl mit sehr feinem Durchmesser (Größenordnung 20-30 µm) erzeugt, mit dem die elektronische Bildabtastung erfolgt, und
- einem elektromagnetischen *Ablenk-* und *Fokussierungssystem*, das meistens außerhalb der Röhre angeordnet ist und mit dessen Hilfe der Elektronenstrahl die Rasterung des Bildes vornimmt. Alternativ können Ablenkung und Fokussierung auch elektrostatisch mittels in der Röhre integrierten Elektroden erfolgen.

Strahlungserzeugungs- und Ablenksystem arbeiten im Prinzip wie bei der Bildwiedergaberöhre, sie werden deshalb hier nicht weiter betrachtet (s. Abschnitt 1.2).
Die technologische Entwicklung der Vakuum-Kameraröhren begann etwa 1923, als *Zworykin* in den USA das *Ikonoskop* patentieren ließ. Es kam um 1930 zum Einsatz, wurde weiterentwickelt zum *Superikonoskop* und fand Nachfolger im *Orthikon* und *Superorthikon*. Diese Röhren werden heute nicht mehr verwendet, da sie konstruktiv aufwendig und wartungsintensiv waren. Wir wollen sie deshalb nicht näher erörtern. Derzeit moderne Röhren sind

sind **Vidikon, Plumbikon, Chalnikon, Satikon** und **Newikon**.
Die wesentlichen Unterschiede zwischen den letztgenannten Röhren liegen in der *Speicherplatte*, die wir deshalb als erste behandeln wollen. Bild 1.15 zeigt den Aufbau schematisch.

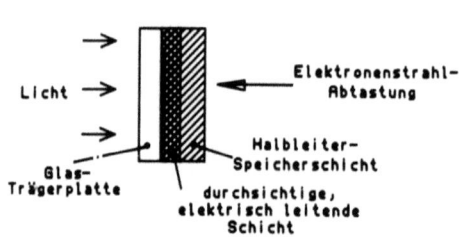

Bild 1.15: Aufbau der Halbleiter-Speicherplatte (schematisch)

Eine planparallele Glasplatte (ca. 9,5 x 12,5 mm^2) hoher optischer Güte trägt auf der dem Licht abgewandten Seite zunächst eine nur wenige μm starke, lichtdurchlässige, aber elektrisch leitende Schicht aus Zinnoxid, die sog. *Signalelektrode*. Auf ihr befindet sich der eigentliche Fotosensor, eine Halbleiterschicht von eingen μm Dicke. Als Halbleiter werden verwendet für das

- Vidikon: Antimontrisulfid Sb_2O_3,
- Plumbikon: Bleioxid PbO (lat.: plumbum, Blei),
- Chalnikon: Cadmiumselenid CdSe,
- Newikon: Mischung aus Zinkselenid mit Cadmiumtellurid ZnSe-ZnCdTe,
- Satikon: Selenarsenid SeAs.

Die einzelnen Materialien haben unterschiedliche Eigenschaften, die sich auf Lichtempfindlichkeit, Trägheit, Dunkelstrom, Temperaturabhängigkeit und Spektralabhängigkeit beziehen und die wir im Detail nicht erörtern wollen. Wie bereits erwähnt, bewirkt die Energiezufuhr von Photonen (also Lichtquanten) eine Erhöhung der Leitfähigkeit des Halbleitermaterials.

Man kann nun jeden Bildpunkt der Halbleiterschicht gemäß Bild 1.16 als Miniaturkondensator C_p auffassen, der in einem Stromkreis liegt - gebildet aus der Katode k, dem von ihr ausgehenden Elektronenstrahl, dem Halbleiterpixel und der Signalelektrode im Inneren der Röhre, sowie einem externen Arbeitswiderstand R_a und einer Betriebsspannungsquelle U_B. Der Katodenstrahl wirkt beim Scannen als Schalter, der den jeweiligen Pixelkondensator C_p mit seinem katodenseitigen Belag näherungsweise auf Nullpotential legt. Dadurch wird der Kondensator innerhalb einer Pixeldauer (ca. 0,1 μs) sehr rasch auf die Spanung U_p, die Spannung an der Signalelektrode, aufgeladen. Im Verlauf der folgenden Vollbildperiode entlädt er sich näherungsweise exponentiell über den lichtabhängigen Parallelwiderstand R_p.
Fazit: Große Luminanzwerte bewirken rasche, Dunkelheit fast keine Entladung.
Bild 1.17 zeigt diesen Vorgang schematisch für maximale und minimale Luminanz. Die durch den Entladevorgang hervorgerufenen Spannungsabfälle ΔU_c erfordern beim Nachladen der Kondensatoren unterschiedliche Lade-

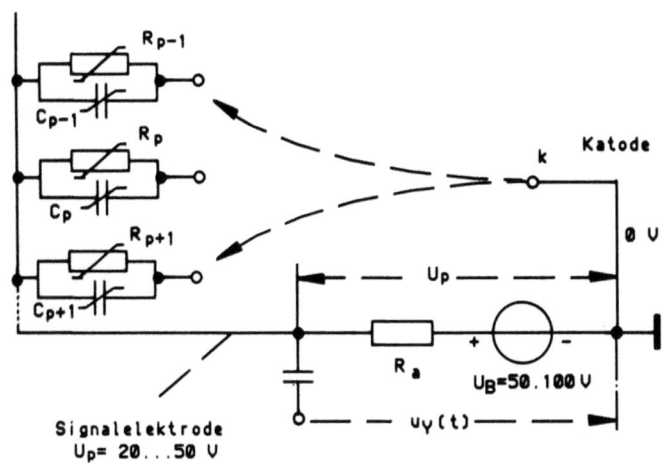

Bild 1.16: Ersatzschaltung für den Videosignalkreis

ströme durch R_a (Größenordnung ca. 200 nA), so daß an R_a eine Signalwechselspannung auftritt, die dem zeitlichen und örtlichen Luminanzverlauf der optischen Information proportional ist. Sie stellt das eigentliche Videosignal $u_Y(t)$ dar.

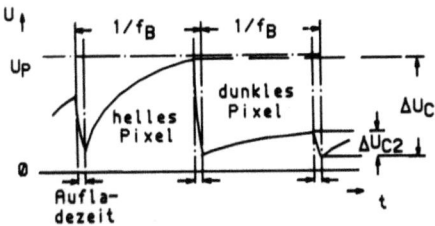

Bild 1.17: Signalspannungsverlauf bei unterschiedlicher Leuchtdichte

Wir sehen hier eine typische Eigenschaft der Speicherplatte: Auch bei völlig fehlender Bildhelligkeit entladen sich die Kondensatoren (mehr oder weniger geringfügig), so daß hier bereits ein sog. *Dunkelstrom* fließt, der möglichst klein sein sollte. Eine zweite typische Eigenschaft wird erkennbar, nämlich eine gewisse Trägheit gegenüber schnellen Luminanzwechseln einer Szene, die umso größer ist, je hochohmiger das Material und je größer die Kapazität sind. Das führt insbesondere beim Vidikon zu Nachzieheffekten bei bewegten Objekten ("Fahnenbildung").

Abschließend zeigt Bild 1.18 noch den schematischen Aufbau eines Vidikons.

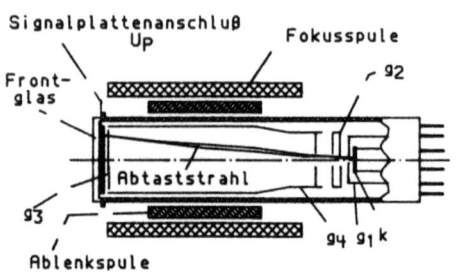

Bild 1.18: Aufbau des Vidikons

Der durch Glühemission in der Katode k erzeugte Strahlstrom I_k (Größenordnung 0,1 µA) läßt sich mittels der negativen *Wehneltspannung* (-10 ...-30 V) am sog. Wehneltzylinder einstellen und während der Zeilen- und Bilddrückläufe austasten. Eine strahlformende Lochelektrode g_2 (Lochdurchmesser ca. 30 µm, Spannung ca. 300 V)) und der Anodenzylinder g_4 (Spannung ca. 500 ... 1000 V) beschleunigen den Strahl in Richtung Speicherplatte.
Bevor er die Speicherplatte erreicht, passiert er ein feines Netzgitter g_3, dessen elektrisches Potential so eingestellt wird (ca. 30% höher als die Anode), daß die Elektronen abgebremst werden und relativ langsam auf die Signalplatte treffen. Es würden sonst durch die hohe Aufprallenergie sog. Sekundärelektronen erzeugt, die unerwünscht sind.

Abschließend sei noch eine Röhre mit sog. *Multidioden-Target* erwähnt, bei der die Speicherplatte nicht amorph, sondern in diskreten Pixeln in Form von kleinen gegeneinander isolierten Fotodioden aufgebaut ist. Die Zahl der Dioden entspricht hier der Anzahl der Pixel. Sie hat hohe Empfindlichkeit und gute Linearität bezüglich der Gradation, das heißt also bezüglich der Umwandlung verschiedener Helligkeitswerte in elektrische Spannungswerte, ist gegen Überbelichtung und Nachziehen unempfindlich, bringt jedoch fertigungsmäßig Probleme und ist deshalb teuer, weil die nur etwa 5 x 5 µm² großen Fotodioden (insgesamt etwa 10^6 Stück) alle funktionsfähig sein müssen, damit das Bild fehlerfrei erscheint.

Bildaufnehmer mit vakuumlosen Planar-Halbleitersensoren, Chip-Bildwandler

Die Fortschritte in der Technologie der integrierten Schaltungen machen es mittlerweile möglich, Strukturen im µm-Bereich zu realisieren. Das kommt auch Halbleiterbildwandlern in ebenen (Planar-)Strukturen zugute, bei denen die Vakuumröhre gänzlich entfällt. Sie bestehen aus zeilen- und spaltenförmig angeordneten Sensorelementen, von denen jedes ein Pixel darstellt. Im Prinzip können das
- *Fotodioden*,
- *CCD-Elemente* (CCD=Charge Coupled Device) oder
- *CID -Elemente* (CID=Charge Injection Device) sein .

Das Funktionsprinzip beruht wie bei der Röhre auf dem inneren Fotoeffekt (s. vorherigen Abschnitt). Im Detail bestehen bestehen zwischen den einzelnen Varianten Unterschiede, bei allen lassen sich jedoch 2 wesentliche Funktionsblöcke erkennen, die im Bild 1.19 schematisch dargestellt sind:

- **Sensormatrix**: Für ein normgerechtes Fernsehbild benötigt man eine Matrix von etwa 650 x 500 Sensoren. Je nach Technologie belegen die einzelnen Pixel unterschiedliche Flächen, woraus letztlich die Chipabmessungen resultieren. Bei *Fotodiodensensoren* mit typischen Pixelabmessungen 30 x 30 μm^2 ergibt sich eine Chipfläche von etwa 25 x 18 mm^2. Neben elektrischen Nachteilen (große Leitungskapazitäten) bergen derartig große Strukturen das Problem vieler Fehlstellen in sich, weshalb Fotodiodenmatrizen derzeit nur mit geringerer Auflösung realisierbar sind.
- **CCD- und CID-Strukturen** ermöglichen wesentlich kleinere Sensoren (ca. 10 x 15 μm^2). Mittlerweile lassen sich beispielsweise Matrizen mit 604 x 576 nutzbaren Pixeln bei einer Chip-Diagonalen von 7,5 mm (Valvo) in CCD-Technik herstellen.
- **Zeilen- und Spaltenauswahl, Schieberegister:** Je nach Chiporganisation werden die in den einzelnen Sensoren gespeicherten Ladungen weiterverarbeitet. Die Auswahl der Zeilen und Spalten - sie entspricht der Parameterreduktion nach Abschnitt 1.1.3 - kann auf 2 Arten erfolgen, nämlich nach dem *Line-Transfer-(LT)-* und dem *Frame-Transfer-(FT)* -Prinzip.

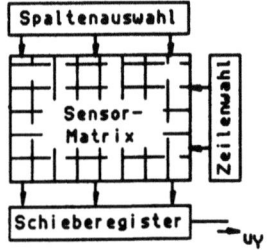

Bild 1.19: Prinzipieller Aufbau von Halbleiter-Bildwandlern (LT-Prinzip)

Im ersten Fall wird je ein Zeileninhalt (ihm entsprechen die Pixelinformationen aller Sensoren einer Zeile) während des schnellen Zeilenrücklaufs parallel (in ca. 1,5 µs) in ein Schieberegister übertragen, aus dem die Pixelfolge dann seriell während der Dauer des Zeilenhinlaufs (ca. 52 µs) ausgelesen werden.

Das Frame-Transferkonzept benötigt eine zusätzliche Zwischenspeichermatrix, die genau die gleiche Anzahl von Pixeln wie die Sensormatrix enthält (Bild 1.20).

Während des Bildrücklaufs wird innerhalb von etwa 0,5 ms der komplette Informationsinhalt aus der Sensormatrix in die Speichermatrix kopiert und von dort aus, wie oben erläutert, weiterverarbeitet. Der Vorteil liegt darin, daß die Sensormatrix kleineres Format haben kann und zusätzliche optische Farbfilterstrukturen aufgebracht werden können, die den Wandler für Farbfernsehen verwendbar machen.

Auf die relativ komplizierten Vorgänge bei der Signalverarbeitung können wir hier aus Platzgründen nicht eingehen. Die technologische Entwicklung ist außerdem noch im vollen Gange, und technische Detaillösungen veralten

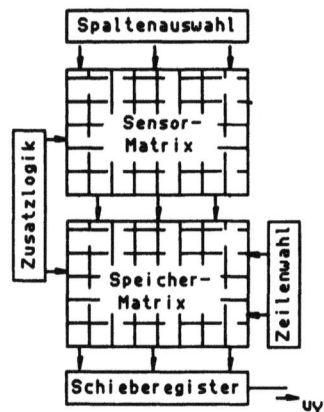

Bild 1.20: Prinzipieller Aufbau von Halbleiter-Bildwandlern (FT-Prinzip)

deshalb rasch. Es ist zu erwarten, daß Halbleiterwandler auch im Studiobereich zunehmend Verwendung finden werden.

Abschließend seien die Vorteile von Halbleiter- gegenüber Röhrenbildwandlern noch einmal zusammengefaßt:
- keine Trägheit,
- keine Geometrieverzerrungen,
- gute optische und elektrische Konstanz der Eigenschaften,
- sehr geringes Volumen, wenig Gewicht,
- sehr kleine Abmessungen,
- niedrige Betriebsspannungen,
- geringer Leistungsverbrauch (günstig für Batteriebetrieb),
- hohe Stoß - und Schwingungsfestigkeit.

Derzeitiger Nachteil ist noch die im Vergleich zu Röhrenbildwandlern nicht ganz erreichte Auflösung.

1.2. Elektrooptische Wandlung monochromer Bilder, Bildwiedergabe

Von der Erfindung der *Vakuum-Katodenstrahlröhre* durch *von Braun* vor fast 100 Jahren (1897) profitiert die Fernsehtechnik auch heute noch in vollem Maße, andere Prinzipien für die elektrooptische Wandlung von Bildern sind zwar in der Entwicklung und auch teilweise in der Erprobung, es wird aber noch einige Zeit dauern, bis die Braunsche Röhre als die klassische Bildwiedereingabeeinrichtung abgelöst sein wird. Auch außerhalb der Fernsehtechnik besitzt die Katodenstrahlröhre ein weites Anwendungsfeld (Oszilloskopie, Radartechnik, Computertechnik u.a.).

Wir wollen hier zunächst das Prinzip der Schwarzweiß-Bildröhre erörtern und später (Kapitel 6) auf Farbbildröhren eingehen.

1.2.1. Die Katodenstrahlröhre für monochromes Fernsehen

Die *Schwarzweiß-Bildröhre* besteht aus 4 Funktionsgruppen
- *Elektronenstrahlerzeugung* (Elektronenkanone),
- *Strahlfokussierung* (elektrische oder magnetische Linsen),

- *Strahlablenkung* (Rastererzeugung),
- *Leuchtschirm* oder *Bildschirm* (elektrooptischer Wandler).

1.2.1.1. Strahlerzeugung, die Glühkatode

Die Elektronenstrahlerzeugung beruht auf der *Glühemission*. Die heizbare Katode k (Bild 1.21) besteht aus einen Nickelröhrchen, auf dessen Stirnseite eine besonders leicht Elektronen emittierende Oxidschicht (z.B. Bariumoxid) aufgebracht ist. Der isoliert eingebettete *Heizfaden* bringt die Katode auf etwa 1200 Kelvin (900 °C), so daß Elektronen aus der Oxidschicht in das Vakuum "herausgedampft" werden.
Sie umgeben die Katode als kleine Wolke und können durch die Lochblende des sog. *Wehneltzylinders*, der topfförmig in geringem Abstand über die Katode gestülpt ist, in das Vakuum des Röhrenkolbens gelangen.

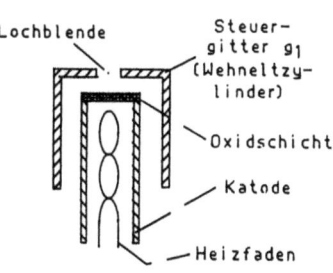

Bild 1.21: Katode mit Steuerelektrode, schematisch

Spannt man den Wehneltzylinder, der in Anlehnung an die klassische Röhrentechnik auch als *Steuergitter* g_1 bezeichnet wird, gegenüber der Katode negativ vor, so läßt sich die Menge der austretenden Elektronen und damit der Strahlstrom I_k steuern. Typische Steuerkennlinien $I_{strahl} = f(U_{g1})$ zeigt Bild 5.6.

1.2.1.2. Der Bildschirm oder Leuchtschirm

Damit der Elektronenstrahl auf dem Bildschirm eine Lichterscheinung hervorruft, muß er mit großer Geschwindigkeit dort auftreffen. Der Leuchtschirm besteht aus Leuchtstoffen (vgl. auch Tabelle 7.3 für Farbbildröhren), im Falle der Schwarzweißbildröhre aus einer Mischung sehr fein verteilter gelb- und blauleuchtender Partikel (Zinksulfid und Cadmiumsulfid). Gelb und Blau ergänzen sich als Komplementärfarben zu Weiß, (siehe auch Kapitel 2). Um die sehr langsam aus der Katode austretenden Elektronen entsprechend zu beschleunigen, erhält der Bildschirm als Teil der *Anode* a eine sehr hohe positive Anodenspannung (ca. 16 kV). Den Aufbau des Bildschirms zeigt Bild 1.22. Zum Schutz gegen Einbrennen - mit der Folge der Zerstörung der Leuchtstoffe durch große, schwere Gasionen - ist die Leuchtschicht auf der dem Inneren zugewandten Seite mit einem dünnen Aluminiumfilm bedeckt. Er hält die Ionen vom Leuchtschirm fern, ist aber für die leichten, kleinen Elektronen durchlässig.

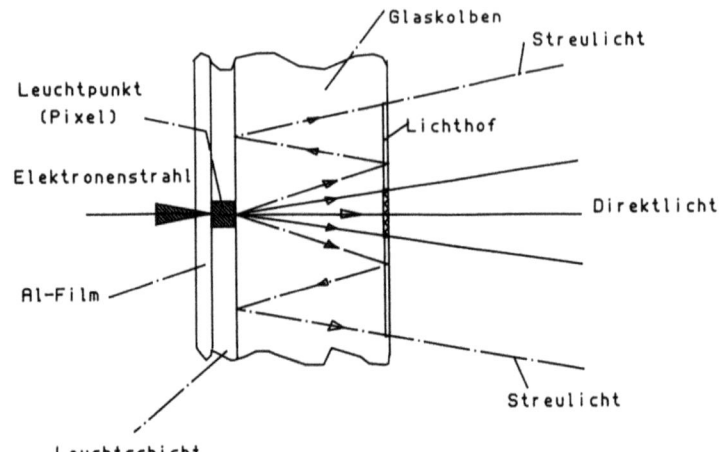

Bild 1.22: Aufbau des Bildschirms und Lichtstrahlenverlauf

Gleichzeitig erhöht sie den Schirmkontrast, weil sie lichtundurchlässig ist. Die Helligkeitsausbeute eines Bildschirms wird generell von mehreren Parametern bestimmt:
- Stärke des den Schirm erreichenden Strahlstroms (bei Farbbildröhren nur ca. 20% des Gesamtstrahlstroms (s.a. Kap. 5),
- Anodenspannung,
- Leuchtstoffwirkungsgrad,
- Glastransparenz T.

Die absolute Helligkeit allein ist jedoch nicht entscheidend für die Bildqualität, sondern wichtiger ist der Kontrast K. Hierunter versteht man den Unterschied zwischen der größten und der kleinsten Helligkeit. Die größte Helligkeit wird durch die Leuchtdichte der Pixel (also durch das erzeugte Eigenlicht) bestimmt. Die kleinste Helligkeit ist theoretisch Null, dieser Wert wird aber praktisch nie erreicht. Maßgebend sind hierfür 2 Faktoren
- Lichthofbildung des Eigenlichts: Entsprechend Bild 1.22 kann das nach außen tretende Licht durch Reflexion an den Grenzflächen des aus Sicherheitsgründen sehr dicken Bildschirmglases reflektiert werden.
- Von außen auftretendes Licht erhellt den Leuchtschirm.

Zur Erhöhung des Kontrasts wird außerdem das Schirmglas grau eingefärbt, so daß die Transparenz T in der Größenordnung von etwa 70% liegt.

Zur Verminderung des Außenlichteinflusses werden Farbfilter in Form von anorganischen Pigmentstoffen eingesetzt, die so ausgewählt werden, daß sie die vom jeweiligen Leuchtstoff emittierte Farbe möglichst durchlassen und die restlichen Spektralanteile absorbieren.

Nehmen wir einmal an, von außen eingestrahltes Fremdlicht mit der Intensität I_{fremd} werde zu 100% absorbiert (der Schirm sei also vollständig entspiegelt), so muß das vom Leuchtschirm zurückgestreute Licht den Weg durch das Glas zweimal laufen, also hat es noch die Intensität

$$I_{aus} = R_{Schirm} \cdot I_{fremd} \cdot T^2 \qquad (1.20)$$

(R_{Schirm}: Reflexionsfaktor des Leuchtschirms).

Das vom Schirm abgestrahlte Licht mit der Leuchtdichte B_{Schirm} durchläuft das Glas einmal und erzeugt deshalb die "Nutzleuchtdichte"

$$B_{nutz} = B_{Schirm} \cdot T \qquad (1.21).$$

Das den Lichthof bildende Streulicht muß dreimal durch das Glas laufen, wird dabei einmal am Glas (Reflexionsfaktor R_G) und einmal am Schirm (R_S) reflektiert und kegelförmig gespreizt. Für dessen Intensität gilt also etwa

$$B_{Hof} = R_S \cdot R_G \cdot B_{Schirm} \cdot T^2 \qquad (1.22).$$

Wir sehen, daß dieser dritte Term gegenüber den beiden anderen von geringem Gewicht ist. Somit gilt für den Kontrast in der Praxis

$$\boxed{K = \frac{I_{aus} + B_{nutz}}{I_{aus}} = \frac{I_{fremd} \cdot R_S \cdot T^2 + B_{Schirm} \cdot T}{I_{fremd} \cdot R_S \cdot T^2}} \qquad (1.23).$$

Das Bestreben der Röhrenhersteller bei der Maximierung von K geht also dahin, einerseits die Schirmleuchtdichte zu steigern und gleichzeitig die Transparenz des Schirmglases zu senken.
Der Röhrenkolben ist innen und außen je mit einem leitenden Grafitbelag versehen. Der Innenbelag ist Teil der Anode, der Außenbelag liegt potentialmäßig auf Masse und dient als elektrische Abschirmung. Außerdem bilden die beiden Elektroden eine Kapazität von ca. 1...2 nF und hoher Isolationsfestigkeit, die zur wesentlich zur Siebung der Hochspannung beiträgt.

1.2.1.3. Strahlfokussierung

Die Elektronen stellen negativ geladene Elementarladungen dar, deshalb stoßen sie sich gegenseitig ab. Der Strahl würde ohne zusätzliche Bündelungsmaßnahmen völlig diffus auf dem Bildschirm landen. Durch Einbringen zusätzlicher elektrischer oder magnetischer Felder werden die Elektronen in bestimmte Bahnen gezwungen und dadurch bei richtiger Feldgestaltung fokussiert. Wir wollen sowohl *elektrostatische* als auch *magetische Fokussierung* erörtern.

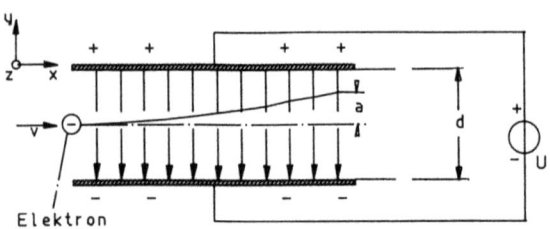

Bild 1.23: Ablenkung eines Elektrons im elektrischen Feld

Aus der Physik ist die Wirkung eines *elektrischen Feldes* auf ein Elektron bekannt (vgl. Bild 1.23). Liegt an dem Leiterplattenpaar (Abstand d) die Spannung U, so herrscht im Raum zwischen den Platten die homogene elektrische Feldstärke $-E_y = U/d$. Bewegt sich ein Elektron mit der Geschwindigkeit v in x-Richtung, so wird es aufgrund seiner negativen Ladung zur oberen (+)-Platte (also in y-Richtung) abgelenkt. Die Ablenkung a geschieht also *in Richtung der Feldlinien und senkrecht zu v*. Sie ist umso größer, je größer E_y und je kleiner v sind.

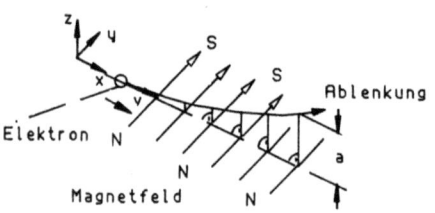

Bewegt sich ein Elektron jedoch entsprechend Bild 1.24 in einem homogenen *magnetischen Feld* in x-Richtung und hat das Feld nur eine Komponente $-H_y$, so wird das Elektron in z-Richtung, also *senkrecht zu H und senkrecht zu v* abgelenkt.

Bild 1.24: Ablenkung im Magnetfeld

Elektrostatische Fokussierung

Bei der *elektrostatischen Fokussierung* bildet man das elektrische Feld zwischen mehreren Zylinderelektroden gemäß Bild 1.25 aus. Die sog. *elektrische Linse* besteht aus den Röhrchen g_3, g_4 und g_5. Hierbei liegen g_3 und g_5 auf Anodenpotential, während g_4 variabel einstellbar ist (0....400 V).
Der Raum von g_4 wird von einem Feld ausgefüllt, dessen Äquipotentiallinien (gestrichelt eingezeichnet) sich mit U_{g4} verändern lassen. Der Verlauf des Elektronenstrahls kann damit so beeinflußt werden, daß ein Fokuspunkt

auf dem Bildschirm liegt. Die Elektrode g_2 dient zur Einstellung der Steuerkenlinien (s. Bild 5.6) und gehört damit nicht zur elektrischen Linse. Katode und Wehneltzylinder sind gestrichelt angedeutet.

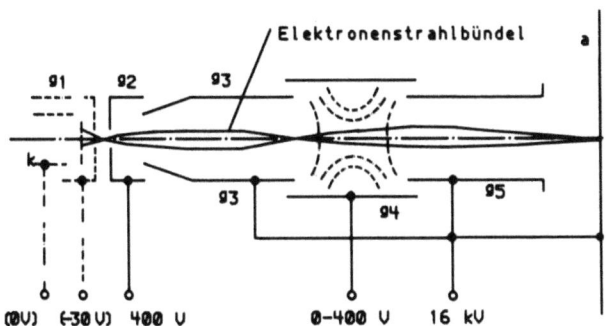

Bild 1.25: Elektrostatisches Fokussierungssystem

Magnetische Fokussierung

Die *magnetische Fokussierung* ist prinzipiell auch möglich, obwohl sie bei modernen Bildröhren nicht mehr verwendet wird (im Gegensatz zu Kameraröhren, s.a. Bild 1.18). Sie kann entweder mit *Elektromagneten* in Form von gleichstromdurchflossenen Spulen (Bild 1.26a) oder mittels *Permanentmagnetringen* (Bild 1.26b) erfolgen. Im ersten Fall wird beim Fokussieren der Spulenstrom, im zweiten Fall der Abstand a der beiden Magnetringe eingestellt. Im Gegensatz zur elektrostatischen Fokussierung befinden sich die magnetischen Linsensysteme außerhalb des Röhrenkolbens.

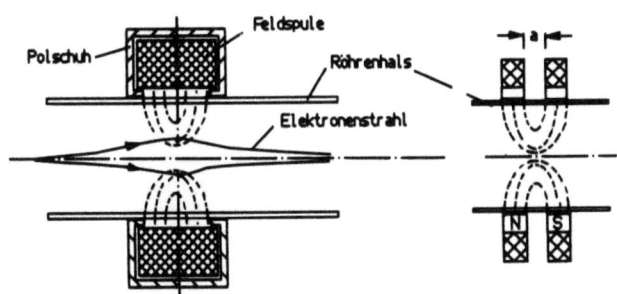

a) elektromagnetisch　　　　　　　　b) permanentmagnetisch
Bild 1.26: Magnetische Linsensysteme

1.2.1.4. Strahlablenkung, Rastererzeugung

Nachdem wir in den vorangegangenen Abschnitten die Erzeugung und punktförmige Landung des Elektronenstrahls besprochen haben, wollen wir nun die Rastererzeugung, also die horizontal- und vertikalfrequente Ablenkung über die Bildschirmfläche erörtern. Im Prinzip ist wie bei der Fokussierung elektrische und magnetische Ablenkung möglich. Der große Ablenkwinkel (vgl. Bild 1.29) ist wirtschaftlich jedoch nur mittels magnetischer Felder zu erreichen, weshalb wir uns auf diese Technik beschränken wollen. In der Regel werden die Ablenkfelder außerhalb der Röhre erzeugt.

Da sowohl horizontale als auch vertikale Strahlbewegungen erforderlich sind, benötigt man zwei separate Ablenkfelder. Bild 1.27 a zeigt das Prinzip der Anordnung eines offenen Spulenpaares am Beispiel für die Vertikalablenkung.

In der Praxis werden die Wicklungen jedoch in Form von sog. *Sattelspulen* ausgeführt, damit das Feld möglichst weit in den Röhrenkolben hineinragt Bild 1.27 b). Außerdem benutzt man zur Führung und Bündelung der Feldlinien *Ferrit-Joche* (vgl auch Bild 5.76). Beispiele für Sattelspulen für Farbfernsehröhren-Ablenkheiten sind in den Bildern 5.55... 5.57 dargestellt. Dort werden zusätzlich weitere Einzelheiten erörtert. Anstelle der Sattelspulen verwendet man auch *Toroidspulen*, hier genüge der Hinweis auf Abschnitt 5.4.5.

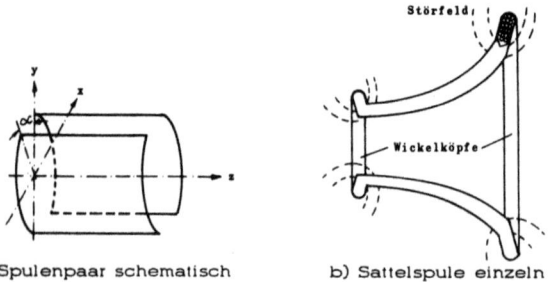

a) Spulenpaar schematisch   b) Sattelspule einzeln
Bild 1.27: Spulen für die Vertikalablenkung (schematisch)

Um den Strahl linear in horizontaler und vertikaler Richtung auf dem Bildschirm zu bewegen, benötigen wir zeitlinear ansteigende *(sägezahnförmige)* Ablenkströme i_H bzw. i_V, die am Ende der Zeile oder des Halbbildes rasch auf ihren Anfangswert zurückspringen. Bild 1.28 zeigt den Verlauf schematisch. In Bildmitte sind i_H und i_V Null.

Zum Ausgleich geometriebedingter Verzerrungen weichen die Ströme in der Regel von der Idealform ab (s.a. Tangenzentzerrung, Abschnitt 7.1.7.2.1).
Ein Parameter für die erforderliche Ablenkleistung ist der sog. **Ablenkwinkel**.

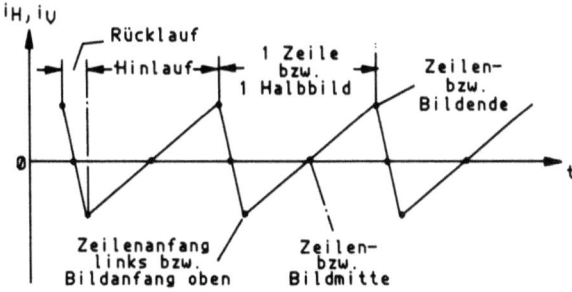

Bild 1.28: Ablenkströme, schematisch

Das Bestreben, die Bildröhren bei gleicher Bildschirmgröße mit immer geringerer Einbautiefe zu konstruieren, führte gemäß Bild 1.29 zu ständig verkürzten Röhrenkolben. Der Winkel, den die Elektronenstrahlen miteinander bilden, wenn sie vom Ablenkmittelpunkt aus in zwei diagonal liegende Ecken geführt werden, ist maximal. Man bezeichnet ihn als Ablenkwinkel. Die technische Entwicklung ging von den 70°- über die 90°- zu den 110°-Bildröhren. Bild 1.29 zeigt dies am Beispiel von Farbbildröhren mit einer Schirmdiagonale von ca. 63 cm.

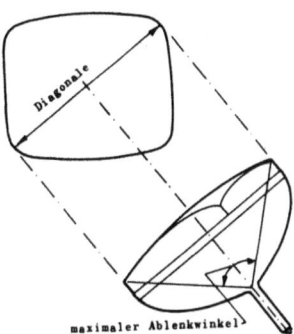

Bild 1.29: Zur Definition des Ablenkwinkels

1.2.2. Andere Verfahren, der "flache" Bildschirm

Kennzeichen der Braunschen Röhre ist - prinzipbedingt - die relativ große Einbautiefe. Es hat deshalb in den letzten Jahrzehnten nicht an Versuchen

gefehlt, nach elektrooptischen Wandlern zu suchen, die vergleichsweise flach sind. Der Traum der Ingenieure geht dahin, ein Fernsehempfangsgerät wie ein Bild an die Wand zu hängen. Von derartigen Lösungen ist man aber noch weit entfernt. Es ist bisher kein elektronisches Bilderzeugungssystem in Sicht, das der klassischen Bildröhre bezüglich Brillianz, Zuverlässigkeit und Wirtschaftlichkeit den Rang ablaufen könnte, zumindest nicht bei größeren Formaten ab 30 cm Schirmdiagonale. Es gibt einige erfolgversprechende Ansätze, die wir kurz erwähnen wollen. Verschiedene Prinzipien konkurrieren miteinander:
- *Modifizierte Katodenstrahlröhren*,
- *Flüssigkristall-* oder *LCD (Liquid Crystal Display)-Schirme*,
- *Plasma-Schirme* und
- *Elektrolumineszenz-Schirme*.

Katodenstrahlröhren

Entwicklungsansätze bei den Katodenstrahlröhren gehen in verschiedene Richtungen. Außer der *Knickhalsröhre* (Sony) ist die *Strahlmatrixröhre* (beam matrix tube, Matsushita), eine interessante Neuerung für Farbfernsehgeräte. Anstelle der dort sonst üblicherweise erforderlichen 3 Elektronenstrahlsysteme (vgl. auch Kap. 5), werden hier 28 lineare Kanonen von etwa 12 cm Gesamtlänge verwendet, die zusammen etwa 3500 Strahlen erzeugen, die jeweils einem kleinen, rechteckigen Bereich des Bildschirms zugeordnet sind (b x h = 1 x 3 mm^2). Digitale Schaltungen steuern die Röhre an, die bei einer Bildschirmdiagonalen von 41 cm nur 10 cm Einbautiefe hat.

Bei Philips wird an der Entwicklung einer Röhre gearbeitet, die wiederum nur ein Strahlsystem beinhaltet. Der relativ langsame Strahl wird durch entsprechende Linsen auf geknickten Wegen geführt und später durch *Sekundärelektronenvervielfacher* (SEV) verstärkt und beschleunigt. Die Strahlablenkung geschieht *elektrisch* durch spezielle Elektroden im Inneren der Röhre. Ziel ist es auch, mittels sequentieller Ansteuerung den Strahl individuell so auf verschiedenfarbige Leuchtsotffe zu lenken, daß farbige Bilder erzeugt werden können.

LCD-Displays

Das Prinzip der *Flüssigkristalldisplays* beruht auf dem Effekt, daß die Molekülorientierung von Flüssigkeitsfilmen (ca. 10 µm Dicke) sich durch Anlegen elektrischer Felder so steuern läßt, daß von außen auffallendes Licht in seiner *Polarisation* (darunter versteht man die Ebene, in der es schwingt), so drehen läßt, daß es durchgelassen oder absorbiert wird. Dadurch erscheint die betreffende Region unter Verwendung spezieller Polarisationsfilter hell oder dunkel. Durch farbige Hinterlegung kann die Anzeige auch farbig erfolgen.
Zwei wichtige Voraussetzungen müssen erfüllt sein:
- Das Display muß von außen beleuchtet werden, und
- man muß es unter bestimmten Blickwinkeln betrachten.

Mit zunehmender Zeilenzahl wird der Blickwinkel kleiner. Ordnet man LC-Zellen matrixförmig an, so lassen sich damit Bildschirme aufbauen, deren einzelne Pixel mit aufwendigen Digitalschaltungen angesteuert werden können. Zur Zeit sind Farb-LCDs mit etwa 240 Zeilen realisierbar.
Farbsättigung, Leuchtkraft und Helligkeit haben Werte, die noch deutlich von denen der konventionellen Röhren entfernt sind.

Plasma- oder Gasentladungs -Displays

Plasma-Displays arbeiten auf der Basis von *Gasentladungen* zwischen zwei Elektroden in einem Glasgefäß (sog. kaltes Licht, vgl. auch Abschnitt 4.5), in dem sich Edelgasgemische (z.B. Neon, Argon mit Quecksilberdampf) unter niedrigem Druck befinden. Der Aufbau ist also relativ einfach. Legt man genügend hohe Spannungen an (Größenordnung 150 V), so werden Ionen zu den Elektroden hin beschleunigt und lösen dort Elektronen aus. Diese laufen zur positiven Elektrode (Anode) hin, kollidieren unterwegs mit Gasmolekülen, erzeugen dabei neue Ionen und gleichzeitig das - für jedes Gas andersfarbig - typische Glimmlicht. Das Licht einer Gasentladung kann auch im Ultraviolett-(UV-)Bereich liegen und durch entsprechende Farbpigmente in die für das Farbfernsehen wichtigen Primärfarben umgewandelt werden (Beispiele: *Rot* mit dem Leuchtstoff $(Y,Gd)BO:Eu$, *Grün* mit $(ZnSiO):Mn$ oder $(BaAl):M$ und *Blau* mit $(BaMgAlO):Eu$).
Da die einzelnen Zellen nicht beliebig miniaturisiert werden können, wurden Plasmadisplays bisher hauptsächlich für große, grobauflösende Bildschirme realisiert. Ein Problem sind auch die hochfrequenten Störstrahlungen, verursacht durch die Ansteuerung.

Elektrolumineszenz-Displays

Elektrolumineszenz (EL) kommt zustande, wenn man bestimmte polykristalline Stoffe elektrischen Feldstärken in der Größenordnung von $10^5 ... 10^6$ V/cm aussetzt. Die Leuchtfarbe wird durch das Material bestimmt, sie hängt auch noch davon ab, ob es sich bei der Anregung um Gleich- oder Wechselfelder handelt. Bei den verwendeten Schichtdicken erreicht man Leuchterscheinungen mit Spannungen zwischen 50... 250 V. Der Einsatz von EL-Bildschirmen beschränkt sich derzeit noch auf Spezialanwendungen (Displays in Flugzeug-Cockpits u. a.). Wie bei den Plasma-Displays existiert auch hier das Problem der Hochfrequenz-Störstrahlung, die sie im Betrieb erzeugen.

Der Vorteil von EL-Displays liegt in der guten erreichbaren Leuchtdichte bei sehr flacher Bauweise. Eine aufwendige Ansteuerung ist erforderlich. Die Nachleuchtdauer des angeregten Kristalls ist im Vergleich zu den Leuchtstoffen der Katodenstrahlröhre sehr kurz, es müssen also für die Verwendung im Fernsehen spezielle Speicherschaltungen verwendet werden, die die Zeit zwischen den Ansteuerungen zweier Vollbilder überbrücken.

1.3. Gamma-Korrektur (Gradations-Vorentzerrung)

Bildaufnahme und Wiedergabe erfolgen, wie wir gesehen haben, mit elektronischen Bauelementen, die im Prinzip immer nichtlineare Übertragungskennlinien besitzen. Bei monochromer Verarbeitung wirken sich Nichtlinearitäten als Grauwert- oder Luminanzverfälschungen *(Gradationsfehler)* aus. Das ist nicht so kritisch wie bei Farbübertragungen.

Um Farbfehler zu vermeiden, ist es erforderlich, daß ein linearer Zusammenhang besteht zwischen dem Lichtstrom Φ_A, der in die Kamera geht und dem von der Empfängerbildröhre gelieferten Lichtstrom Φ_B (Bild 1.30).

Nun existieren sowohl bei den Bildaufnahmeröhren als auch auf dem Übertragungsweg (Verstärker etc.) und in der Empfängerbildröhre Nichtlinearitäten zwischen den Eingangs- und Ausgangsgrößen, wie in Bild 1.31 schematisch dargestellt.

Man berücksichtigt sie, indem man idealisierend annimmt, daß zwischen dem Strahlstrom i_{strahl} der Empfängerfarbbildröhre und der erforderlichen Steuerspannung u_{st} die Beziehung besteht:

$$\boxed{i_{strahl} = u_{st}^{\gamma}}$$

(1.24).

Hierbei liegt der Exponent zwischen den Werten γ = 1,7 ... 2,8. Die Kamerasignale u_R', u_G' und u_B' werden deshalb zunächst einmal γ-entzerrt, bevor man sie weiter verarbeitet.

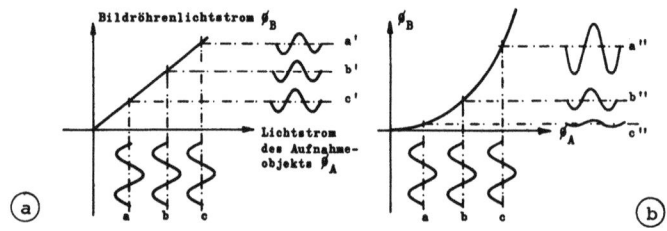

Bild 1.30: Einfluß der Linearität des Übertragungsweges auf die richtige Farbwiedergabe.
a) Bei einem linearen Übertragungsweg werden die Signalkomponenten a', b', c' im gleichen Verhältnis wiedergegeben wie die in der aufgenommen Szene vorhandenen a, b und c, und zwar bei jedem Farbsättigungswert (vgl. Kapitel 5).
b) Unrichtiges Verhältnis der wiedergegebenen Farbkomponenten a", b" und c" entstehen durch Nichtlinearitäten im Übertragungsweg.

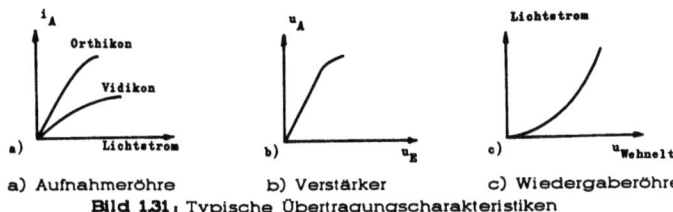

a) Aufnahmeröhre   b) Verstärker   c) Wiedergaberöhre
Bild 1.31: Typische Übertragungscharakteristiken

1.4. Fernseh-Übertragungsnormen
1.4.1. Überblick

Weltweit existiert eine Fülle verschiedener *Fernseh-Übertragungsnormen*. Im wesentlichen sind hierfür weniger technische, sondern historisch-wirtschaftspoltische Gründe maßgebend. Durch die Fernsehstandards werden wichtige Parameter festgelegt. Dazu gehören
- **Kanalbandbreite** und **Videobandbreite**,
- **Zeilenzahl** und **Bildfolgefrequenz**,
- **Abstand** der **Bildträgerfrequenz** von der **Tonträgerfrequenz**,
- **Modulationsart** von **Bild-** und **Toninformation**,
- **Übertragung** der **Farbinformation** (bei Farbsendungen).

Tabelle 1.1 zeigt eine Zusammenstellung der wichtigsten Normen. Sie werden mit Buchstaben A ..... N bezeichnet. Abgesehen von den veralteten Standards A (Großbritannien) und E (Frankreich) kann man 2 große Gruppen unterscheiden:
- 625 - Zeilen-Normen mit f_B = 25 Hz,
- 525 - Zeilen-Normen mit f_B = 30 Hz.

Die Kanalfrequenzen der einzelnen Bänder sind genormt. Tabelle 1.2 zeigt das vereinfacht für die CCIR-Normen B, G und H. In den Bändern I und III beträgt die Kanalbandbreite 7 MHz, in den Bändern IV und V 8 MHz.
Für Kabelfernsehen sind etwas andere Einteilungen festgelegt; sie sind in Tabelle 1.3 zusammengestellt.

Norm		Zei-len-zahl	Kanal-breite [MHz]	Video-Band-breite [MHz]	Bild/Ton-Ab-stand [MHz]	Rest-sei-ten-band [MHz]	Farb-trä-ger [MHz]	Bild-Modu-la-tion	Ton-Modu-la-tion
A	Engl. Norm (nur 1.Progr.)	405	5	3	3,5	0,75	-	Pos.	AM
B	Europ. Norm CCIR (Gerber)[1]	625	7	5	5,5	0,75	4,43	Neg.	FM
C	Belg. Norm (nur 1.Progr.)	625	7	5	5,5	0,75	4,43	Pos.	AM
D	Osteurop. Norm OIRT)[2]	625	8	6	6,5	0,75	4,43	Neg.	FM
E	Franz. Norm (nur 1.Progr.)	819	14	10	1,15	2,00	-	Pos.	AM
F	Belgische Norm	819	7	5	5,5	0,75	-	Pos.	AM
G	Europ. Norm CCIR (Gerber)	625	8	5	5,5	0,75	4,43	Neg	FM
H	Europ. Norm CCIR (Gerber)	625	8	5	5,5	1,25	4,43	Neg.	FM
I	Engl. Norm (alle Progr.)	625	8	5,5	6	1,25	4,43	Neg.	FM
K	Osteurop. Norm OIRT	625	8	6	6,5	0,75	4,43	Neg.	FM
K'	Modifiz. OIRT -Norm	625	8	6	6,5	1,25	4,43	Neg.	FM
L	Neue franz. Norm (2. und 3. Progr. regional alle Programme)	625	8	6	6,5	1,25	4,43	Pos.	AM
M	Amerik. Norm 60 Hz (FCC)[3]	525	6	4,2	4,5	0,75	3,58	Neg.	FM
N	Amerik. Norm 50 Hz	625	6	4,2	4,5	0,75	-	Neg.	FM

)[1] CCIR : Comité Consulatif International des Radio communications
- Internationales beratendes Komitee für Rundfragen (Sitz Genf)
)[2] OIRT : Organisation International des Radiodiffusion et Television
)[3] FCC : Federal Communication Commission
Bemerkungen:
Normen A-F: VHF-Band
Normen G-L: in Europa und Afrika: UHF-Band, Ausnahme: Norm K'
Die Normen A, C und E sollen einmal ganz aufgehoben werden
Normen A u. E: keine Farbübertragung

Tabelle 1.1: Daten der einzelnen Fernsehnormen (auszugsweise)

1.4.2. Die CCIR-Norm

Die *CCIR-Norm* bildet die Grundlage für das Fernsehen in der Bundesrepublik und einigen anderen Ländern in Mitteleuropa. Bei der CCIR-Norm wird die sog. **Negativmodulation** verwendet, d. h. Weiß entspricht der Minimalamplitude des Trägers, und die Synchronsignale werden mit 100 % Trägerleistung gesendet (Bild 1.32). Sie hat gegenüber der Positivmodulation den

Vorteil, daß Störimpulse nicht als helle, sondern als dunkle Muster auf dem

Band	Kanal	Frequenz (MHz)
I (47 - 68 MHz)	K 2 K 3 K 4	47 - 54 54 - 61 61 - 68
III (174 - 230 MHz)	K 5 K 6 K 7 K 8 K 9 K 10 K 11 K 12	174 - 181 181 - 188 188 - 195 195 - 202 202 - 209 209 - 216 216 - 223 223 - 230
IV (nur Norm G und H)	K 21 - K 36	470 - 597
V	K 37 - K 68	598 - 853

Tabelle 1.2: Kanalfrequenzen nach CCIR

Kanal	Frequenz (MHz)	Bandbreite (MHz)
K2, K4, unterer Pilot	47 - 68	7
S5, S6......S9	125 - 174	7
K5 ..... K11	174 - 230	7
S11 ..... S18 oberer Pilot, S20	230 - 300	7
S21 ..... S37	302 - 448	8

Tabelle 1.3: Kanalfrequenzen des BK-(Breitband-Kommunikations-)Netzes

a) Videosignal

b) Zugehöriges
trägerfrequentes
Sendersignal
(Frequenz nicht
maßstäblich)

Bild 1.32: Negativ–
modulation

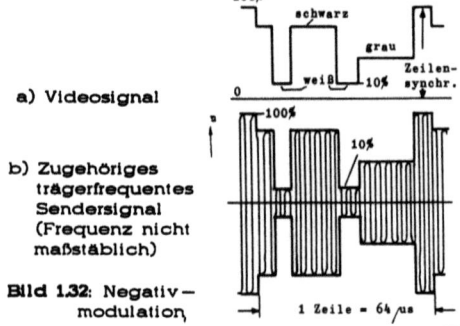

Bildschirm erscheinen und daß die Gleichlaufzeichen mit maximaler Feldstärke ankommen. Das ist besonders wichtig bei geringer Empfangsfeldstärke.
Bild 1.33 zeigt den Amplitudenverlauf des videofrequenten BAS-Signals (s.a. Abschnitt 1.1.3) einer Grauskala.
Grundsätzlich werden Bild- und Toninformation je einem Träger aufmoduliert, die einen festen Abstand zueinander haben (vgl. Ta-

Bild 1.33: Amplitudenverlauf des BAS-signals einer Zeile in CCIR-Norm bei Übertragung einer Grautreppe in Negativmodulation

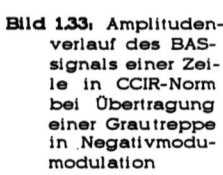
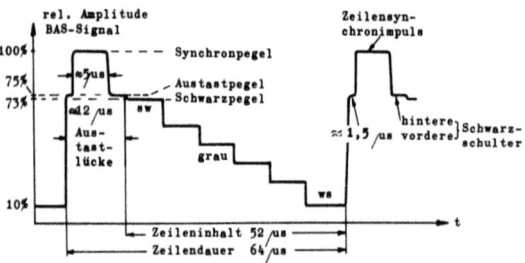

belle 1.1) und in demselben Kanal untergebracht sind. Außerdem erfolgt generell *Amplitudenmodulation der Videoinformation und Restseitenbandübertragung, um Kanalbandbeite sowie Sendenergie zu sparen.*

Bild 1.34: Kanalschema eines Fernsehsenders im VHF-Band nach CCIR-Norm

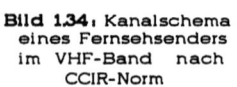
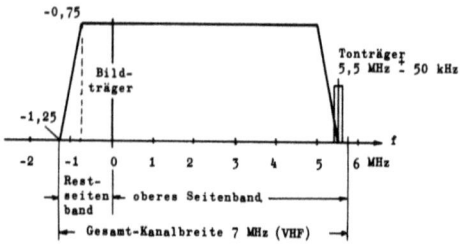

In Bild 1.34 sind die Lage des Bild- und des Tonträgers innerhalb eines Fernsehkanals dargestellt.
Auf die Technik der Zweiton- und Stereotonübertragung wollen wir an die-

ser Stelle noch nicht eingehen (s. a. Abschnitt 8.4.1).
Das Zeilensprungverfahren, auch Zwischenzeilenverfahren genannt, erfordert im ersten und zweiten Teilraster unterschiedliche Bildsynchronimpulse (vgl. Abschnitt 1.1.5). Bild 1.35 erläutert die zeitlichen Zuordnungen zwischen Zeilen- und Bildsynchronsignalen.
Zeile 623 des zweiten Rasters enthält nur noch während der ersten Hälfte Videosignal. Es folgen 5 Ausgleichsimpulse (Vortrabanten), der Bildsynchronimpuls und 5 Ausgleichsimpulse (Nachtrabanten). Da die Zeilensynchronisation zu keinem Zeitpunkt unterbrochen werden darf, ist der Bildsynchronimpuls entsprechend moduliert. Das Ende des ersten Teilrasters ist bei Zeile 313 erreicht.
Die erste aktive Zeile des ersten Rasters ist die Zeile 23 (Videomodulation in

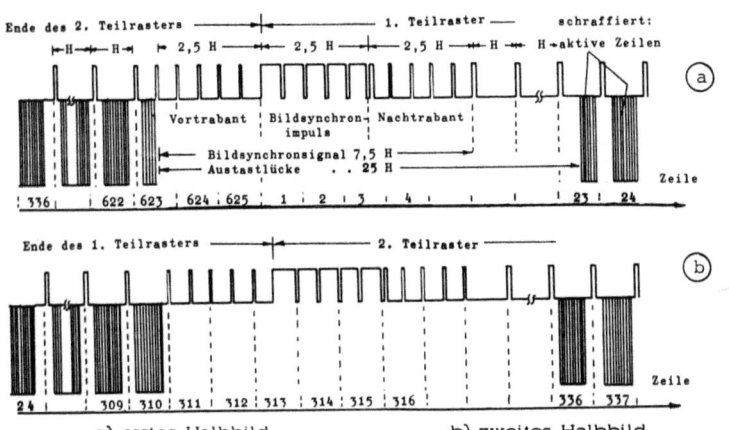

a) erstes Halbbild b) zweites Halbbild
Bild 1.35 : Komplettes Bild- und Zeilensynchronsignal für CCIR-Schwarzweiß-Norm (Composite Sync-Signal)

der zweiten Zeilenhälfte). Zeile 310 vom ersten Raster ist die letzte aktive Zeile. Es folgen wieder Vortrabanten, Bildsynchronimpuls und Nachtrabanten. Der Bildsynchronimpuls kommt zeitlich um eine halbe Zeilendauer (0,5 H) gegenüber dem ersten Raster versetzt. Die erste aktive Zeile des folgenden Rasters ist Zeile 336.
Die Zeilen 6...22 und 318...335 sind auf dem Bildschirm nicht sichtbar und können mit zusätzlichen Informationen beaufschlagt werden. So ist z.B. in den Zeilen 17, 18, 330 und 331 das *Prüfzeilensignal* untergebracht. Die Zeilen 20, 21, 333 und 334 beinhalten das *Videotext*- oder *Teletextsignal*, und Zeile 16 enthält *VPS*. Wir werden diese Techniken noch behandeln (s. Kap. 8).
Weitere Dienste, die die V-Lücke, also den Bildrücklauf ausnutzen, sind bisher nur im Versuchsstadium (z.B. Begleittonübertragungen).

2. Die Farbe
Das Licht als Teil des elektromagnetischen Strahlungssspektrums

Das *elektromagnetische Strahlungsspekrum* (Bild 2.1) umfaßt den Bereich der Längstwellen, den der vom Rundfunk benutzten *Langwellen* (*LW*), *Mittelwellen* (*MW*), *Kurzwellen* (*KW*), *Ultrakurzwellen* (*UKW*) und *Fernsehwellenlängen* (*VHF* = very high frequency, *UHF* = ultra high frequency), den der *Zentimeter-* und *Millimeterwellen* (*SHF* = super high frequency, *EHF* = extremely high frequency), der *Infrarot-* (*IR*)-, *Licht-* und *Ultraviolettstrahlung* (*UV*) bis hin zu den Strahlungen kürzester Wellenlängen, der *Röntgen-*, *Gamma-* und *kosmischen Strahlung*.

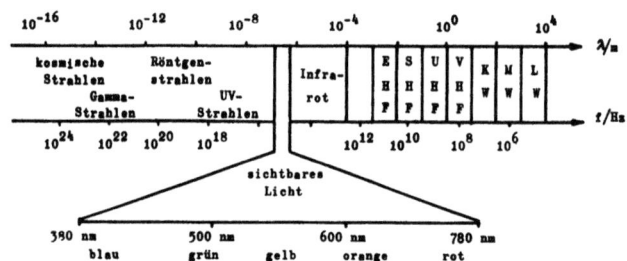

Bild 2.1: Elektromagnetisches Strahlungsspektrum

Die elektromagnetische Strahlung in dem relativ schmalen Wellenlängenbereich von etwa 380 bis 780 nm (1 nm = 10^{-9} m) ist vom menschlichen Auge wahrnehmbar und wird als *sichtbares Licht* bezeichnet.

Das von der Sonne kommende weiße Licht füllt diesen gesamten Bereich aus, ist also *keine Strahlung mit einer einzigen Wellenlänge*.

Mit speziellen optischen Systemen (Prisma, Beugungsgitter) kann dieses Sonnenlicht in seine Komponenten zerlegt, in das kontinuierliche *Lichtspektrum* aufgespalten werden (Bild 2.2). Der menschliche Gesichtssinn empfindet die Einzelkomponenten als Lichtstrahlung unterschiedlicher Färbung. Jedem Farbton kann eine spezielle Wellenlänge zugeordnet werden. Die Reihenfolge dieser reinsten, sog. *Spektralfarben* ist mit zunehmender Wellenlänge:
Violett, Blau, Blaugrün, Grün, Gelbgrün, Gelb, Orange und Rot (Bild 2.1). An den Grenzen bei etwa 380 nm (Ultraviolett) und 780 nm (Infrarot, Wärmestrahlung) endet der Sehbereich des Menschen.

Das als "Weiß" empfundene mittlere Sonnenlicht wird auch als *Normlicht B* bezeichnet und ist - ebenso wie die meisten natürlich vorkommenden Farben - demnach keine einheitliche Strahlung, sondern besteht aus vielen Einzelkomponenten, die das menschliche visuelle System *additiv* zusammensetzt.

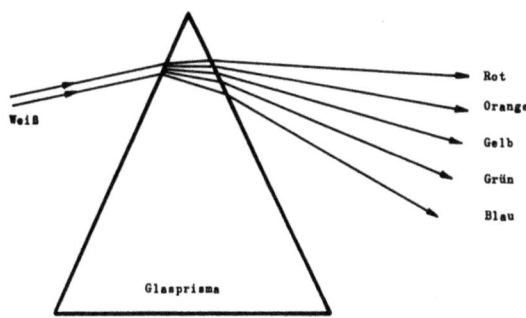

Bild 2.2: Zerlegung des Sonnenlichts in Spektralfarben mittels Glasprisma

3. Das Auge. Farbiges Sehen

Die *Netzhaut des Auges* (Bild 3.1) enthält Lichtempfänger. Man unterscheidet 2 Arten, die etwa, wie folgt, verteilt sind:

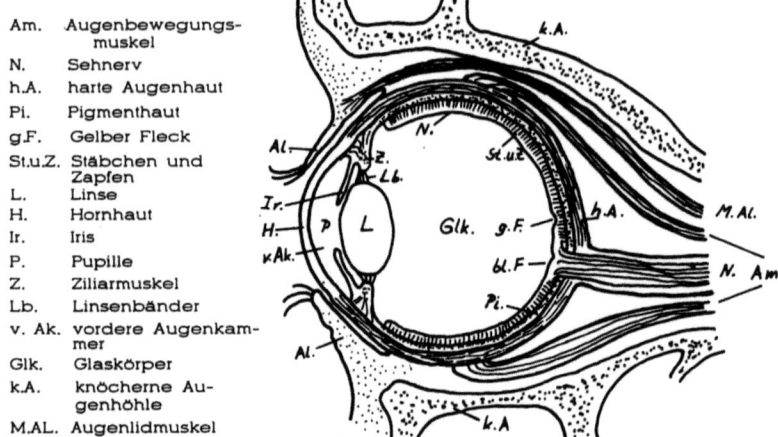

Am.	Augenbewegungsmuskel
N.	Sehnerv
h.A.	harte Augenhaut
Pi.	Pigmenthaut
g.F.	Gelber Fleck
St.u.Z.	Stäbchen und Zapfen
L.	Linse
H.	Hornhaut
Ir.	Iris
P.	Pupille
Z.	Ziliarmuskel
Lb.	Linsenbänder
v. Ak.	vordere Augenkammer
Glk.	Glaskörper
k.A.	knöcherne Augenhöhle
M.AL.	Augenlidmuskel

Bild 3.1: Vertikaler Schnitt durch das Auge und die Augenhöhle

a) *Stäbchen:* Für Hellempfindung (ca. 120 Millionen)
b) *Zapfen :* Für Farbempfindung (ca. 5...10 Millionen).

Die Stäbchen sind etwa um den Faktor 1000 empfindlicher als die Zapfen. Die Zapfen liegen vor allem in der Netzhautgrube *(gelber Fleck)*, die Stäbchen verteilen sich in der Umgebung. Die Zapfen übernehmen das Tagsehen und sind bei Leuchtdichten oberhalb 1 cd/m^{-2} (Maß für die Lichtstärke: 1 candela [cd]) aktiv. Die Stäbchen sind so empfindlich, daß schon 2 bis 3 Lichtquanten innerhalb von 100 ms zu einem Nervenreiz führen. Unterhalb einer Leuchtdichte von 10...2 cd/m^{-2} sind sie allein am Sehvorgang beteiligt, daher ist hier keine Farbunterscheidung mehr möglich (Sprichwort: Nachts sind alle Katzen grau).

Bei Reizung der Lichtempfänger erfolgt eine fotochemische Umsetzung. Der *Sehpurpur* wird ausgeblichen, es findet eine Spaltung in Trägereiweiß und Farbstoff statt, wodurch der Sehnerv gereizt wird. Diesen Reiz empfindet der Mensch als Licht. Die Regenerierung des Sehpurpur erfordert Zeit, deshalb tritt bei sehr starker Lichteinwirkung eine Blendung auf. Das Sehvermögen kehrt erst allmählich zurück.

Das *farbige* Sehen beruht nach *Young* und *Helmholtz* darauf, daß 3 Arten von Zapfen vorhanden sind, und zwar *rot-, grün- und blauempfindliche*. Die 3 Zapfenarten führen *für die einzelnen Farben* zu unterschiedlichen Farbempfindlichkeiten (Bild 3.2). Die Farbempfindung für Blau ist sehr schwach, sie ist deshalb im relativen Maßstab 20-fach gedehnt. Die Summe der 3 Farbempfindlichkeitskurven ergibt `die *spektrale Helligkeitsempfindung* (Bild 3.3). Ihr

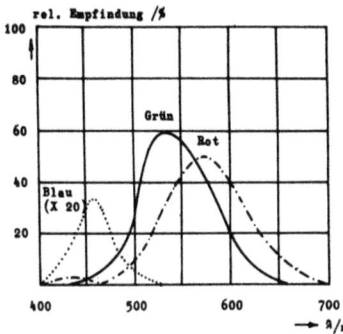

Bild 3.2: Relative Farbempfindung der Zapfen

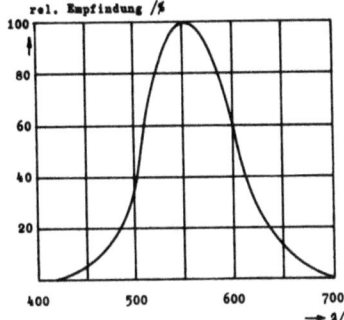

Bild 3.3: Spektrale Helligkeitsempfindung des Auges am Tage

Ihr Maximum liegt am Tage bei ca. 550 nm entsprechend Gelb-Grün und nachts bei ca. 500 nm. Die drei Farben Rot, Grün und Blau eines Bildes werden wegen der unterschiedlichen Beugung der Lichtstrahlen durch die Augenlinse in verschiedenen Ebenen scharf abgebildet (sphärische Aberration). Rot wird weniger stark gebeugt als Grün, Blau dagegen stärker, so daß der Brennpunkt für Rot leicht hinter der Netzhaut liegt und der für Blau leicht davor (Bild 3.4).

Fazit: Feine Einzelheiten bestimmter Farben werden vom Auge nur unvollkommen aufgelöst. Das ist sehr wichtig für die Farbdefinitionen bei den Fernsehnormen, denn wegen dieser Tatsache läßt sich ein Teil der Farbinformation mit wesentlich geringerer Bandbreite übertragen, ohne daß dabei Information verlorengeht (s.a. Abschnitt 6.10).

Die Tatsache, daß es aufgrund der 3 Zapfenarten 3 Intensitätsmaxima entsprechend Bild 3.2 für die Farben Rot, Grün und Blau gibt, bildet die Grundlage für die *Dreifarbentheorie*, auf der wiederum das Farbfernsehen basiert.

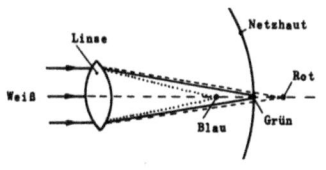

Bild 3.4: Farbbeugung im Auge

4. Farbenlehre
4.1. Dreifarbentheorie, Additive Farbmischung

Die *Dreifarbentheorie* bildet die Grundlage für das Farbfernsehen. Sie besagt:

> Jede sichtbare Farbe läßt sich aus drei Primärfarben durch additive Farbmischung herstellen.

Für die Wahl der *Primärfarben* (oder *Farbtripel*) gilt die Bedingung:

> Keine der drei Primärfarben eines Tripels läßt sich durch Mischung der beiden anderen erzeugen.

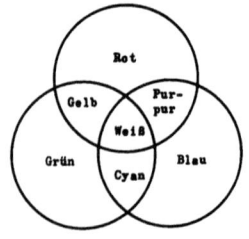

Bild 4.1: Additive Farbmischung mit 3 kreisförmigen Lichtquellen

Es gibt theoretisch unendlich viele Tripel von Primärfarben, die die zweite Bedingung erfüllen. Für umfangreiche Untersuchungen der IBK (Internationale Beleuchtungskommission), auch CIE (Commission Internationale de l'Eclairage) genannt, sind 1931 folgende Primärfarben festgelegt worden (Bild 4.1):

Rot mit 700,0 nm
Grün mit 546,1 nm
Blau mit 435,8 nm.

4.1.1. Farbmischkurven

Das prägnanteste Beispiel einer additiven Farbmischung bietet das *Sonnenlicht* selbst. Wie schon vorher aufgezeigt, besteht dieses für das Auge weiße Licht aus einer Vielzahl von Strahlungen unterschiedlicher Farben. Gelangen alle diese farbigen Lichter gleichzeitig auf dieselbe Stelle der Netzhaut im Auge, so werden sie zu einem neuen Farbeindruck zusammengesetzt, in unserem Fall zu Weiß.

Umfangreiche Forschungen und Experimente, die schon in den vergangenen Jahrhunderten angestellt wurden (Newton, Huygens, Maxwell), haben ergeben, daß sich fast alle in der Natur vorkommenden Farben aus einer additiven Mischung der drei Primärfarben Rot, Grün und Blau ableiten lassen.

Es lag auf der Hand, daß man auch versuchte, gegebene Farben durch Anteile dieser drei Primärfarben nachzubilden, um zu quantitativen Aussagen zu kommen.

Mit Hilfe eines einfachen Instrumentes, dessen Prinzip im Bild 4.2 angedeutet ist, läßt sich eine solche *"Farbsynthese"* realisieren. Drei in ihrer Intensität einstellbare Primärstrahler, die nur rotes (R), grünes (G) und blaues (B) Licht abgeben, beleuchten die eine Hälfte eines geknickten Schirms und das zu messende Licht X die andere. Das Mischungsverhältnis der drei Primärstrahlungen kann durch die in Einheiten geeichten Meßblenden M beliebig verändert werden. Das Farbmeßgerät ist abgeglichen, wenn die vordere, scharfe Kante des Schirms nicht mehr erkennbar ist, d.h. beide Schirmhälften mit Licht gleicher Farbe und Helligkeit beleuchtet werden. An den Blendenskalen können dann die Anteile der einzelnen Primärfarben abgelesen werden. In eine mathematische Form gebracht, gilt

$$X = r(R) + g(G) + b(B)$$ (4.1),

oder in Worten ausgedrückt:
Die Farbe X wird nachgebildet durch r Einheiten der roten, g Einheiten der grünen und b Einheiten der blauen Primärstrahlung. Die Größen r, g und b werden *Farbwerte* oder *Farbvalenzen* genannt.

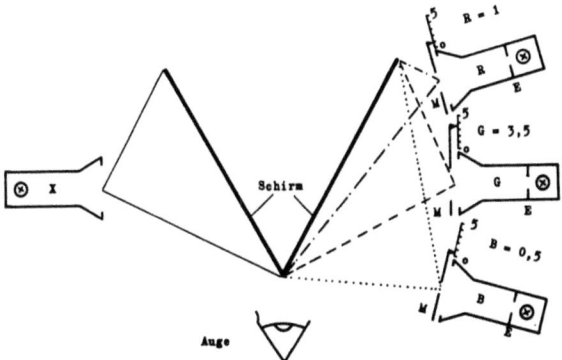

Bild 4.2: Farbmeßgerät für addtitive Farbmischung

Zur exakten quantitativen Aussage gehören noch eine *Bezugsfarbe*, auf die das Farbmeßgerät eingeeicht werden muß und eine Übereinkunft in der *Wahl der Primärfarben*. International genormt wurden als Bezugsfarbe das sog. *Gleichenergieweiß*, eine im sichtbaren Bereich kontinuierliche, wellenlängenunabhängige Strahlung und als Primärfarben *monochromatische* (einwellige) Strahlungen mit den Lichtwellenlängen

436 nm für Blau,   546 nm für Grün   und   700 nm für Rot.

Die *Eichung* des Farbmeßgerätes geschieht wie folgt: Die Blenden M werden auf den Wert " 1" eingestellt und die linke Schirmhälfte mit Gleichenergieweiß beleuchtet. Das Farbmeßgerät ist dann bei genormten Meßblenden in bekannter Weise abzugleichen, aber jetzt durch Verstellen der *Eichblenden* E. In eine Formel gefaßt, wird dann

$$W = 1(R) + 1(G) + 1(B) \qquad \text{W: Gleichenergieweiß} \qquad (4.2).$$

Die Blenden sind nach dieser (einmaligen) Eichung zu fixieren. Alle zu messenden Farben sind dann auf diese Eichung bezogen. Der in Bild 4.2 beispielsweise eingezeichnete Abgleich ergibt

$$X = 1(R) + 3{,}5(G) + 0{,}5(B) \qquad (4.3).$$

Durch diese drei Farbwerte ist die Farbe X eindeutig definiert. Umfangreiche Messungen an vielen Versuchspersonen haben 1931 zu den IBK- (CIE-) Farbmischkurven geführt. Sie zeigen, daß bei dem gewählten Primärfarbsystem die Farben zwischen 445 nm und 550 nm nicht einwandfrei darstellbar sind. Man muß hierbei einen Rotanteil der *linken* Schirmhälfte zusetzen, um Deckungsgleichheit zu erzielen. Das bedeutet, mathematisch gesagt, daß man von der rechten Schirmhälfte etwas subtrahieren müßte.

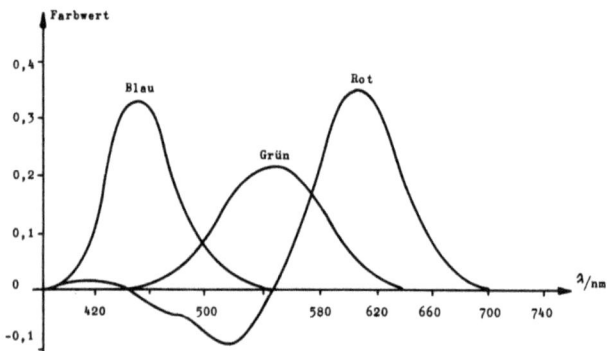

Bild 4.3: IBK-Farbmischkurven mit R = 700,0 nm, G = 546 nm, B = 435,8 nm

Für eine unbekannte Farbe X im genannten Bereich gilt demnach

$$X + a(R) = b(G) + c(B) \qquad (4.4)$$

oder

$$X = -a(R) + b(G) + c(B) \qquad (4.5).$$

In den Farbmischkurven drückt sich das durch einen *negativen Bereich für Rot* aus (Bild 4.3).

4.1.2. Darstellung der Farbe im Raum

Jede Farbe ist durch ihre drei mit dem Farbmeßgerät ermittelten Farbwerte festgelegt. Eine graphische Darstellung läßt sich daher nur in einem dreidimensionalen Koordinatensystem vornehmen. Im Bild 4.4 sind die drei Koordinatenachsen in Farbwerteinheiten der drei Primärfarben geteilt. Jeder Punkt im Raum stellt den Ort einer bestimmten Farbe dar. Ein solcher Ort kann aber außer durch seine Farbkoordinaten auch durch den Abstand vom Koordinatenursprung und die Richtung der Verbindungslinie Ursprung-Farbort definiert werden. Somit kann man *jeder Farbe einen Vektor* zuordnen.

Eine Sonderstellung nimmt in dieser Darstellung die *Raumdiagonale* ein. Sie ist die Ortskurve für alle Punkte mit gleichgroßen Farbwerten, d.h. $r = g = b$.

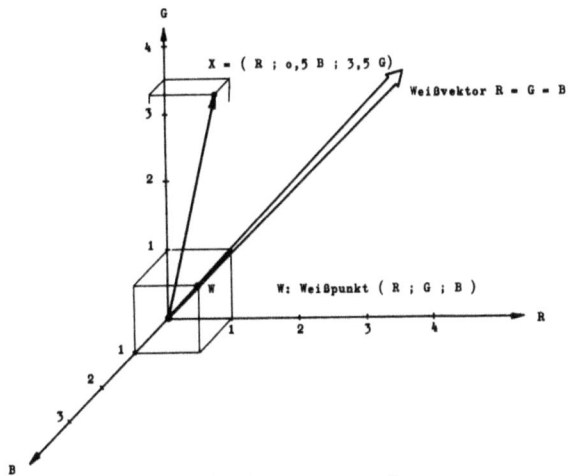

Bild 4.4: Farben im Raum

finition (Eichung des Farbmeßgerätes) ist das aber immer die Zusammensetzung von "Weiß", allerdings mit unterschiedlichen Intensitäten oder *Grauwerten*. Man bezeichnet die Raumdiagonale auch als *Weißvektor*, den Farbort mit
$$r = g = b = 1$$
als *Weißpunkt* und den Koordinatenursprung als *Schwarzpunkt*. Außer dem Weißvektor ist im Bild 4.4 der Farbvektor vom Beispiel aus Bild 4.2 eingezeichnet.

Gibt man der Lichtquelle nur die halbe Intensität, ohne die Farbzusammensetzung zu verändern, so erhält der Farbvektor nur die halbe Länge, ohne jedoch seine Richtung zu ändern. Daraus gewinnt man die folgende Aussage:

> Die Richtung des Farbvektors bestimmt die Farbart, die Länge
> die Intensität der Farbe.

4.2. Darstellung der Farbe im Farbdreieck

Die dreidimensionale (vektorielle) Darstellung der Farbe ist umständlich und für den praktischen Gebrauch nicht gut geeignet. Wir hatten gesehen, daß im räumlichen Koordinatensystem die Informationen Farbart und Intensität enthalten sind. Die Intensität (Helligkeit) beeinflußt die Farbart praktisch nicht, wie man sich an einem Beispiel klarmachen kann. Ein Dia zeigt die gleichen Farben, wenn man es mit einem 100-Watt- oder mit einem 300-Watt-Projektor betrachtet, lediglich *verschieden hell*.

Nimmt man die räumliche Darstellung und greift auf den Achsen R,G,B gleich Strecken ab, so ergibt die Fläche, die man zwischen den drei Endpunkten aufspannen kann, ein gleichseitiges Dreieck mit den Ecken R,G und B. Der Weißvektor der räumlichen Darstellung wird zum *Weißpunkt* W im Flächenmittelpunkt (Bilder 4.5. und 4.6).

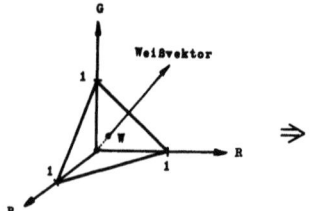
Bild 4.5: Farbdreieck im Raum

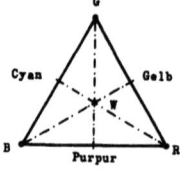
Bild 4.6: Farbdreieck mit Weißpunkt

4.3. Farbton, Farbsättigung, Farbart und Leuchtdichte

Ein schmaler Streifen aus dem Spektrum des Sonnenlichts (exakt: *eine einzige* Wellenlänge) wird als *Farbton* bezeichnet. Licht, das nur aus einer einzigen Wellenlänge besteht, stellt die reinste nur mögliche Farbe dar (*monochromatisches Licht*). Ein solcher Farbton ist zu 100% g e s ä t t i g t .
Mischt man einer solchen Farbe Weiß zu, so wird sie e n t s ä t t i g t.
Die *Farbsättigung* gibt an, wieviel weißes Licht dem reinen Farbton zugesetzt ist.

Beispiel: 75 % grüne Farbe + 25 % weißes Licht = Grün mit 75 % Sättigung.
Stark entsättigte Farben nennt man *Pastellfarben*.
Das Farbdreieck stellt in sehr anschaulicher Weise die eben definierten Begriffe dar. Alle zu 100 % gesättigten Farben liegen auf dem Umfang des Dreiecks. Alle Farben mit dem gleichen Farbton liegen auf einer Geraden, die vom Weißpunkt zum Umfang führt.
Für die Definition der Farbart sind somit 2 Größen notwendig:

1) Der Farbton und
2) die Farbsättigung.

4.4. Komplementärfarben, Subtraktive Farbmischung

Komplementärfarben sind jeweils 2 Farben, die sich *additiv zu Weiß* ergänzen.
Im Farbdreieck findet man sie einfach dadurch, daß man von der einen Farbe eine Verbindungsgerade durch den Weißpunkt zur anderen Farbe zieht. Es gibt unendliche viele Komplementärfarbenpaare. Im Bild 4.6 sind drei Komplementärfarbenpaare eingezeichnet:

Grün - Purpur,   Rot - Cyan,   Blau - Gelb.

Der Bildschirm einer Schwarzweiß-Bildröhre besteht z.B. aus einer Mischung von gelb- und blauleuchtenden Phosphoren, die man bei Betrachtung mit einer Lupe deutlich unterscheiden kann. Er erscheint deshalb in Weiß, weil das Auge die einzelnen Punkte im normalen Betrachtungsabstand nicht auflösen kann und deshalb scheinbar eine additive Farbmischung stattfindet.

Während die Farbbildwiedergabe beim Fernsehen auf der additiven Farbmischung basiert, sind fast alle Farbmischprozesse im täglichen Leben und in der Natur das Ergebnis einer *subtraktiven Farbmischung*.
Trifft ein Licht mit bestimmter spektraler Zusammensetzung (z.B. Weiß, aber auch farbiges Licht) auf eine (reflektierende) Körperoberfläche oder ein (transparentes) Filter, so wird in der Regel ein Teil des Spektrums *absorbiert*, und der Rest wird remittiert oder transmittiert und gelangt zum Auge. Das heißt, das Auge nimmt die *Komplementärfarbe zum absorbierten Teil* wahr.
Bestrahlt man beispielsweise eine "rote" Oberfläche mit weißem Licht, so erscheint sie deshalb in Rot, weil der im Grün liegende Spektralanteil absorbiert wird. Würde man dieselbe Fläche mit Grün beleuchten, so erschiene sie in Schwarz, denn Grün besitzt keinen Rotanteil, der reflektiert werden könnte. Der Farbton, in dem ein be- oder durchleuchteter Gegenstand erscheint, hängt also wesentlich von der Spektralzusammensetzung der Lichtquelle ab.

4.5. Das Normalfarbendreieck und der Spektralfarbenzug, Farbmetrik

In 4.1 war gezeigt worden daß die Farbmischkurven aus den alten IBK-Primärfarben Rot, Grün und Blau negative Anteile besitzen. Für den praktischen Gebrauch eignen sich diese Mischkurven daher nicht. Die IBK hat deshalb neue Primärfarben festgelegt, die so gewählt sind, daß die Mischkurven nur noch positive Werte enthalten. Diese neuen Primärreize sind allerdings physikalisch nicht mehr darstellbar, d.h. man kann sie nicht aus dem Sonnenspektrum herausfiltern, weil sie mehr als 100 % Farbsättigung besitzen müßten. Sie sind also *reine Rechengrößen* (auch *virtuelle Farben* genannt), und man bezeichnet sie mit X, Y und Z.

Aus den Primärstrahlern R, G, und B lassen sie sich berechnen zu:

$$\boxed{\begin{aligned} X &= 2{,}7690\,R + 1{,}7518\,G + 1{,}1300\,B \\ Y &= 1{,}0000\,R + 4{,}5907\,G + 0{,}0601\,B \\ Z &= 0{,}0000\,R + 0{,}0565\,G + 5{,}5943\,B \end{aligned}}$$

(4.6)
(4.7)
(4.8).

Mischt man nun aus den Normalfarben X, Y und Z die Farbtöne des Sonnenspektrums, so ergeben sich Mischkurven nach Bild 4.7. Wählt man beispielsweise den Farbton F mit der Wellenlänge 525 nm (Gelb-Grün), so enthält er die Normalfarbanteile:

$$X = 0{,}12, \quad Y = 0{,}72, \quad Z = 0{,}12.$$

Die Spektralfarben des Sonnenlichts lassen sich, wie wir gesehen haben, alle aus den Normalfarben X, Y und Z berechnen.

Ebenso lassen sie sich im *Normalfarbdreieck* nach Bild 4.8 mit den Eckpunkten X, Y und Z darstellen. Sie liefern hier einen hufeisenförmigen Kurvenzug. Die Verbindungslinie von der Farbe Blau (380 nm) nach Rot (780 nm) wird als *Purpurlinie* bezeichnet, die die Mischfarben aus Blau und Rot darstellt. Diese Farben sind nicht als Spektralfarben im Sonnenlicht enthalten. In einem Dreieck genügen für die eindeutige Festlegung eines bestimmten Punktes 2 Koordinaten. Es ist daher nicht nötig, alle 3 Größen X, Y und Z zu verwenden, weil jeweils die dritte durch die beiden anderen gegeben ist. Mit den Vereinfachungen

$$x = \frac{X}{X + Y + Z} \qquad (4.9),$$

$$y = \frac{Y}{X + Y + Z} \qquad (4.10),$$

$$z = \frac{Z}{X + Y + Z} \qquad (4.11)$$

kann man zeigen

$$\boxed{x + y + z = 1} \qquad (4.12)$$

oder

$$\boxed{z = 1 - x - y} \qquad (4.13).$$

Das Normalfarbdreieck vereinfacht sich somit zu einem rechtwinkligen Dreieck mit den Seiten x und y, deren Maximalwerte 1 sind. Der Weißpunkt W hat die Koordinaten

$$\boxed{\begin{array}{l} x_W = 0{,}33 \\ y_W = 0{,}33 \end{array}} \quad (4.14).$$

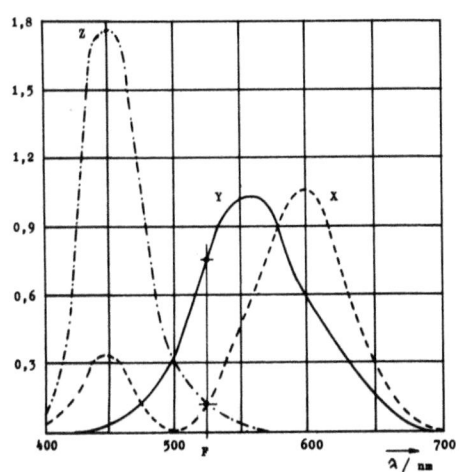

Bild 4.7: Normalfarbreize der 3 Grundfarben X,Y,Z zur Ermischung der Spektralfarben

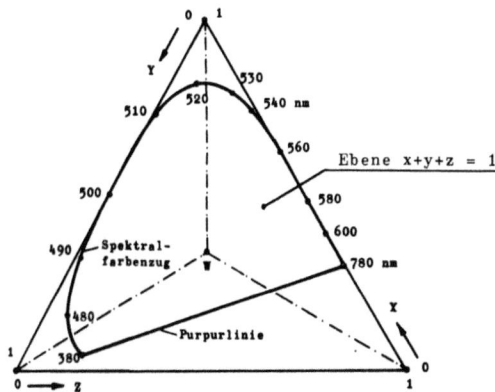

Bild 4.8: Spektralfarben im Normalfarbdreieck

Hinsichtlich der Komplementärfarben und der Farbsättigung gelten analoge Überlegungen wie beim gleichseitigen Farbdreieck. Außerdem existieren noch die sog. *Normlichtarten C* und D_{65} für das Weiß in Empfängerbildröhren (s.a. 6.12.3.) Normlicht C wird im amerikanischen 525- Zeilen-System verwendet, während D_{65} für europäische 625-Zeilen-Systeme definiert ist. Dieses Weiß entspricht einer *Farbtempe ratur* von 6500 K. C hat einen leichten Purpurstich und entspricht einer mittleren Farbtemperatur von 6775 K. Beide ähneln mittlerem Tageslicht.
Unter der *Farbtemperatur* verstehen wir eine ganz bestimmte spektrale Zusammensetzung eines weißlichen Lichts, denn nach *Planck* besteht zwischen der absoluten Temperatur eines sog. *schwarzen Strahlers* in Kelvin [K] und der spektralen Verteilung der von ihm abgegebenen elektromagnetischen Strahlung ein definierter, formelmäßig darstellbarer Zusammenhang.
Einen solchen schwarzen

	NTSC 525 Zeilen		PAL, SECAM 625 Zeilen	
	x	y	x	y
R_e	0,670	0,330	0,640	0,330
G_e	0,210	0,710	0,290	0,600
B_e	0,140	0,080	0,150	0,060

Normlicht C		Normlicht D_{65}	
0,310	0,316	0,313	0,329

Tabelle 4.1: Normfarben der Farbfernsehsysteme

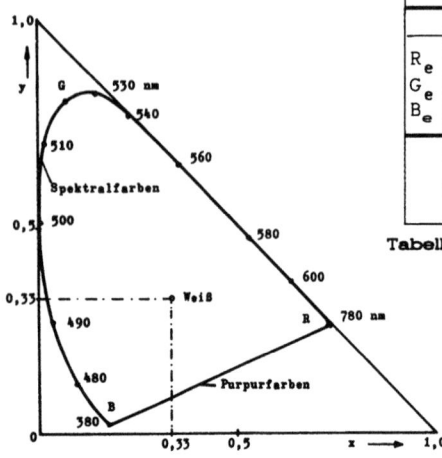

Bild 4.9: Spektralfarbenzug im IBK-Normalfarbdreieck (1931)

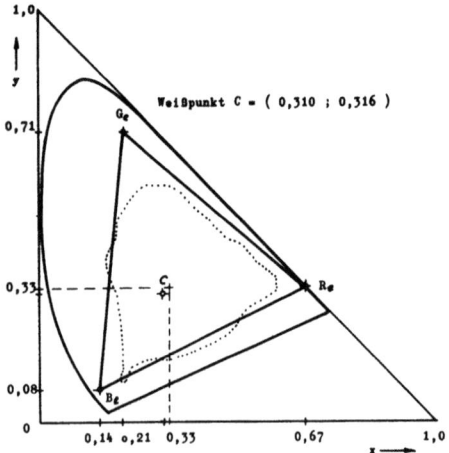

Bild 4.10: Lage der Empfängerbildröhren-Primärfarben im Normalfarbdreieck

Strahler kann man mit hinreichender Genauigkeit technisch realisieren durch einen Hohlkörper mit einer kleinen Öffung, dessen Innenwände sich auf der entsprechenden Temperatur befinden.

Auch Glühlampen, die als *Normlicht A* bezeichnet werden, sind näherungsweise schwarze (oder "graue") Strahler (Farbtemperatur ca. 2870 K) im Gegensatz zu Leuchtstofflampen o.ä., die "kaltes" Licht abgeben. Für das Farbfernsehen besteht eine Aufgabe nun darin, innerhalb des Spektralfarbenzuges ein Primärfarbtripel R_e, G_e und B_e festzulegen, wobei die technisch realisierbaren Möglichkeiten durch die gegebenen Leuchtstoffe zu berücksichtigen sind.

In der Natur vorkommende Farben sind der Regel nicht stark gesättigt, so daß man ein Primärfarbtripel wählen kann, bei dem die Ecken *innerhalb* der Hufeisenkurve liegen und das trotzdem praktisch alle natürlichen Farben wiedergibt. Die gewählten Primärfarben unterscheiden sich in den einzelnen Farbfernsehsystemen, ihre Koordinaten sind in Tabelle 4.1 zusammengestellt.

4.6. Das I-Q - Koordinatensystem

Genaue und umfangreiche Untersuchungen haben ergeben, daß das Auge nicht nur für Helligkeitseindrücke wesentlich empfindlicher ist als für Farbeindrücke (Stäbchen - Zapfen, s. Kap. 3), sondern daß auch unterschiedliche Farbabstufungen verschieden gut getrennt werden.

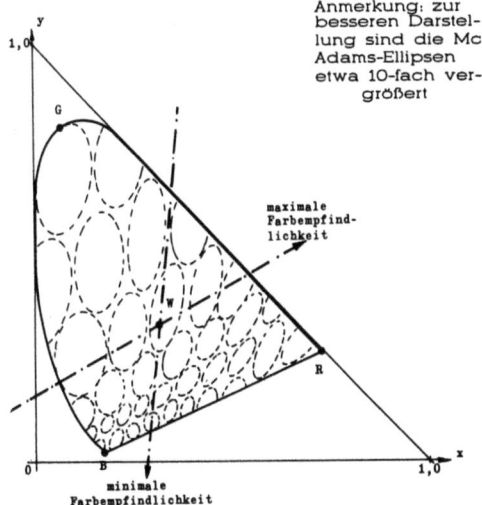

Anmerkung: zur besseren Darstellung sind die Mc Adams-Ellipsen etwa 10-fach vergrößert

Bild 4.11. Relatives Farbunterscheidungsvermögen nach Mc Adams

Trägt man im Normalfarbdreieck innerhalb des Spektralfarbenzuges *Flächen gleichen Farbunterscheidungsvermögens* nach Mc Adams ein, so entstehen die sog. Mc Adams-Elli*psen*, wie in Bild 4.11 dargestellt. Die Flächen gleichen Farbunterscheidungsvermögens sind, wie es der Name auch ausdrückt, ellipsenförmig, wobei die längeren Halbachsen vorzugsweise von Blau nach Gelb-Grün zeigen. Das bedeutet, daß Farbunterschiede, die zwischen diesen Farben auftreten, vom Auge *schlechter* erkannt werden als solche, die in der Richtung der kleinen Halbachse l iegen. Je größer die Ellipsenfläche, desto geringer ist das Farbunterscheidungsvermögen das heißt, im Grün-Bereich differenziert das Auge Farbunterschiede schlechter als im Blau- und Rotbereich. In Wirklichkeit sind die Ellipsen für die Grenzen des Farbunterscheidungsvermögens etwa 10 mal kleiner, sie wurden hier nur aus Gründen der besseren Darstellung vergrößert eingezeichnet. Das Verhältnis der beiden Halbachsen der Ellipsen ist etwa 1:3.

- 60 -

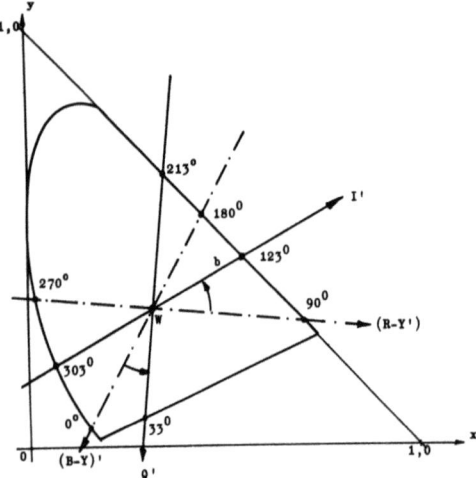

Bild 4.12: Lage der I'-und Q'-Achse im Normalfarbdreieck

Für die elektrische Übertragung von Farbinformationen bedeutet diese Aussage, daß die Übertragungsbandbreite in der Richtung minimalen Farbunterscheidungsvermögens etwa um den Faktor 3 kleiner sein kann als in der Richtung maximaler Empfindlichkeit. Diese Tatsache wird, wie wir später noch ausführlicher behandeln, vom amerikanischen NTSC-System ausgenutzt.

Man bezeichnet die Achse maximalen Farbunterscheidungsvermögens auch als I' - Achse und die minimalen Farbunterscheidungsvermögens als Q'-Achse. Ihre Lagen sind in Bild 4.12 eingezeichnet. Sie haben in Bezug auf die in diesem Bild ebenfalls eingetragenen, für PAL und SECAM benötigten (R-Y)'- und (B-Y)'- Achsen einen Phasenwinkel von 33°. Wir werden hierauf noch zu sprechen kommen (Abschnitt 6.12).

Die Darstellung nach Bild 4.11 hat für manche farbmetrischen Anwendungen noch einen Nachteil. Offensichtlich entsprechen gleiche geometrische Abstände - je nachdem, wo man sich in der Normfarbtafel befindet - unterschiedlichen Farbunterscheidungsabständen. Man hat deshalb nach einer Transformation gesucht, die zu etwa gleichgroßen Ellipsen innerhalb des gesamten Spektralfarbenzuges führt und 1960 das sog. *UCS-Farbdiagramm (UCS = Uniform Colour Spacing)* eingeführt mit den neuen Koordinaten u und v.

Zwischen den Variablen x und y des Normalfarbdreiecks und den UCS-Variablen u und v bestehen die Beziehungen

$$u = \frac{4x}{-2x + 12y + 3}$$ und $$v = \frac{6y}{-2x + 12y + 3}$$ (4.15), (4.16).

Nach neuester CIE-Normung ist 1976 der v-Maßstab noch einmal gedehnt worden, und es gilt

$$\boxed{u' = u} \quad \text{und} \quad \boxed{v' = 1{,}5v} \quad (4.17).$$

4.7. Darstellung der Farbe im Farbkreis

Nimmt man den hufeisenförmigen Spektralfarbenzug aus Bild 4.10 und verformt ihn zu einem Kreis, so entsteht der *Farbkreis* (Bild 4.13). Die Vorteile dieser Darstellung sehen wir später bei der Behandlung der Farbfernsehsysteme. An dieser Stelle seien lediglich einige Eigenschaften dieser Darstellung erwähnt:

1) Der **Radius** des Kreises stellt die *normierte* **Farbsättigung** dar.
2) Der **Phasenwinkel** ergibt den **Farbton**.
3) **Komplementärfarben** liegen jeweils *auf einem Durchmesser*.

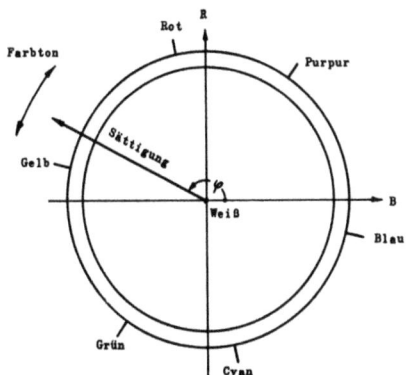

Bild 4.13: Der Farbkreis

5. Farbbildwiedergabe

5.1. Wiedergabe mit 3 Farbbildröhren

Analog zum Farbmeßgerät lassen sich farbige Fernsehbilder reproduzieren. An die Stelle der drei Primärstrahler treten hier drei Bildröhren, deren Schirme mit in den drei Grundfarben Rot, Grün und Blau leuchtenden Phosphoren belegt sind (Bild 5.1). Durch unterschiedliche Signale an den Steuergittern können dann alle innerhalb des Mischbereiches liegenden Farben reproduziert werden. Optische Systeme (Linsen oder Spiegel) sorgen für konturengleiche Überlagerung der drei Grundfarbenbilder.

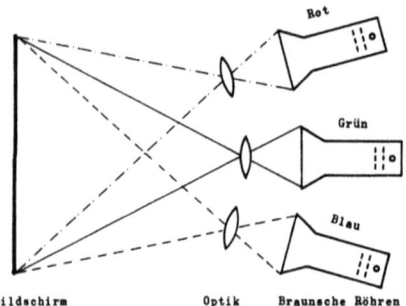

Bild 5.1: Farbbildwiedergabe mit 3 Bildröhren (Projektionsverfahren)

Voraussetzung ist natürlich, daß alle drei Bildformate exakt gleich groß sind, sonst entstehen die von schlechten Farbdrucken her bekannten Farbsäume. Dieses Prinzip erfordert einen relativ hohen technischen Aufwand, die Apparaturen sind sehr voluminös. Es findet daher vorwiegend in der Großbildprojektion (Kliniken, Hörsäle usw.) Anwendung und hat sich im Heimempfängerbereich nur vereinzelt durchgesetzt.

5.2. Dreistrahlröhren mit Schattenmaske

5.2.1. Prinzip der Dreistrahlröhre

Ein Farbfernsehgerät mit 3 Bildröhren nach oben beschriebenem Konzept wäre zu aufwendig. Wie lassen sich die 3 Funktionen von R, G und B in einem Röhrensystem vereinen?

Man macht sich hier eine Eigenschaft des Auges zunutze, nämlich dessen *begrenztes Flächenauflösungsvermögen* (s. Abschn. 1.1.2.2). Eine additive Farbmischung kommt nicht nur zustande, wenn man 3 Teilbilder übereinanderlegt, sondern sie ist auch zu erreichen, wenn man jedes Teilbild sehr fein aufrastert und die so in einzelne Punkte zerlegten Bilder nebeneinander verschachtelt auf den Bildschirm schreibt. Bei genügendem Betrachtungsabstand ist das Auge nicht mehr in der Lage, die Punktstruktur aufzulösen, so daß scheinbar eine additive Mischung zustandekommt. Dieses Prinzip ist in den *Schattenmaskenröhren* verwirklicht.

5.2.2. Technische Entwicklung

Im Laufe der letzten 35 Jahre hat es eine Reihe von verschiedenen Farbbild-Wiedergaberöhren gegeben, die nach unterschiedlichen Prinzipien arbeiteten und die nicht alle zu praktischer Bedeutung gelangten. Einige davon seien dem Namen nach erwähnt: *Bananatube, Indexröhre* und *Chromatronröhre*. Die letztgenannte ist in Japan weiterentwickelt worden und hat sich unter dem Namen *Trinitronröhre* bis zum heutigen Tag weit verbreitet (s. a.Abschnitt 5.5). Die jüngste Entwicklung ist die dem Trinitron ähnliche *Schlitzmasken-* oder *In-Line-* Röhre (s.a. 5.6), die die früher vorwiegend verwendete *Lochmasken-* oder *Delta-*Röhre (s. Abschnitte 5.3 und 5.5) fast vollständig abgelöst hat und als derzeitiger Standardtyp angesehen werden kann, der ständig weitere Verbesserungen erfährt (s.a. Abschnitt 5.6).

Die Industrie verwendet viel Entwicklungsaktivitäten auf die Realisierung des "flachen Bildschirms" (vgl. auch Abschnitt 1.2.2), den man letztendlich wie ein Bild an die Wand hängen kann. Es sind eine Reihe verschiedener Ansätze gemacht worden, aber es läßt sich sagen, daß in den nächsten Jahren keine ernstzunehmende Konkurrenz zur klassischen Braunschen Röhre zu erwarten ist. Hierfür gibt es eine Reihe von technischen und wirtschaftlichen Gründen, auf die wir im Abschnitt 1.2.2. kurz eingegangen sind.

5.3. Dreistrahlröhre mit Delta-Lochmaske in 90°-Technik

Wie bei der technischen Entwicklung des Schwarzweiß-Fernsehens gab es auch beim Farbfernsehen im Laufe der Zeit Bildröhren mit unterschiedlichem *Ablenkwinkel* (Bild 1.29). Die ersten Farbbildröhren hatten einen Ablenkwinkel von 70°, sie wurden etwa 1953 in USA zur Serienreife gebracht. Die 90°-Bildröhre, die etwa 1962 eingeführt wurde und mit der das Farbfernsehen in Deuschland begann, hat inzwischen (seit Anfang der siebziger Jahre) bei großen Formaten ihre Bedeutung zugunsten der 110°- Röhre verloren. Die 110°- Röhre mit Delta-Lochmaske existieren in 2 Versionen, nämlich als *Dickhals-* und als *Dünnhalsröhre*. Die Dünnhalsröhre hat sich erst später bei der In-Line-Röhre durchgesetzt.
90°- und 110°- Farbbildröhren mit Delta-Lochmaske haben prinzipiell den gleichen Aufbau. Wir wollen zunächst die 90°-Deltaröhre behandeln, obwohl sie veraltet ist. Weil aber die zum Betrieb erforderliche Schaltungstechnik hier einfacher ist und sich die prinzipiellen Fragen der *Konvergenz* und der *Farbreinheit* bei allen Schattenmaskenröhren gleichermaßen stellen, ist dieses Vorgehen gerechtfertigt. Auf die zusätzlichen Probleme bei der 110°- Technik wird dann später noch eingegangen.

Der Schirm der Delta- Farbbildröhre besitzt etwa 400.000 *Leuchttripel* mit je einem rot-, grün- und blauleuchtenden Punkt mit ca. 0,3 mm Durchmesser. Alle

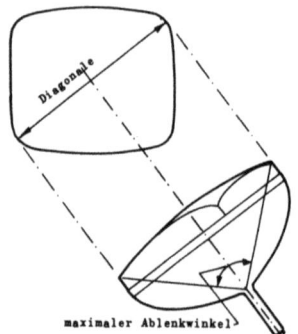
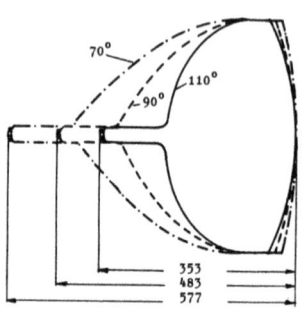

Bild 5.2: Bildschirmdiagonale und und größter Ablenkwinkel

Verkürzung der Bildröhre bei größerem Ablenkwinkel

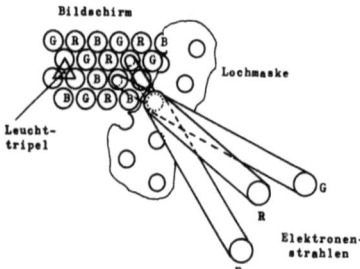

Bild 5.3: Lage der Leuchtstoffpunkte und Wirkungsweise der Delta-Lochmaske (schematisch)

Leuchtpunkte liegen auf den Ecken gleichseitiger Dreiecke und bilden ein hexagonales Muster. Die Punkte berühren sich gerade, überdecken sich aber nicht. Eine aufgedampfte Aluminiumschicht, wie sie aus der Schwarzweißtechnik bekannt ist (Abschn. 1.2.1.2), schützt die Leuchtstoffe gegen Einbrennen und erhöht gleichzeitig den Kontrast.

Die Farbwahl wird mit Hilfe der Delta-Loch- oder Schattenmaske getroffen, die im Abstand von etwa 20 mm hinter dem Bildschirm in einer gefederten Aufhängung sehr stabil angebracht ist. Die Maske besitzt genau die gleiche Anzahl von Löchern, wie Farbtripel auf dem Schirm vorhanden sind (Bild 5.3). Im Hals der Röhre sind drei komplette Elektronenkanonen, jeweils um 120° versetzt, angeordnet (Bild 5.4). Die Kanonen sind je mit einem Neigungswinkel von ca. 1° zur Röhrenlängsachse hin versehen. Jede Kanone besteht, wie üblich, aus Heizfaden, Katode, Wehneltzylinder, Schirmgitter, elektrischer Linse und Hauptbeschleunigungselektrode (vgl. auch Abschnitt 1.2.1). Hinter jeder Kanone sind im Strahlengang zwei Polschuhbleche zur Aufbringung eines äußeren Magnetfeldes für die Rasterkorrektur vorhanden.

Die Leuchtpunkte sind so auf dem Schirm angeordnet, daß der Strahl des einen Systems nur die rot-, der des zweiten Systems nur die grün- und der des dritten Systems nur die blauleuchtenden Punkte trifft.

Alle 3 Strahlen werden - wie bei der Schwarzweißröhre - *gemeinsam* zeilen- und bildfrequent abgelenkt. Sie müssen *über den gesamten Bildschirm* stets

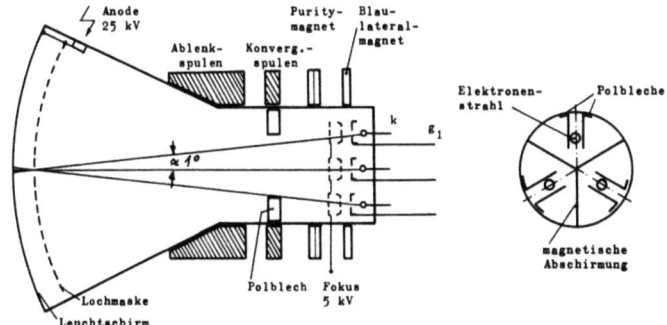

Bild 5.4: Schematischer Aufbau der Delta-Lochmaskenbildröhre, Anordnung der Ablenkeinheit, der Konvergenzeinheiten und der Polschuhbleche für die Führung der Konvergenzfelder im Röhrenhals

gemeinsam durch ein Loch oder eine Lochgruppe der Maske auf das zugehörige Leuchttripel treffen, wobei jeder Strahl nur die ihm zugeordnete Farbe anregen darf.

Es existieren somit 2 wichtige Bedingungen:

1) **Konvergenzbedingung**

Alle 3 Strahlen gehen an jeder Stelle des Bildschirms gemeinsam durch ein Loch oder eine Lochgruppe.
(Sinngemäß gilt dies auch für die Schlitzmaskenröhren).

2) **Farbreinheits- oder Purity-Bedingung:**

Jeder Strahl landet nur auf der ihm zugeordneten Leuchtstoffarbe.

Zur Erfüllung dieser Forderungen sind bei der Röhrenherstellung sehr hohe Genauigkeiten erforderlich. Da nur ein Teil der Elektronenstrahlen durch die Lochmaske auf den Leuchtschirm gelangt (*Transparenz* etwa 17%), wird ein Großteil der Energie auf der Lochmaske in Wärme umgesetzt. Dadurch findet eine Ausdehnung der Maske statt, die eine Änderung des Abstands Bildschirm - Maske bewirkt. Die Folge ist ein *Farbreinheitsfehler*. Viele Bildröhren besitzen deshalb eine Lochmaskenaufhängung mit *Bimetallfedern*, die automatisch für eine gleichbleibende Lage der Lochmaske sorgen (*TCM-Bildröhre, TCM = Temperature Compensated Mask*).

Der Lochdurchmesser (ca. 0,2 mm) ist kleiner als der Elektronenstrahldurchmesser und der Durchmesser der Leuchtpunkte (ca. 0,3 mm); auf diese Weise erreicht man eine gewisse "Landungsreserve" für den Elektronenstrahl.

5.3.1. Der Abgleich der Grauskala

Delta-Lochmasken in 90°- und 110°- Technik sowie In-Line-Röhre unterscheiden sich im wesentlichen nur in der geometrischen Anordnung der 3 Elektronenkanonen zueinander und in der Maske. Deshalb kann der *Abgleich der Grauskala* aller Röhrentypen nach dem gleichen Prinzip erfolgen. Die Gleichspannungspotentiale an den Elektronenkanonen entsprechen in ihren Werten etwa denen bei der Schwarzweiß-Bildröhre. Allerdings liegen an der Fokussierungselektrode g_3 etwa 5 kV und an der Anode 25 kV (s. Bild 5.5). Es ist wichtig, daß die 3 Strahlsysteme bei Schwarzweißbilddarstellung *für jede Graustufe* die gleichen relativen Intensitäten liefern, damit sich Weiß bzw. Grau jeweils ohne eine Farbtönung ergeben (s.a. Gl. (6.2)). Hierfür müssen alle 3 Systeme in ihren Arbeitspunkten getrennt einstellbar sein.

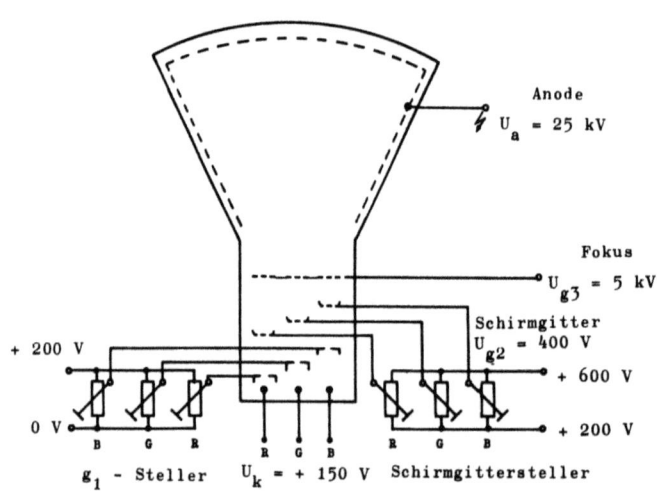

Bild 5.5: Mittlere Gleichspannungspotentiale an der Farbbildröhre

Im Bild 5.6 ist die Wirkung der Spannungen U_{g1} (Wehneltspannung) und U_{g2} (Schirmgitterspannung) auf die Verschiebung des Arbeitspunktes dargestellt. Durch Verändern der *Wehneltspannung* wandert der Arbeitspunkt A auf einer Kennlinie auf und ab. Verändert man die *Schirmgitterspannung*, so wird die gesamte Kennlinie in der I_a-U_g - Ebene nach links oder rechts verschoben.

Der *Abgleich der Grauskala* geschieht nach einem Zweipunktverfahren mit minimaler und mit maximaler Ansteuerung:
1) Bei der Videospannung Null wird durch Einstellung der 3 Werte von U_{g2}

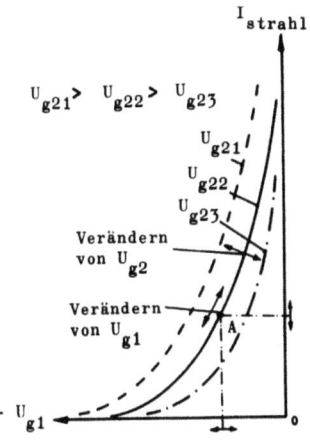

die dunkelste Stufe der Grauskala so eingestellt, daß sie keinen Farbstich enthält.

2) Beim Maximalwert der Videospannung wird durch Einstellen der Werte von $U_{g1\ blau}$ und $U_{g1\ grün}$ Unbunt für die hellste Graustufe justiert.

Bild 5.6: Wirkung der Einstellungen von U_{g1} und U_{g2} auf den Arbeitspunkt A

5.3.2. Purity (Farbreinheit)

Eine gleichmäßig rot, grün oder blau gefärbte Fläche kann nur dann geschrieben werden, wenn bei der Delta-Röhre der Strahl der "roten" Kanone nur auf rotleuchtende Bildschirmpunkte trifft und die Strahlen der anderen Kanonen dementsprechend nur auf die ihnen zugeordneten Punkte.

Der Strahl einer bestimmten Kanone muß also unter demselben Winkel durch die Lochmaske auf den Schirm treffen, unter dem der UV-Lichtstrahl bei der Röhrenherstellung während der fotolithografischen Prozesse für die Erzeugung der Leuchttripel eingetreten ist. Der sog. "Ablenkmittelpunkt", der infolge von Fertigungstoleranzen Streuungen unterliegt, wird mit 2 drehbaren Ringmagneten, den Farbreinheits- oder Puritymagneten eingestellt. Aus der Schwarzweißtechnik sind sie als Bildlagemagnete bekannt. Durch die Puritymagneten werden alle drei Strahlen gemeinsam in der gleichen Richtung abgelenkt.

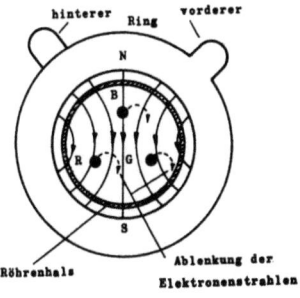

Bild 5.7: Wirkung des Farbreinheitsmagneten

Als Ablenkmittelpunkt bezeichnet man den fiktiven "Schwerpunkt" der Magnetfelder der Ablenkeinheit.

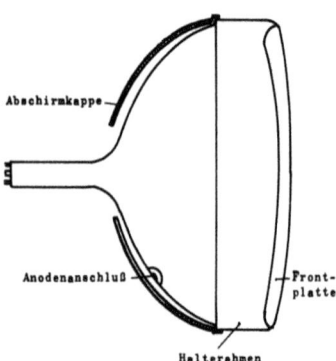

Bild 5.8: 90°-Bildröhre mit externer magnetischem Schirm

Zusätzlich sind noch einige unerwünschte Einwirkungen auf den Strahlengang vorhanden, die die Farbreinheit beeinflussen, z.B. das Magnetfeld der Erde (Größenordnung $0{,}2 \cdot 10^{-4}$ Tesla, entsprechend 0,2 Gauß im veralteten Maßsystem), das Streufeld von benachbarten Lautsprechern, Drosseln und ungewollte Magnetisierungen der Lochmaske und der Bildröhrenarmierungen.

Um den Einfluß des Erdfeldes zu berücksichtigen, sollte man das Gerät möglichst an seinem Aufstellungsort in der Betriebsposition kontrollieren und gegebenenfalls endgültig justieren.

Bild 5.7 zeigt die Wirkung des Farbreinheits-Magneten:

a) *Gemeinsames* Verdrehen beider Magnethälften verändert die Feld*richtung* und läßt die Strahlen auf einem Kreis wandern.

b) *Gegensinniges* Drehen der Ringe verändert die Feld*stärke* und damit den *Radius* des Kreises.

Der Kolben der Röhre wird mit einer zusätzlichen magnetischen Abschirmung versehen, die in der 90°-Technik von außen montiert ist, während sie sich bei den 110°- Röhren im Inneren befindet.

Bild 5.8 zeigt die Seitenansicht einer 90°-Bildröhre, bei der die Abschirmkappe aufgeschnitten ist. Unten ist die für die Zuführung der Hochspannung erforderliche Aussparung in der Abschirmkappe angedeutet.

Zur Beseitigung eventuell vorhandener Restmagnetisierungen wird die Röhre mit einer Entmagnetisierungswicklung versehen (Bild 5.9), durch die beim Ein-

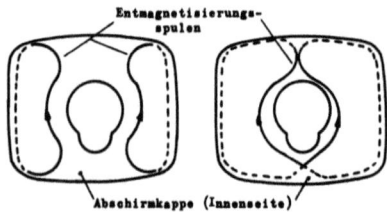

Version mit 2 Spulen   Version mit 1 Spule

Bild 5.9: Anordnung der Entmagnetisierungsspulen auf der Abschirmkappe

schalten des Geräts ein großer Wechselstrom geschickt wird, der allmählich gegen Null abklingt. Bild 5.10 zeigt ein Schaltungsbeispiel für die Entmagneti-

PTC Kaltleiter
VDR spannungs-
     abhängiger
     Widerstand
R   Ohmscher
     Widerstand

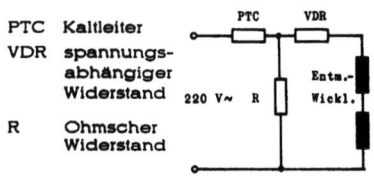

Bild 5.10: Schaltungsbeispiel für eine Bildröhrenentmagnetisierung

sierung. Beim Einschalten ist der PTC kalt (kleiner Widerstand), am VDR wirkt etwa die Netzspannung. Daher ist der VDR niederohmig und der Strom ist groß (ca. 3-4 A). Der PTC wird warm, damit steigt sein Widerstand. Die wirksame Spannung am VDR wird kleiner, dessen Widerstand größer und der Strom durch die Wicklung noch kleiner. Nach ca. 30 s ist der Strom auf etwa 0,5 mA abgeklungen. Damit der PTC heiß bleibt, wird über R ein Vorstrom gezogen. In manchen Schaltungen fehlt R, dann wird der PTC auf einen an anderer Stelle des Gerätes benötigten Hochlastwiderstand montiert, der ihn durch die thermische Kopplung heiß hält.

5.3.3. Konvergenz
5.3.3.1. Allgemeines

Die Konvergenzprobleme in der 90°- und der 110 -Technik sind bei der Delta-Lochmaskenröhre sehr unterschiedlich und wiederum ganz anderer Art als bei den In-Line-Röhren. Obwohl, wie bereits erwähnt, die 90°- Delta-Röhre nur noch wenig Bedeutung hat, wollen wir uns dennoch mit ihr befassen, weil wir dabei zum einen prinzipielle Fragen erörtern , zum anderen die technologische Entwicklung studieren und den vor 10 Jahren noch erforderlichen großen Schaltungsaufwand erkennen können. Wir wollen uns deshalb hier zunächst auf die 90°- Delta-Röhre beschränken und werden ihr in den folgenden Abschnitten dann die anderen Röhrentypen gegenüberstellen.
Die exakte Deckung der 3 Teilbilder R, G und B der Lochmaskenröhren ist nur dann erreicht, wenn sich die 3 Strahlen jeweils in einem, zu dem betreffenden Tripel gehörenden Loch der Maske treffen, und zwar auf der gesamten Bildfläche.
Da das Ablenkfeld nicht homogen ist und die 3 Systeme räumlich gegeneinander und gegen die Röhrenachse versetzt sind, ergeben sich unterschiedliche Ablenkfelder, die die Konvergenz zunichtemachen. Durch zusätzliche Korrekturfelder, die für jedes System getrennt einstellbar sind, werden die Konvergenzfehler kompensiert. Man unterscheidet *statische* und *dynamische* Konvergenz.

5.3.3.2. Statische Konvergenz

Außer dem Ablenksystem und dem Puritymagneten (s.a. Bild 5.4) befindet sich auf dem Röhrenhals noch das *Konvergenzsystem* (Bild 5.11), bestehend aus 3 um 120° gegeneinander versetzten Magnetsystemen mit je einem Eisenkern (1), einem Gleichstrommagneten (2) und den Feldwicklungen (3) und (4) für die

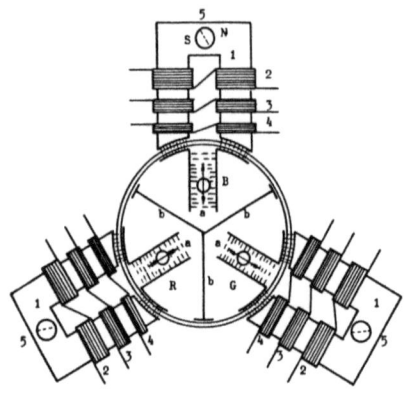

Bild 5.11: Konvergenzsystem für Delta-Röhre mit Wicklungen für statische und dynamische Konvergenz

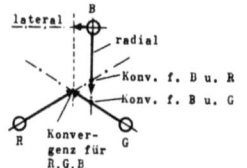

Bild 5.12: Wirkungsrichtung der Konvergenzfelder des Systems nach Bild 5.11

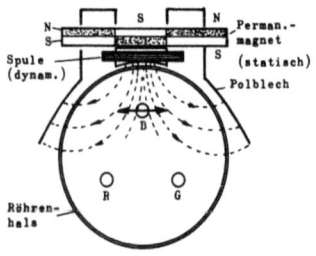

Bild 5.13: Blaulateralmagnet

dynamische Konvergenz. Das Konvergenzfeld wird durch den Röhrenhals auf die Polbleche übertragen und bewirkt im Raum a eine *radiale* Verschiebung der einzelnen Strahlen. Die Bleche (b) entkoppeln die 3 Systeme gegeneinander. Zur Erzielung der Konvergenz im *mittleren Bereich der Bildröhre (statische Konvergenz)* sind 2 Einstellmöglichkeiten vorhanden:
1) Permanentmagnete (5) für den Grobabgleich
2) Elektromagnete (2) (gleichstromgespeist) für den Feinabgleich.

Wegen der Geometrie der Polbleche werden die Strahlen immer nur in radialer Richtung beeinflußt. Verändert man die Stellung der Permanentmagneten, so verschieben sich die Strahlen in der in Bild 5.12 gezeichneten Weise, d.h. es sind *immer nur 2 Strahlen* zur Konvergenz zu bringen. Erst wenn man durch eine *zusätzliche horizontale* Verschiebung z.B. den Blaustrahl beeinflußt, ergibt sich Konvergenz für alle 3 Strahlen.

Die horizontale Verschiebung wird mit einem zusätzlichen Magnetsystem, dem *Blaulateralmagneten* erzielt. Auch hier verwendet man bei 90°- Röhren allgemein zum statischen Abgleich einen drehbaren Permanentmagneten und für den dynamischen eine Spule.

Bild 5.13 zeigt den Blau-Lateralmagneten. Das System besteht aus einem Stahlblechstreifen, der den zylinderförmigen Dauermagneten umfaßt und an seinen Enden in Polschuhe ausläuft. Der Mittelteil des Stahlblechstreifens wird von einer Spule für die dynamische Lateral-Konvergenz-Korrektur umschlossen.

Mit dem Grobabgleich durch die Permanentmagneten ist eine gewisse Konvergenz zu erzielen. Es muß jedoch möglich sein, *waagerechte und senkrechte Linien unabhängig voneinander* zu beeinflussen. Beim Blaustrahl ist dies ohne Schwierigkeit gegeben, der Radialmagnet bewegt waagerechte Linien auf und ab, und der Lateralmagnet bewegt senkrechte Linien nach links oder rechts. Bei roten und grünen Gittermustern wird jedoch wegen des Versatzes um $120°$ immer *gleichzeitig* eine senkrechte und eine waagerechte Verschiebung stattfinden. Hier muß man mit einer elektrischen Maßnahme, der sog. *matrizierten Ansteuerung*, Abhilfe schaffen. Im Prinzip ist eine Schaltung zu entwerfen, bei der eine Einstellung die *gleichsinnige* und eine andere Einstellung die *gegensinnige* Stromänderung in den Konvergenzspulen für R und G hervorruft. Ein Schaltungsbeispiel zeigt Bild 5.14. In den Bilder 5.15 ... 5.17 ist die Wirkung der Potentiometereinstellungen auf die Strahlen dargestellt.

Wirkung von P_2 (Bild 5.15), Stromänderung in R und G *gleichsinnig*:
   Vertikale Linien rot und grün *konvergieren* zu gelb. *Horizontale* Linien rot und grün werden zwar verschoben, *ändern* aber ihren *Abstand* a zueinander *nicht*.
Wirkung von P_1 (Bild 5.16), Stromänderung in R und G *gegensinnig* (Doppelpotentiometer):
   Horizontale Linien rot und grün *konvergieren* zu gelb. *Vertikale* Linien werden parallel verschoben.
Wirkung von P_3 (Bild 5.17):
   Horizontale Linien werden parallel verschoben, vertikale Linien wandern auf sich selbst in vertikaler Richtung.

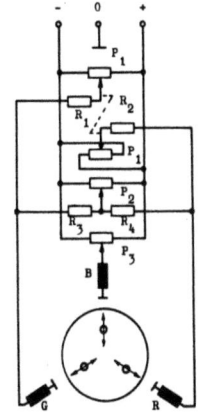

Bild 5.14: Matrizierte Konvergenzschaltung

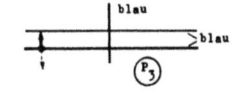

Bild 5.17: s. Text

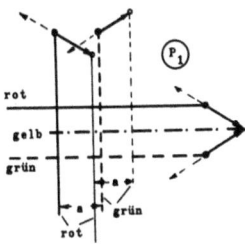

Bild 5.15 s. Text

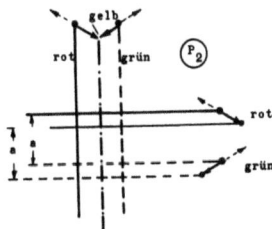

Bild 5.16: s. Text

Daraus resultiert:

Gleichsinnige Stromänderung bewirkt Konvergenz vertikaler Linien, gegensinnige Stromänderung bewirkt Konvergenz horizontaler Linien.

5.3.3.3. Dynamische Konvergenz

Im Laufe der Entwicklung hat der Bildröhrenschirm eine immer flachere Wölbung erhalten. Das bedeutet, daß der Weg des Elektronenstrahls von der Katode zu den Ecken des Bildschirms länger ist als der zur Mitte des Schirms. Die Folge davon sind *Kissenverzerrungen*. Sie sind für alle Bildröhrentypen charakteristisch.
Bei der Delta-Farbbildröhre treten *zusätzliche* Verzerrungen auf, weil die einzelnen Systeme nicht in der *optischen Achse* der Röhre montiert sind. Man spricht hier von *Trapezverzerrungen*. Beide Arten überlagern sich (Bild 5.18). Einen Teil dieser Fehler kompensiert man durch entsprechende Dimensionierung der Ablenkeinheit. Es verbleiben jedoch Restfehler, die offensichtlich vom *momentanen Ablenkwinkel des Strahls*, und zwar in horizontaler und vertikaler Richtung abhängig sind. Sie heißen daher *dynamische Konvergenzfehler*.

Bild 5.18:   Trapezfehler   Kissenfehler   resultierender Fehler

Die dynamischen Konvergenzfehler sind für alle 3 Systeme unterschiedlich. Sie sind im Bild 5.19 vergrößert dargestellt. Im Vergleich dazu ist das ideale Rechteck eingezeichnet. Der Konvergenzfehler für Blau ist symmetrisch zur vertikalen Bildachse, während die Fehler für Rot und Grün zu keiner Achse, aber spiegelbildlich symmetrisch zueinander in Bezug auf die vertikale Bildachse sind. Die Fehler an den Seiten des Bildes haben andere Größe und Richtung als die Fehler in der Umgebung der vertikalen Mittellinie. Die Korrektur wird deshalb auch getrennt durchgeführt.

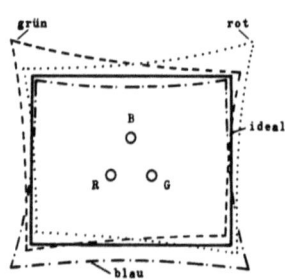

Bild 5.19: Konvergenzfehler (unkorrigiert), bezogen auf das ideale Raster

Die benötigten Korrekturfelder setzen sich aus einem *bildfrequenten* und einem *zeilenfrequenten* Anteil zusammen. Entsprechend besitzt die Konvergenzeinheit 3 Spulen für die *Vertikalkonvergenz* und 3 Spulen für die *Horizontalkonvergenz* (Wicklungen 3 bzw. 4 im Bild 5.11).

Wir wollen an dieser Stelle noch einmal deutlich festhalten:

Die Horizontalkonvergenz bezieht ihre Korrektursignale aus der Horizontal- oder Zeilenablenkung, und die Vertikalkonvergenz wird von der Vertikal- oder Bildablenkung gesteuert.

Das darf nicht mit dem Konzept der Konvergenz horizontaler und vertikaler Linien verwechselt werden!

Bei der Vertikalkonvergenz werden die Korrekturströme, wie gerade formuliert, aus der Vertikal(Bild-) ablenkung hergeleitet. Hiermit lassen sich die Fehler in der *"Nord-Süd"*- Achse des Bildes korrigieren. Die Korrekturströme müssen *parabelförmig* sein, und zwar, wie man aus Bild 5.19 leicht ableiten kann, unsymmetrisch, bezogen auf die *"Ost-West"*-Achse des Bildes. Stellt man das mittlere Bilddrittel noch einmal mit den Konvergenzfehlern dar (Bild 5.20), so sieht man, daß die Fehler für R und G gleich sind. Am oberen Bildrand liegen die Raster oberhalb ihrer Sollage, und zwar mit einer größeren Abweichung als am unteren Bildrand. Der Korrekturstrom (Bild 5.21) muß also oben größer sein als unten. In der Mitte ist er Null. Die Rasterablage für B ist genau entgegengesetzt, sie liegt unterhalb der Sollposition, und zwar ist sie am oberen Bildrand geringer als am unteren. Der Korrekturstrom muß demnach entgegengesetztes Vorzeichen zu dem von R und G haben und unten größer sein als oben.

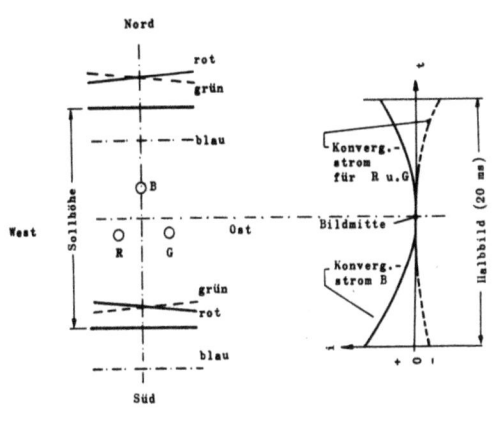

Bild 5.20: Konvergenzfehler in Nord-Süd-Achse

Bild 5.21 Vertikalkonvergenz-Korrekturströme

Wie werden die Korrekturströme erzeugt? Hierzu einige grundsätzliche Betrachtungen: Legt man eine Wechselspannung an einen Blindwiderstand (Spule oder Kondensator), so hat der Strom - wie wir aus den Grundlagen der Elektrotechnik wissen - in der Regel eine andere Kurvenform als die angelegte Spannung. Einige Beispiele sollen das ohne viel Mathematik grob qualitativ erläutern.

Verwendung von *Induktivitäten*: Allgemein gilt $i = \frac{1}{L} \int u \, dt$

Bild 5.22:
Eine Rechteckspannung an einer Spule hat einen Sägezahnstrom zur Folge ge

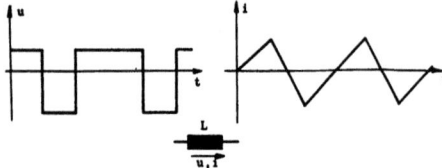

Verwendung von *Kapazitäten*: Hier ist $u = \frac{1}{C} \int i \, dt$

Bild 5.23:
Eine Sägezanspannung an einer Spule hat einen Strom nach Art einer quadratischen Parabel zur Folge

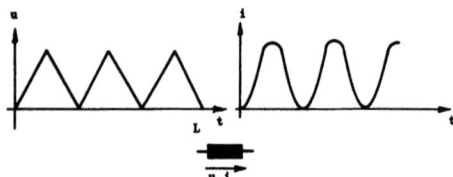

Bei der Benutzung von *Kondensatoren* zur Stromformung sind die Wirkungen von *Strom und Spannung* gegenüber dem Fall der Spule *vertauscht*.

Bild 5.24:
Ein Rechteckstrom im Kondensator wird von einer Sägezahnspannung erzeugt

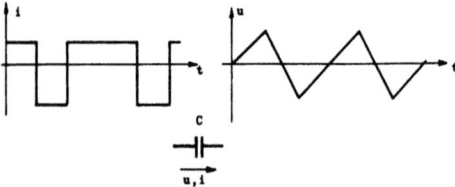

Bild 5.25:
Ein Sägezahnstrom im Kondensator wird von einer Parabelspannung erzeugt

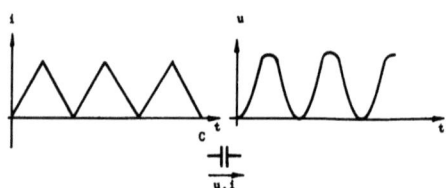

Die so erzielten Ströme und Spannungen sind im allgemeinen symmetrisch und deshalb für die Konvergenzschaltungen in dieser Form noch nicht brauchbar. Man benötigt hier wegen der unterschiedlichen Fehler in der oberen und unteren Bildhälfte nach Bild 5.21 *unsymmetrische Parabeln*, deren

Scheitelpunkte in Bildmitte liegen und Null sein sollen, damit die statische Konvergenz nicht beeinflußt wird. Eine einfache Möglichkeit ergibt sich, indem man nach Bild 5.26 den Parabelstrom mit einem Sägezahnstrom moduliert, und zwar so, daß die Nulldurchgänge beider Ströme übereinanderliegen. Die Schaltung besitzt nun noch den Nachteil, daß die beiden Parabeläste nicht getrennt voneinander zu beeinflussen sind.

Bild 5.26:
Modulation der Parabel mit einem Sägezahn

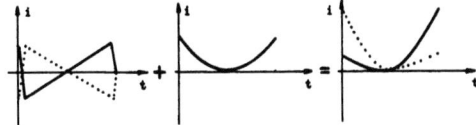

Die Entkopplung der Äste erreicht man, indem man den Sägezahnstrom über Dioden einkoppelt. Dadurch bleibt je nach Polung der Diode der ab- oder aufsteigende Ast unbeeinflußt (Bild 5.27).

Bild 5.27:
Entkopplung der Parabelast-Einstellung mittels Dioden

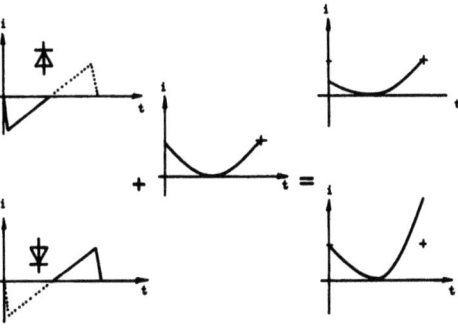

In der Praxis werden die Konvergenzströme durch zusätzliche unvermeidliche Widerstände usw. mehr oder minder verformt. Auch die Spannungen zur Ansteuerung des Konvergenznetzwerkes weichen in ihrer Form von den Idealkurven ab. Wesentlich ist jedoch, daß man mit Hilfe von *passiven* Bauelementen aus den in den Ablenkstufen vorhandenen Impulsspannungen und -strömen andere Formen herleiten kann. Von dieser Tatsache wird bei der 90°-Technik vorwiegend Gebrauch gemacht.

Vertikalkonvergenz:

Wie die Prinzipschaltung in Bild 5.28 zeigt, werden die benötigten Ströme aus zusätzlichen Wicklungen des Vertikalausgangsübertragers gewonnen. Die obere und die mittlere Wicklung sind in der Mitte geerdet. Die obere Schaltung liefert hinter den Dioden jeweils einen Halbsägezahn mit beiden Polaritäten für die obere Bildhälfte und die mittlere entsprechende Ströme für die untere Bildhälfte. Mit den ebenfalls mittelpunktgeerdeten Stellwiderständen P_1, P_2,

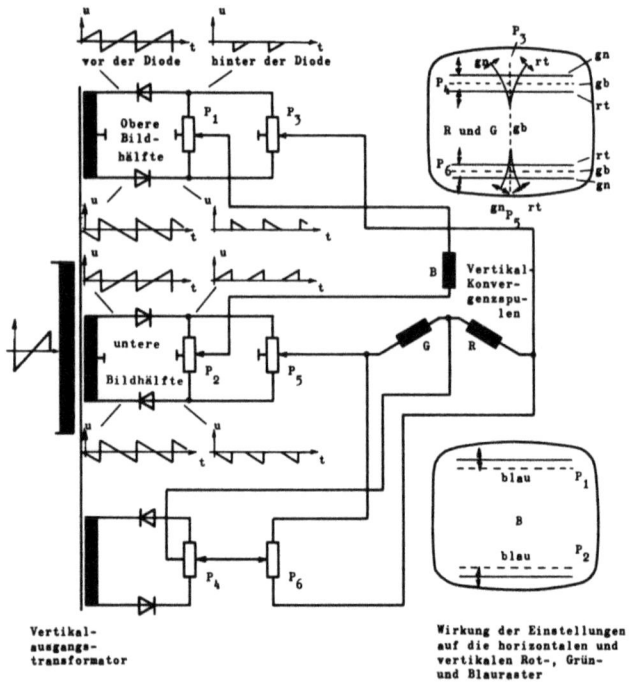

Bild 5.28: Prinzipschaltung für die Vertikalkonvergenz

P_3 und P_5 lassen sich nach Polarität und Phase unterschiedliche Spannungen abgreifen Bei der statischen Konvergenzschaltung war bereits die Notwendigkeit der Matrizierung erläutert worden, das gleiche Prinuzip wird auch bei der dynamischen Konvergenz verwirklicht. Mit Hilfe des Stellers P_1 werden die blauen horizontalen Linien vertikal verschoben, und zwar am oberen Bildrand. P_2 ermöglicht eine entsprechende Einstellung für den unteren Bildrand.

Eine Betätigung von P_3 wirkt sich in der oberen Bildhälfte auf die Konvergenzspulen R und G aus, und zwar so, daß die Stromänderung in beiden Spulen gleichsinnig ist. Damit gelangen senkrechte Linien zur Konvergenz. Die entsprechende Wirkung erzielt man mit P_5 für die untere Bildhälfte. Für die Erzeugung der Konvergenzströme für die horizontalen Rot- und Grünlinien wird eine dritte Wicklung benötigt. Sie ist nicht massebezogen ("potentialfrei").

P_4 und P_6 bewirken jeweils eine gegensinnige Stromänderung in R und G und damit eine Konvergenz der horizontalen Linien, wiederum getrennt für obere und untere Bildhälfte

Horizontalkonvergenz:

Während die Vertikalkonvergenz mit Strömen aus der Bildablenkung arbeitet, werden für die Horizontalkonvergenz zeilenfrequente Ströme benötigt. Da die Zeilenfrequenz erheblich höher liegt als die Bildfrequenz, unterscheiden sich auch die Induktivitäten der Konvergenzfeldspulen um Größenordnungen (ca. 1 H für die Vertikalkonvergenz und 25 mH für die Horizontalkonvergenz). Während man bei der Vertikalkonvergenz nur mit veränderlichen Widerständen arbeitet, müssen bei der Horizontalkonvergenz Spulen und Widerstände verwendet werden, weil man hier Resonanzerscheinungen ausnutzt. Zur Darstellung der für die Horizontalkonvergenz notwendigen Ströme betrachten wir das Bild 5.29. Es zeigt die bereits in Bild 5.19 erläuterten Rasterfehler für Rot, Grün und Blau in dem Bildausschnitt, der für die Horizontalkonvergenz von Interesse ist. Darunter sind die erforderlichen Korrekturströme aufgetragen (Bild 5.30).

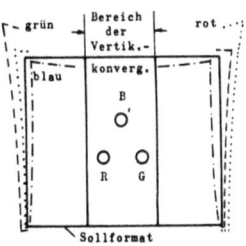

Bild 5.29: Konvergenzfehler in der Ost-West-achse

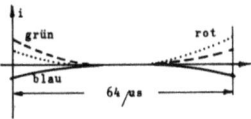

Bild 5.30: Horizontalkonvergenzströme

Das blaue Raster liegt zu weit nach innen, muß also verbreitert werden, während rotes und grünes Raster zu weit nach außen liegen. Blau ist symmetrisch zur Nord-Süd-Achse, während Rot und Grün zu keiner Achse, aber spiegelbildlich zueinander symmetrisch sind. Entsprechend sind die Korrekturströme für Rot und Grün schiefe Parabeln mit positiven Ästen, während der Strom für Blau eine symmetrische Parabel mit entgegengesetztem Vorzeichen darstellt. Das Raster für Blau ist an den Rändern stärker als parabolisch verzerrt, so daß hier noch eine spezielle Korrektur notwendig wird.

Das blaue Raster liegt zu weit nach innen, muß also verbreitert werden, während rotes und grünes Raster zu weit nach außen liegen. Blau ist symmetrisch zur Nord-Süd-Achse, während Rot und Grün zu keiner Achse, aber spiegelbildlich zueinander symmetrisch sind. Entsprechend sind die Korrekturströme für Rot und Grün schiefe Parabeln mit positiven Ästen, während der Strom für Blau eine symmetrische Parabel mit entgegengesetztem Vorzeichen darstellt. Das Raster für Blau ist an den Rändern stärker als parabolisch verzerrt, so daß hier noch eine spezielle Korrektur notwendig wird.

Da die Konvergenzströme aus der Zeilenablenkung hergeleitet werden, die Zeilenlinearität aber andererseits nicht beeinträchtigt werden darf, benutzt man zum Anstoßen des Korrekturnetzwerkes den Zeilenrücklauf, der auch sonst für verschiedene andere Zwecke herangezogen wird.
Auch bei der Horizontalkonvergenz besteht wieder die Forderung nach ge-

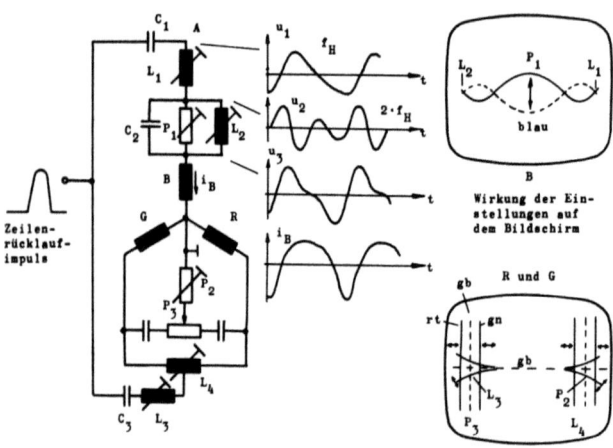

Bild 5.31: Prinzipschaltung der Horizontalkonvergenz mit Wirkung der einzelnen Einstellungen auf den Bildschirm

trennter Einstellung für horizontale und vertikale Linien bei R und G, so daß auch hier die bereits behandelte Matrizierung angewandt wird.

Zur Erläuterung des Prinzips wird von der Schaltung für B in Bild 5.31 ausgegangen. Der Zeilenrücklauf lädt die Kapazität C_1 auf. Die Entladung geschieht über das nachgeschaltete Netzwerk: Induktivität L_1, gedämpfter Parallelschwingkreis C_2, L_2, P_1 mit $f_{res} = 2\ f_H$ und der Konvergenzspule B.

Die Spannung u_1 am Punkt A wird überlagert von der Spannung, die der mit doppelter Zeilenfrequenz schwingende Kreis C_2, L_2, P_1 liefert. Daraus resultiert u_2.

Die Induktivität L_1 wirkt insbesondere auf die Zeitkonstante des gesamten Systems und beeinflußt somit vorwiegend den Strom am rechten Bildrand. P_1 dämpft den Anteil des $2\ f_H$-Kreises. Damit läßt sich die Phasenlage von u_2 verändern, was sich in erster Linie am linken Bildrand auswirkt.

Aus dem bisher gesagten gewinnen wir folgende Erkenntnis:
Eine getrennte Einstellung für den linken und rechten Bildrand gibt es bei der Horizontalkonvergenz nicht in der sauberen Form, wie wir sie aus der Vertikalkonvergenz kennen. Der *Abgleich* muß daher *iterativ*, d.h. in wiederholten Schritten und nach einem genau einzuhaltendem Schema durchgeführt werden.

Die Horizontalkonvergenz für Rot und Grün arbeitet im Prinzip ähnlich. Hier entfällt nur der Kreis für die doppelte Zeilenfrequenz, und die Schaltung ist matriziert. Die Wirkung der verschiedenen Einsteller (P_2, P_3, L_3, L_4) auf die vertikalen und horizontalen Rot- und Grünlinien ist im unteren Schirmbild eingetragen (Bild 5.31).

Blau lateral dynamisch:

Bei der statischen Konvergenz muß eine zusätzliche Möglichkeit geschaffen werden, um die senkrechten blauen Linien waagerecht, also lateral zu ver-

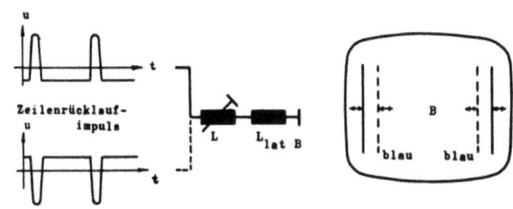

Bild 5.32: Prinzipschaltung für Blau lateral dynamisch und Wirkung auf dem Bildschirm

schieben. Eine entsprechende Einstellung benötigt man auch für die dynamische Konvergenz, damit eventuell auftretende Unterschiede in den Zeilenlängen für Blau gegenüber den anderen Farben korrigiert werden können. Im Bild 5.13 ist die Konvergenzspule für Blau lateral dynamisch eingezeichnet. Sie wird ebenfalls vom Zeilenrücklauf gespeist und erzeugt einen Sägezahnstrom, dessen Polarität (Bild 5.32) durch Umpolen geändert werden kann. Mit der Vorschaltinduktivität läßt sich die Amplitude einstellen. Die Wirkung auf die senkrechten blauen Linien ist in das Schirmbild eingetragen.

5.3.4. Dynamische Kissenentzerrung

Die Konvergenzeinstellung beseitigt die für die Farbbildröhre typischen *Trapez*verzerrungen Es besteht nun noch die Aufgabe, den *Kissenfehler*, der ja auch beim Schwarzweiß-Bildrohr vorhanden ist, zu eliminieren. In der Schwarzweiß-Technik läßt sich das Problem relativ einfach auf statischem Wege lösen, indem man zusätzliche Permanentmagnete in der Nähe der Ablenkspulen justierbar anbringt.

Bei der Farbbildröhre ist eine solche Lösung nicht akzeptabel, weil hierdurch die Purity in unzulässig hohem Maße beeinträchtigt würde. Man muß deshalb bereits die *Ablenkströme* derart modulieren, daß die Kissenfehler in Nord-Süd-und in Ost-West-Richtung kompensiert werden.

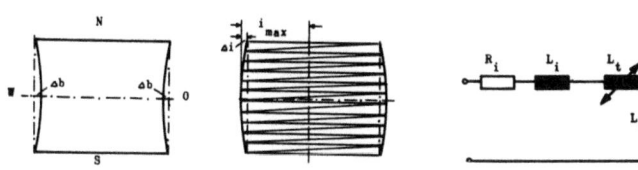

Bild 5.33: Kissenfehler in O-W-Richtung

Bild 5.34: Erforderlicher Ablenkstrom

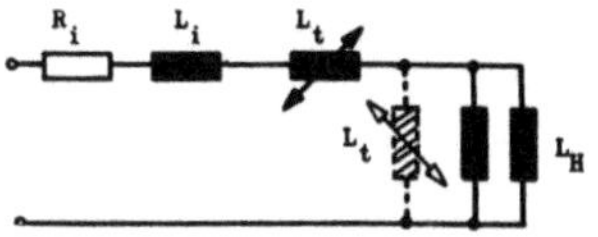

Bild 5.35: Modulation des Zeilenablenkstroms

Die folgenden Überlegungen sollen zeigen, daß 2 Arten von Korrekturströmen erforderlich sind, nämlich ein bildfrequenter und ein zeilenfrequenter. Betrachten wir zunächst einmal den Kissenfehler am linken und am rechten Bildrand (Bild 5.33). Die Zeilen besitzen unterschiedliche Längen, und zwar sind sie in der Ost-West-Achse im Vergleich zur obersten und untersten Zeile um das Stück 2·Δb zu kurz. Der Zeilenablenkstrom muß also nach Bild 5.34 von Zeile zu Zeile einen anderen Scheitelwert haben. In Bildmitte hat er den Wert i_{max}, an den oberen und unteren Bildrändern ist er um das Stück Δi kleiner. Das Korrektursignal muß *bildfrequent* sein.

Schaltungstechnisch erreicht man die Modulation, indem man in den Zeilenablenkkreis, bestehend aus dem Innenwiderstand L_i und R_i des Zeilengenerators und der Zeilenablenkspule L_H, eine steuerbare Induktivität L_t in Reihe und/oder parallel schaltet (Bild 5.35). Das Steuersignal für die Induktivität L_t entnimmt man in geeigneter Form der Vertikalablenkung.

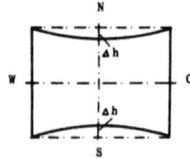

Bild 5.36: Kissenfehler in N-S-Richtung

Eine ähnliche Betrachtung läßt sich für die Nord-Süd-Korrektur anstellen. Bild 5.36 zeigt die Kissenfehler in N-S-Richtung. Das Raster ist am oberen und unteren Bildrand in Zeilenmitte um das Stück Δh zu niedrig. Der Bildablenkstrom muß also derart moduliert werden, daß er am oberen und unteren Bildrand am meisten verformt wird, und zwar so, daß das Korrektursignal am Zeilenrand jeweils Null ist. Im Prinzip läßt sich die gleiche Modulationsschaltung wie bei der Zeilenablenkung verwenden, indem man eine steuerbare Induktivität einsetzt.

Die Bilder 5.37 a...d erläutern die Modulationstechnik des Bildablenkstroms (t_V und t_H nicht maßstäblich zueinander).

Wie wird nun die zur Modulation erforderliche steuerbare Induktivität technisch realisiert? Hierzu bedient man sich des aus der Leistungselektronik bekannten *Transduktors*, auch *Magnetverstärker* genannt (Bild 5.38). Sein Prinzip sei kurz erläutert: Mit Hilfe eines Steuerstromes I_{st} wird der Eisenkern einer Drossel magnetisch mehr oder weniger gesättigt. Dabei ändert sich die Permeabilität μ bzw. die Induktivität L der Drossel (Bild 5.39). Damit nun eine Entkopplung zwischen der *Steuerwicklung* und der außerdem vorhandenen *Arbeitswicklung* gewährleistet ist, verwendet man einen Dreischenkel-Eisenkern nach Bild 5.38. Auf den Mittelschenkel wird die Steuerwicklung aufgebracht. Die Arbeitswicklung wird in 2 Hälften A-A' und B-B' aufgeteilt und symmetrisch auf die Außenschenkel gesetzt. Betrachtet man den von der Steuerwicklung infolge eines Steuerstromes I_{st} erzeugten Magnetfluß, so sieht man, daß er sich zu gleichen Teilen über die Außenschenkel schließt (gestrichelt eingetragen). Der Wicklungssinn der Teilwicklungen A-A' und B-B' ist so, daß der Arbeitsstrom i die ausgezogen gezeichneten Teilflüsse erzeugt. Im Mittelschenkel heben sie sich auf, d.h. *der Arbeitsstrom induziert in der Steuerwicklung keine Spannung !* Umgekehrt haben die von der Steuerwicklung

Bild 5.37: O-W-Kissenentzerrung

a) Nicht korrigierter Bildablenkstrom, Periodendauer t_V

b) Zeilenablenkstrom, Periodendauer t_H

c) Durch den Zeilenablenkstrom zusätzlich im Bildablenkkreis erzeugte Induktivitätsänderung

d) Durch ΔL im Bildablenkkreis modulierter Strom (je nach Bedarf 2 verschiedene Polaritäten)

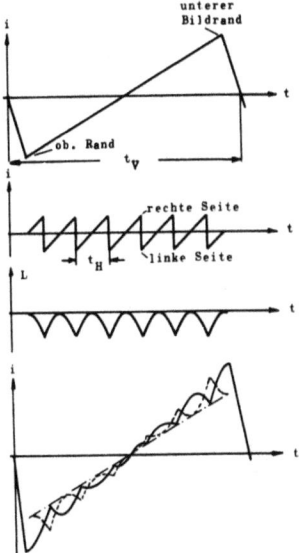

durch Steuerstromänderung ΔI_{st} erzeugten Teilspannungen $U_{A-A'}$ und $U_{B-B'}$ in den Arbeitswicklungen entgegengesetztes Vorzeichen und heben sich an den Klemmen A–B gegenseitig auf.

Wegen der wechselseitigen Entkopplung von Steuer- und Arbeitswicklung läßt sich der Transduktor auch *umgekehrt* betreiben. Diese Eigenschaft begünstigt den Entwurf einer einfachen Kissenentzerrungsschaltung.

Bild 5.40 zeigt das Schaltsymbol des Transduktors.

Prinzipiell lassen sich die Kissenkorrekturen für Nord-Süd und Ost-West getrennt durchführen. Dies wird jedoch nur in der 110°-Technik angewandt (Bild 5.41)

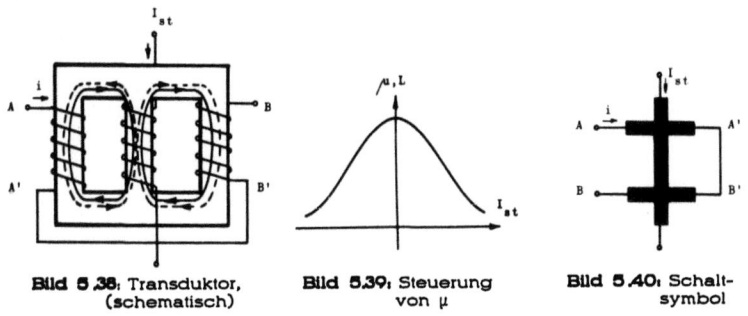

Bild 5.38: Transduktor, (schematisch)

Bild 5.39: Steuerung von µ

Bild 5.40: Schaltsymbol

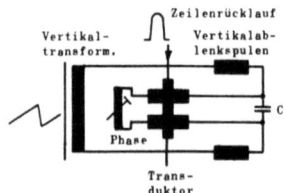
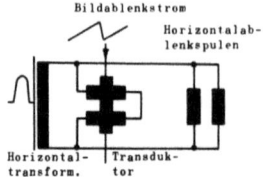

Bild 5.41 Getrennte N-S- und O-W-Korrektur

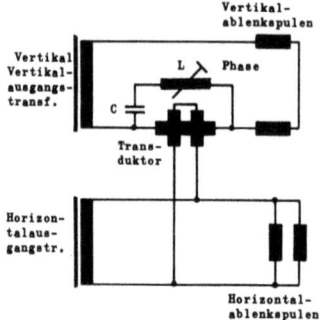

Bild 5.42: Gemeinsame Korrektur von O-W und N-S

Für die 90°-Technik hat sich eine Schaltung eingebürgert, deren Prinzip auf der oben erwähnten Entkopplung von Steuer- und Arbeitswicklung beruht (Bild 5.42). Im Bildablenkkreis liegt die *Steuer*wicklung des Transduktors in Reihe zu den Ablenkspulen. Sie moduliert den Zeilenablenkstrom bildfrequent. Der Kondensator C und die Spule L bilden zusammen mit der Induktivität der Steuerwicklung einen Schwingkreis, dessen Resonanzfrequenz bei der Zeilenfrequenz liegt. Mit L läßt sich also die Phase des Korrekturstroms (s. Bild 5.37d) fein einstellen. Die *Arbeits*wicklung kann nun wiederum als Steuerwicklung für den Bildablenkkreis aufgefaßt werden, so daß sowohl eine bildfrequente Modulation des Zeilenstroms als auch eine zeilenfrequente Modulation des Bildstromes gegeben ist.

5.4. Dreistrahlröhre mit Delta-Lochmaske in 110°-Technik

Im Jahre 1970 wurden - 3 Jahre nach Einführung des Farbfernsehens in der Bundesrepublik - die ersten Farbfernseher mit 110°-Bildröhren vorgestellt. Hinsichtlich der äußeren Abmessungen der Geräte wurde damit ein Stand erreicht, der dem aus der Schwarzweißtechnik bekannten gleichzusetzen war. Wesentliches Merkmal der 110°-Farbbildröhre ist die kleinere Einbautiefe im Vergleich zu einer 90°-Röhre mit gleicher Schirmdiagonale. Bild 5.43 zeigt einen Vergleich zwischen den Röhren

A 66 - 120 X (90°)   und   66 - 140 X (110°).

Die 110°-Röhre ist um etwa 90 mm kürzer. Die Frontschale wurde unverändert übernommen, hingegen wurden Kolben und Hals verändert.
Die *geringere Einbautiefe* als einziger Vorteil würde den höheren Aufwand,

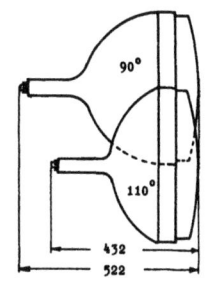

Bild 5.43: Röhrenvergleich (s.Text)

den man in den Ablenk- und Konvergenzstufen treiben muß, nicht rechtfertigen. Ein weiterer Vorteil der 110°-Röhre ist die bessere *Bildschärfe*, die sich dadurch ergibt, daß der Weg des Elektronenstrahlers kürzer wird und sich damit die Defokussierung nicht so stark ausbilden kann. Die erhöhte Bildschärfe führt allerdings wieder zu einem Nachteil, nämlich der stärker sichtbaren Moiré-Bildung bei kleinen Strahlströmen, weil die Leuchtpunktdurchmesser in eine Größenordnung kommen (ca. 0,27 mm), wo das Moiré besonders hervortritt. Zur Verminderung dieses Effektes wurde die Elektronenoptik verändert, und zwar so, daß die Leuchtpunkte nicht mehr *kreisförmig*, sondern auf einer *Ellipsenfläche* angeregt werden. Die Ellipse ist mit ihrer Hauptachse vertikal orientiert, so daß die Auflösung in horizontaler Richtung voll erhalten bleibt und lediglich Moiré-Störungen unsichtbar werden, die sich bekanntlich aus Interferenzen der Zeilenstruktur des Bildes mit den Lochmaskenreihen ergeben, Aliasing-Effekt, s. a. Abschnitt 1.12 .

Wegen des größeren Ablenkwinkels werden an die Geometrie der Lochmaske relativ zum Bildschirm hinsichtlich ihrer Temperaturkonstanz erhöhte Anforderungen gestellt. Sie ist deshalb an 4 Punkten in O-W- und N-S-Richtung fixiert (gegenüber der Dreipunktaufhängung bei 90°-Röhren). Die bekannte TCM-Technik wurde beibehalten.

Ein wichtiges Merkmal der 110°-Röhre ist die geänderte *magnetische Abschirmung* des Röhrenkolbens, und zwar liegt die Abschirmkappe im *Inneren* der Röhre.

Diese Anordnung bringt einige wesentliche Vorteile. Da die Abschirmkappe unmittelbar an die Lochmaske anschließt, entsteht kein Luftspalt, und die Abschirmwirkung wird erheblich verbessert. Insbesondere wird der Einfluß der axialen Komponente des Erdfeldes verkleinert, gegen den sonst keine Korrekturmöglichkeiten bestehen. Dadurch vergrößert sich die *Landungsreserve* des Strahls auf den Phosphorpunkten in den Randzonen. Neben dem magnetischen Vorteil ergibt sich ein rein gewichtsmäßiger. Da die innere Abschirmung aus 0,15 mm dicken Stahlblech gefertigt ist und deshalb nur etwa 260 g wiegt, hat sie nur etwa 1/6 des Gewichtes einer vergleichbaren äußeren Abschirmung für die 90°-Röhre. Hinsichtlich der Hochvakuum-Eigenschaften der inneren Abschirmung bestehen dieselben Anforderungen wie bei der Lochmaske (die Bleche dürfen im Betrieb nicht gasen).

Ein Nachteil ergibt sich allerdings im Betrieb der Röhre. Der Entmagnetisierungsfluß läßt sich wegen der geschlossenen Form der Abschirmung nicht mehr so einfach wie bei der 90°- Röhre einkoppeln. Während man bei der 90°-Röhre noch mit einer *Anfangsdurchflutung* von etwa 700 AW eine zufriedenstellende Entmagnetisierung erreicht, muß man bei der 110°-Röhre etwa 1000 AW aufwenden. Das bedingt Anfangsströme in der Größenordnung von mehr als 3 Ampere. Um den Reststrom der Entmagnetisierungsschaltung zu-

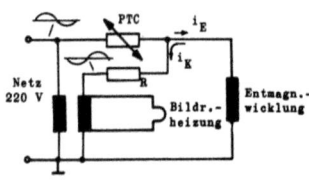

Bild 5.44: Entmagnetisierungsschaltung (s.Text)

gunsten einer guten Landungsreserve möglichst klein zu halten, wird in manchen Industrieschaltungen eine Kompensation vorgesehen, die den Reststrom auf so kleine Werte herabdrückt, daß die Landungsverschiebung nur etwa 2 µm beträgt. Im Prinzip wird zum Entmagnetisierungsstrom i_E ein etwa gleich großer Kompensationsstrom i_K mit entgegengesetztem Vorzeichen durch die Entmagnetisierungsspulen geschickt, so daß die Durchflutung auf Werte unter 0,5 AW absinkt. Der Kompensationsstrom wird aus der Bildröhrenheizung gewonnen (Bild 5.44).

5.4.1. Prinzipien der Strahlablenkung bei 110°-Farbbildröhren, Konvergenz und Strahllandung

Es ist leicht einzusehen, daß bei der Vergrößerung des Ablenkwinkels von 90° auf 110° die Probleme hinsichtlich der Farbreinheit, der Konvergenz und der Fokussierung wegen der extrem unterschiedlichen Weglängen der Strahlen in Bildmitte und in den Ecken schwieriger werden. Entscheidend für ein gutes Farbbild ist außer der Präzision der Bildröhre selbst auch das *Ablenksystem*. Die Feldverteilung der Ablenkeinheit muß ganz bestimmten Gesetzmäßigkeiten gehorchen, damit überhaupt bei einem dreieckförmig angeordneten Strahlenbündel eine Konvergenz zustandekommt.

Das soll anhand der Strahlablenkung in horizontaler Richtung erläutert werden. Wir wollen davon ausgehen, daß die 3 Strahlen R, G und B zu einem Bündel zusammengefaßt werden, dessen Form wir unter dem Einfluß des horizontalen Ablenkfeldes betrachten. Wie das Bild 5.45 zeigt, wird aus der *Umkreisfläche* in Bildmitte am linken und am rechten Rand eine vertikal orientierte *Ellipse*.

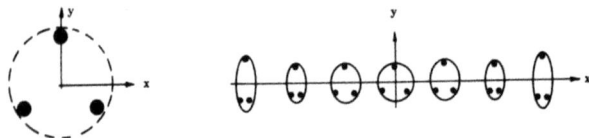

Bild 5.45: Einfluß des Horizontal-Ablenkfeldes auf die Strahlgeometrie

Man bezeichnet diesen Fehler als *Astigmatismus* oder *Verzeichnung*. Wir kennen diesen Begriff auch in der Linsen-Optik. In unserem Zusammenhang kommt der Astigmatismus im wesentlichen durch die Inhomogenität des Ablenkfeldes zustande. Sie ist in Bild 5.46 schematisch dargestellt.

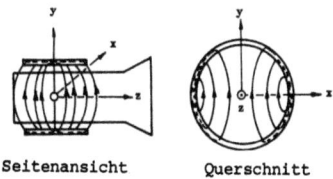

Seitenansicht   Querschnitt

Bild 5.46: Anastigmatismus des Horizontal-Ablenkfeldes

Die gleichen Überlegungen kann man für die Ablenkung in vertikaler Richtung anstellen. Macht man die Felder für die beiden Ablenkrichtungen gleich stark, so entstehen Linien unter 45° Neigung, längs denen der Astigmatismusfehler aufgehoben ist. Das Feld zeigt längs dieser Linien *ein anastigmatisches Verhalten* (s. a. Bild 5.47 rechte Hälfte).

Es genügt also nicht, längs der Röhrenachse ein möglichst homogenes Feld zu erzeugen, sondern die Feldform im gesamten Laufraum ist entscheidend dafür, daß Farbreinheit und Konvergenz sich optimal einstellen lassen.

Um die Konvergenzschaltungen für die 90°-Technik nicht zu aufwendig zu gestalten, hat man die Wicklungsverteilung des Ablenksystems und damit die Ablenkfeldverteilung so gewählt, daß auf den **Bilddiagonalen** Anastigmatismus herrscht. Daraus resultiert, daß bei der Konvergenzeinstellung auf den beiden Hauptachsen Nord-Süd und Ost-West *automatisch* auch *Konvergenz in den Bildecken* eintritt. Im Bild 5.47 ist dieses Prinzip anschaulich dargestellt.

In der linken Hälfte zeigt es die Auswirkung des Feldes auf das Strahlentripel für die gesamte Bildschirmfläche. Im rechten Teil ist angedeutet, welche Größe und Richtung die für die Konvergenz im rechten oberen Viertel des Bildes notwendigen Korrekturfelder haben müssen. Aus dem rechten Bild ist ersichtlich, daß die Korrekturströme für R und G für jede Stelle des Bildschirms untereinander dem Betrag nach gleich groß sind, sich aber vom Strom für B an den Bildrändern stark unterscheiden. So ist am rechten (entsprechend auch

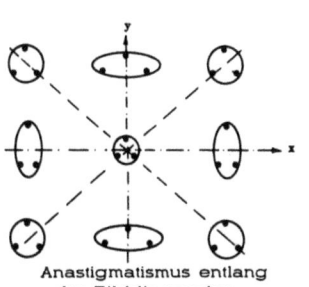

Anastigmatismus entlang der Bilddiagonalen

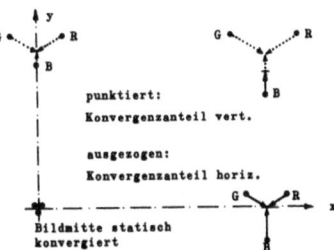

Richtung und Größe der Korrekturfelder für dynamische Konvergenz im rechten, obe- Bildviertel (s.a. Abschn. 5.3)

Bild 5.47: 90°-Ablenktechnik

am linken) Bildrand der Konvergenzstrom für B etwa 3 - 4 mal so groß wie der für R und G und am oberen bzw. unteren ist das Verhältnis umgekehrt.

Ferner ist angedeutet, daß sich die Konvergenzfelder aus vertikal- und horizontalfrequenten Anteilen zusammensetzen.
Die Kompensation der Astigmatismusfehler geschieht in der 90°-Technik über die Konvergenzeinheit. Aus konstruktiven Gründen ist aber die *Ablenkebene*, also diejenige Ebene, in der das Ablenkfeld seinen stärksten Einfluß auf den Strahl hat, *vor* der *Konvergenzebene* angeordnet, d.h. der Fehler wird in einer anderen Ebene als in der seiner Entstehung korrigiert. Die Konsequenz hieraus für die Landung des Strahles auf den Leuchtpunkten veranschaulichen die nächsten Bilder schematisch. Durch den Astigmatismus wird in der Ablenkebene eine Exzentrizität e erzeugt (Bild 5.48).
Bei korrekt eingestellter Konvergenz erreicht der Strahl das Loch in der Maske unter einem anderen Winkel (ausgezogene Linie) als in dem Fall ohne Astigmatismus (gestrichelte Linie). Das Resultat ist eine Landungsverschiebung v auf dem Bildschirm.

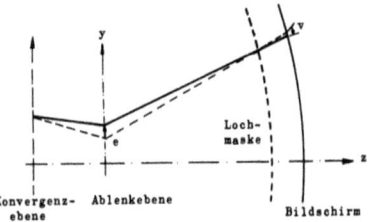

Bild 5.48: Konvergenzebene und Ablenkebene

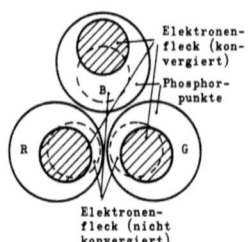

Bild 5.49: Strahllandung bei 90°-Bildröhren

Im Bild 5.49 sind die Verhältnisse für den ungünstigsten Fall in der O-W-Achse dargestellt. Man erkennt, daß durch die Konvergenzeinstellung die Landung des "blauen" Strahls fast bis an den Rand des zugehörigen Leuchtpunktes verschoben ist. Die Landungsreserve ist also voll ausgeschöpft. Versucht man nun, dasselbe Prinzip - Korrektur über das Konvergenzsystem - auch auf die 110°-Technik anzuwenden, dann wird der Auftreffwinkel des Strahls auf die Lochmaske noch weiter verändert. Die Folge davon ist eine noch größere Landungsverschiebung, die an den ungünstigsten Stellen des Bildes (seitliche Ränder) so weit geht, daß der Strahl nicht nur "seinen" Leuchtpunkt, sondern auch Teile der benachbarten anregt, wodurch die Farbreinheit verlorengeht.

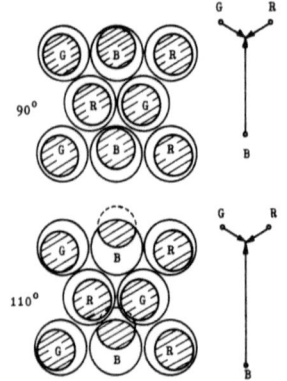

Bild 5.50: Strahllandung (s.Text)

Bild 5.50 zeigt einen Vergleich zwischen den benötigten Konvergenzkorrekturen (rechts) und den sich daraus ergebenden Landungen der Elektronenstrahlen auf den Leuchtpunkten (links). Wir sehen, daß bei der 110°- Bildröhre der Korrekturstrom für Blau im Verhältnis zu Rot und Grün im ungünstigsten Fall etwa das 5 ... 6-fache beträgt.

Wir wollen uns kurz erinnern, wo die Ursache für die unterschiedlichen Beträge der Korrekturgrößen liegt: Das Ablenkfeld ist in den Bilddiagonalen anastigmatisch. Will man nun erreichen, daß die Korrekturströme in den Hauptachsen möglichst gleich große Beträge annehmen, so muß das Ablenkfeld so dimensioniert werden, daß es in den *Hauptachsen* (N-S und O-W) *anastigmatisches Verhalten* hat. Bild 5.51 zeigt im Vergleich zu Bild 5.47 die sich hierbei ergebenden Unterschiede.

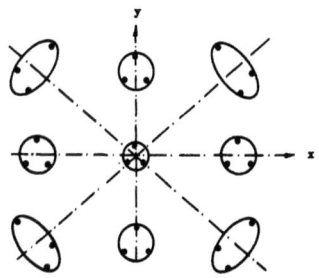
Anastigmatismus entlang
der N-S- und der O-W-Achse

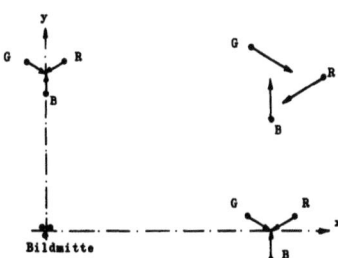
Größe und Richtung der Korrekturfelder für dynamische Konvergenz

Bild 5.51 110°-Ablenktechnik

Die anastigmatische Spulendimensionierung in den Hauptachsen hat nun in Verbindung mit dem größeren Ablenkwinkel einen wesentlichen Nachteil:
Die Kissenfehler erhöhen sich beträchtlich, und zwar etwa um den Faktor 3.
Außerdem läßt sich bei Einstellung der Konvergenz in den Hauptachsen nicht mehr *automatisch* auch eine *Konvergenz in den Ecken* erreichen. Durch den Kissenfehler werden die 3 Strahlen, die sich normalerweise unter einem Winkel von 120° aufeinander zubewegen, wenn in den Diagonalen Anastigmatismus vorhanden ist, so verdreht, daß sie sich nicht mehr in einem Punkt treffen (Bild 5.52).

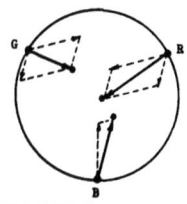
Bild 5.52 (Legende im Text)

Zur Lösung dieser Probleme bei der 110°-Technik sind in der Praxis 2 verschiedene Konzepte anzutreffen:
1) 110°-Technik mit Dickhalsröhre und Ablenksystem mit Strangwickelspulen.
2) 110°-Technik mit Dünnhalsröhre und Toroid-Ablenksystem.

5.4.2. 110°-Dickhalsröhren und 110°- Dünnhalsröhren

Beim Übergang von 90° Ablenkwinkel auf 110° wurde bei den Schwarzweißbildröhren der Halsdurchmesser von 36 mm auf 29 mm verkleinert. Da bei der Farbbildröhre 3 Systeme mit etwa den Abmessungen eines Schwarzweißsystems untergebracht werden mußten, wurde bei den 90°-Farbbildröhren der Halsdurchmesser wieder auf 36 mm vergrößert. Dabei mußte man eine Erhöhung der *Ablenkleistung* auf etwa das Doppelte in Kauf nehmen. Bei der Einführung der 110°-Technik hat man sich zunächst damit begnügt, die drei Systeme der 90°-Röhre praktisch unverändert zu übernehmen; diese Lösung führte schnell zu einer brauchbaren 110°-Röhre.

Einige Nachteile dieses Konzeptes haben wir im vorhergehenden Abschnitt bereits kennengelernt, insbesondere sei an die Konvergenz*probleme in den Bildecken erinnert*. Zusätzlich wird etwa das 2,3fache an Ablenkenergie gegenüber der 90°-Röhre benötigt. Es war naheliegend, ähnlich wie in der Schwarzweißtechnik beim Übergang von 90° auf 110° den Halsdurchmesser wieder auf 29 mm zu verringern, zumal sich hieraus gegenüber der Dickhalsröhre eine Leistungsersparnis ergeben würde.

Bild 5.53 veranschaulicht den grundsätzlichen Vorteil, der sich aus den geometrischen Daten der Dünnhalsröhre gegenüber der Dickhalsröhre ergibt.

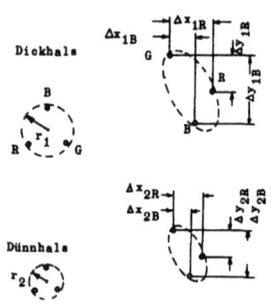

Bild 5.53: Grundsätzlicher Vorteil bei Dünnhalsröhren (s. Text)

Die Mittelpunkte der drei Kanonen formen ein gleichseitiges Dreieck, dessen Eckpunkte auf einem Kreis mit dem Radius r liegen. Wir nennen die Radien der Umkreise für die Dickhalsröhre r_1 und für die Dünnhalsröhre r_2.

Die Konvergenzfehler, die sich dann ergeben, wenn man die statische Konvergenz in Schirmmitte optimal einstellt und die dynamische Konvergenz abschaltet, lassen sich als Koordinaten Δx und Δy der Ablage der Leuchtpunkte B und R vom Leuchtpunkt G definieren. Vergleicht man die Fehler für die Radien r_1 und r_2, so sieht man:

$$\Delta x_{1R} > \Delta x_{2R}$$
$$\Delta y_{1R} > \Delta y_{2R}$$
$$\Delta x_{1B} > \Delta x_{2B}$$
$$\Delta y_{1B} > \Delta y_{2B}$$

allgemein

$$\Delta x_1 > \Delta x_2$$
$$\Delta y_1 > \Delta x_2 \qquad (5.1).$$

Der mittlere Konvergenzfehler ist also proportional zum Umkreisradius r und deshalb umso kleiner, je enger die Elektrodensysteme angeordnet sind.

Diesem grundsätzlichen Vorteil steht ein grundsätzlicher Nachteil gegenüber: Durch den kleinen Systemabstand werden die gegenseitigen magnetischen

Verkopplungen größer, das beeinflußt die Farbreinheit.
Für die Dünnhalsröhre waren zusätzlich einige technologischer Schwierigkeiten zu überwinden. An erster Stelle sei die *Spannungsfestigkeit* der Elektroden untereinander erwähnt. Die hohe Fokusspannung von ca. 4,5 kV und die kleineren Elektrodenabstände erhöhen die Gefahr von Lichtbogenbildungen und damit einer schnellen Zerstörung der Röhre beträchtlich. Es ist aber gelungen, durch neue Techniken und durch spezielle Oberflächenbehandlung der Systembestandteile eine zur Dickhalsröhre vergleichbare Hochspannungsfestigkeit zu erreichen. Wegen des geringen Strahldurchmessers ist die Bildschärfe über die gesamte Bildschirmfläche ohne die bei der Dickhalsröhre notwendige dynamische Fokussierung ausreichend (s.a. Abschnitt 5.4.3.3).

5.4.3. 110°-Ablenktechnik mit Sattelspulen und Dickhalsröhre

5.4.3.1. Sattelspulen

Bild 5.54 zeigt das Prinzip der Strahlablenkung in vertikaler (y-)Richtung mit Hilfe eines *Sattelspulenpaares*. Die in z-Richtung liegenden Abschnitte der

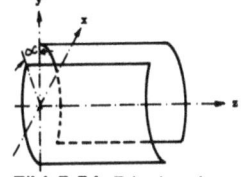

Bild 5.54: Prinzip der Sattelspulen

Spulen erzeugen das eigentliche Ablenkfeld, während die rechtwinklig dazu liegenden Teile, die sog. *Wickelköpfe*, das Ablenkfeld ungünstig beeinflussen und deshalb möglichst kurz gehalten werden müssen. Die Wickelköpfe erzeugen einen "toten" Winkel α, der die Ablenkempfindlichkeit herabsetzt.
Zur Vermeidung von Abschattungen bei großen Ablenkwinkeln muß das Ablenksystem so weit wie möglich an den Röhrenkolben herangebracht werden, damit die effektive Länge l möglichst weit in den Kolben hineinreicht (Bild 5.55). Diese Forderung gilt allgemein.

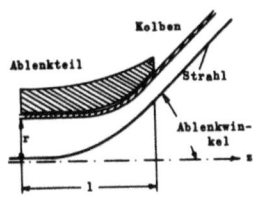

Bild 5.55: (s.Text)

Die Konsequenzen daraus für die konstruktive Gestaltung der Sattelspulen zeigt Bild 5.56. Die Wickelköpfe auf der dem Kolben zugewandten Seite werden relativ lang. Die entstehenden Störfelder beeinflussen das Gesamtfeld ungünstig. Die *mechanische Länge* L der Ablenkeinheit und die effektive Länge l unterscheiden sich merklich.

Die bisher erörterten Schwierigkeiten sind allgemeiner Art, sie werden zusätzlich noch überlagert von den in 5.4.1 behandelten Konvergenzproblemen.
Wir hatten die Notwendigkeit der anastigmatischen Felder in den Hauptachsen der Farbbildröhre kennengelernt. Für die technische Realisierung resul-

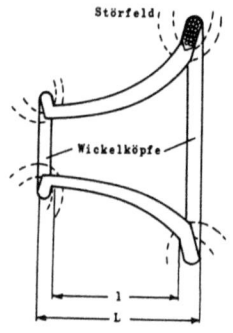

Bild 5.56: Sattelspulenhälfte für Farbbildröhre (schematisch)

tiert daraus die Forderung, den Ablenkspulen eine *geometrisch genau definierte* Form zu geben, in der die einzelnen Windungen der Ablenkspulen eine exakt fixierte Position besitzen. Die in Hinblick auf eine Massenfabrikation auftretenden Probleme sind nicht unerheblich. Zur Erhöhung der Reproduzierbarkeit wird deshalb bei modernen Ablenksystemen mit Sattelspulen die sog. *Strangwickeltechnik* verwendet. Die Wicklung wird in mehrere Stränge aufgeteilt, in die jeweils eine genau definierte Anzahl von Windungen gelegt werden (Bild 5.57). Die Position der Stränge läßt sich mit Hilfe von Stegen während der Herstellung genau festlegen. Bei dieser Technik ist die Ausschußquote wesentlich geringer. Außerdem kann man relativ leicht eine Änderung des Feldverlaufs vornehmen, indem die Windungszahl

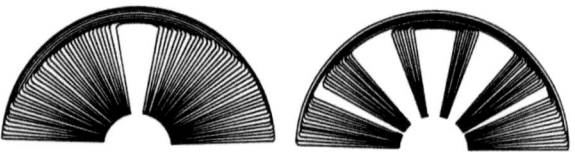

herkömmlicher Wickel   Strangwickel

Bild 5.57: $110°$- Ablenkspulenhälften im Vergeich

pro Strang variiert wird. Bild 5.57 zeigt einen Vergleich zwischen einem Ablenksystem mit herkömmlich gewickelten Sattelspulen und einem Strangwickel (jeweils eine Hälfte).

5.4.3.2. Horizontalablenkkreis mit Eckenkonvergenzgenerator

Im Abschnitt 5.4.1 hatten wir gesehen, daß die Konvergenz in den Bildecken wegen des Astigmatismus nicht mehr automatisch gegeben ist, wenn man sie auf den Hauptachsen einstellt. Wir hatten darüber hinaus die Probleme kennengelernt, die sich ergäben, wenn man die Konvergenzkorrektur über das Konvergenzsystem noch weiter treiben würde (Farbreinheit). Eine optimale Korrektur der Eckenkonvergenzfehler läßt sich daher nur erreichen, wenn man das *Horizontalablenkfeld* durch *Überlagerung mit einem Zusatzfeld* so beeinflußt, daß es *trapezförmig* verzerrt wird.

Wir wollen zunächst untersuchen, wie sich die Feldverzerrung auf die einzelnen Strahlen auswirkt. Im Bild 5.58 ist ein trapezförmiges Feld im Hals der

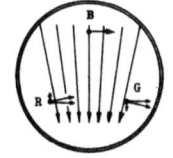

Bild 5.58: Wirkung eines Trapezfeldes

Bildröhre schematisch dargestellt. Die Strahlen werden stets senkrecht zu den Feldlinien abgelenkt. Das bedeutet für B eine zusätzliche Ablenkung in waagerechter Richtung, weil B in der Symmetrieachse des Feldes liegt. R wird schräg nach oben abgelenkt, erhält also zusätzlich eine horizontale und eine vertikale Komponente. Für G wirkt sich das Feld so aus, daß die horizontale Komponente gleichen Betrag und gleiche Richtung wie für R hat, daß aber die vertikale Komponente entgegengesetztes Vorzeichen aufweist. Durch richtige Polarität und Stärke des Zusatzfeldes läßt sich nun der Eckenkonvergenzfehler korrigieren, wobei gleichzeitig als günstiger Nebeneffekt auch eine Verkleinerung des Kissenfehlers auftritt.

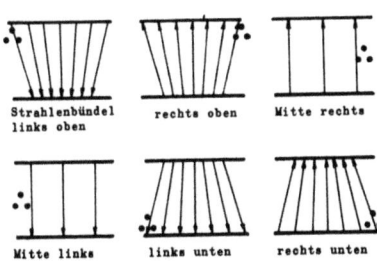

Bild 5.59: Eckenkonvergenzfeld

Welchen Verlauf muß das Zusatzfeld nun haben? Da die Konvergenzfehler an jeder Stelle des Bildes andere Größen haben, muß das Feld *dynamisch* sein. Wenn man den Strahl auf dem Bildschirm verfolgt, lassen sich für einige charakteristische Positionen die gewünschten Feldverläufe angeben (Bild 5.59).

Das Eckenkonvergenzfeld muß also folgende Eigenschaften besitzen:

1) Es ist ein *vertikalfrequent moduliertes*, *zeilenfrequentes* Feld.
2) Am oberen und unteren Bildrand besitzt es seine Maximalamplitude.
3) Die Entzerrung muß so erfolgen, daß bei Strahllage in der oberen Bildhälfte das Eckenfeld oben schwächer und unten stärker ist, bei Strahllage in der unteren Bildhälfte ist es genau umgekehrt. Das Eckenfeld *wechselt* demnach sein *Vorzeichen*, wenn der Strahl in der *Bildmitte* ist.

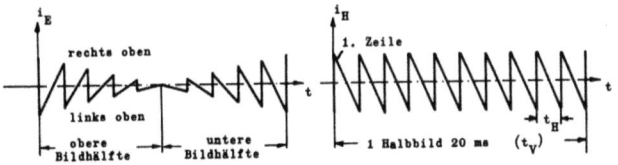

Eckenkonvergenzfeldstrom   Hauptablenkfeldstrom

Bild 5.60: Zeitlicher Verlauf von i_E und i_H (nicht maßstäblich)

Im Bild 5.60 ist der prinzipielle Stromverlauf des Eckenkonvergenzfeldes i_E und des Hauptablenkfeldes i_H bei nicht normgerechter Zeilenzahl schematisch dargestellt.

4) Der Strom für das Eckenkonvergenzfeld muß so in den Hauptablenkkreis eingekoppelt werden, daß beide Generatoren voneinander entkoppelt sind und sich gegenseitig nicht beeinflussen. Das Prinzipschaltbild 5.61 zeigt hierfür ein Lösungsbeispiel. Der Ablenkstrom i_H wird über einen Gegentakttransformator so auf die Ablenkspulen gegeben, daß diese für i_H in Reihe liegen. Der Eckenstrom i_E wird in die Brückendiagonale eingespeist, so daß die Ablenkspulen für ihn parallel liegen. In der oberen Hälfte subtrahieren sich i_E und i_H, während sie sich in der unteren addieren. Damit entsteht ein Trapezfeld. Die Ablenkspulen sind stark vergröbert dargestellt.

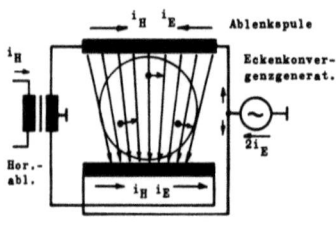

Bild 5.61 Eckenkonvergenzschaltung

5.4.3.3. Dynamische Fokussierung

Wegen der kürzeren Baulänge und der damit verbundenen größeren Weglängenunterschiede des Strahls von der Kanone bis zum Bildschirm und wegen der geänderten Ablenkeinheit ist es nicht mehr möglich, die Bildschärfe über die gesamte Schirmfläche mit einer konstanten Fokussierungsspannung gleichmäßig einzustellen. Man überlagert daher der Fokussierspannung eine *zeilenfrequente Parabelspannung*, die man aus dem sogenannten *Tangenskondensator* gewinnt (s.a. Abschnitt 6.17.2). Zuvor muß die Spannung hochtransformiert werden, damit sie den erforderlichen Spitzenwert von ca. 600 V erreicht (Bild 5.62).

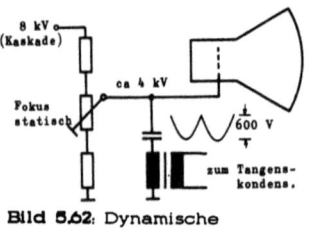

Bild 5.62: Dynamische Fokussierung

5.4.3.4. Vertikalablenkkreis

Der Vertikalablenkkreis für die 110°-Dickhalsröhre weist im Prinzip keine wesentlichen Unterschiede gegenüber dem der 90°-Technik auf, wenn man davon absieht, daß man etwa das 2,3fache an Leistung aufbringen muß.

5.4.3.5. Aktive Kissenentzerrung

In der 90°-Technik haben wir die dynamische Kissenentzerrung mit einem

gemeinsamen Transduktor für O-W und N-S kennengelernt (Abschnitt 5.3.4). Die für den Betrieb des Transduktors benötigten Ströme werden dort der Horizontal- und der Vertikalablenkung direkt entnommen, die Schaltung arbeitet demnach *passiv*.
In der 110°-Technik kann man dieses Konzept nicht beibehalten. Es bedarf zunächst einmal einer *getrennten* Einstellung für die O-W- und die N-S-Richtung. Darüber hinaus kann man die erforderlichen Steuerleistungen nicht mehr aus den Ablenkschaltungen direkt entnehmen. Insbesondere würde eine direkte Entnahme den Zeilenrücklauf und damit die Hochspannung modulieren, woraus ein strahlstromabhängiger Kissen- oder Tonnenfehler entstünde. Dieser in der 90°-Technik noch tragbare Fehler wäre hier nicht mehr genügend klein.

Ost-West-Kissenentzerrung mit Serien- und Paralleltransduktor

Die für die Kissenentzerrung erforderlichen Ströme sind im Vergleich zur 90°-Technik wesentlich größer, so daß die Gefahr besteht, daß die Transduktoren schneller in die Sättigung geraten, wenn man nicht unwirtschaftlich große Ausführungen verwenden will. Im Prinzip ist es möglich, die Transduktoren in Serie oder parallel zu den Ablenkspulen zu schalten (s.a. Bild 5.35). Wie wirken sich Übersteuerungen in den verschiedenen Fällen des Parallel- und des Serientransduktors auf die Bildgeometrie aus? Die folgenden Bilder erläutern das.

Bild 5.63: Kissenfehler durch übersteuerten Paralleltransduktor

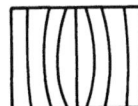

Bild 5.64: Tonnenfehler durch übersteuerten Serientransduktor

Nach Bild 5.63 bewirkt die Übersteuerung eines Paralleltransduktors einen horizontalen, kissenförmigen Linearitätsfehler, während ein übersteuerter Serientransduktor im O-W-Kreis einen tonnenförmigen Linearitätsfehler zur Folge hat (Bild 5.64). Die Verwendung entweder eines Parallel- oder eines Serientransduktors allein führt also leicht zu Kissen- bzw. Tonnenfehlern.

Es ist deshalb zweckmäßig, eine Serien-Parallelschaltung einzusetzen, deren Prinzip in Bild 5.65 dargestellt ist. Die Induktivitäten des Parallel- und des Serientranduktors (L_p und L_s) werden so gesteuert, daß die Gesamtlast, bestehend aus den Transduktoren und den parallelgeschalteten Ablenkspulen L_H möglichst konstant bleibt. Ist $L_{p\ min}$ die minimale Induktivität des Parallel-Transduktors und $L_{p\ max}$ die maximale, und gilt das entsprechend für $L_{s\ min}$ und $L_{s\ max}$, so läßt sich für die beiden extremen Aussteuerungszustände schreiben

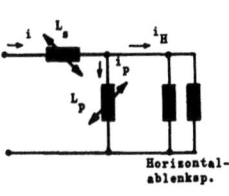

Bild 5.65: Serien-Parallelschaltung

$$L_{s\ min} + \frac{L_{p\ max} \cdot L_H}{L_{p\ max} + L_H} = L_{s\ max} + \frac{L_{p\ min} \cdot L_H}{L_{p\ min} + L_H} \qquad (5.2).$$

Das Schaltungsbeispiel in Bild 5.66 zeigt, daß zur Vermeidung von Rückwir-

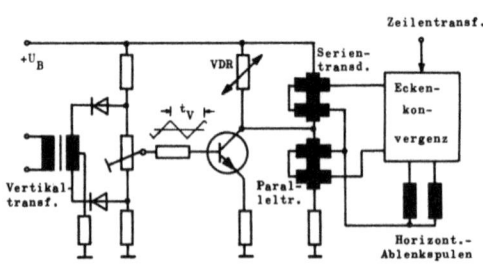

Bild 5.66:
Beispiel für eine Ansteuerschaltung mit Verstärker für Serien- und Paralleltransduktor

kungen auf die Bildablenkung die Kissenentzerrung allgemein **aktiv**, d.h. mit einem Verstärker, durchgeführt wird.

Nord-Süd-Kissenentzerrung

Während man bei der O-W-Entzerrung in der Regel eine Verformung des gegebenen Ablenkstromes vornimmt, wird bei der N-S-Entzerrung üblicherweise Zusatzstrom in den Vertikalablenkkreis eingespeist (Bild 5.67). Der Grund liegt in der wesentlich niedrigeren Impedanz des Bildablenkkreises.

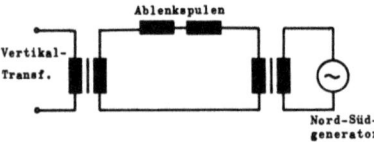

Bild 5.67: N-S-Entzerrung

Die Modulation des Bildablenkstromes haben wir im Prinzip schon im Abschnitt 5.3.4 besprochen. Die Modulation muß zeilenfrequent erfolgen, wobei der Korrekturstrom Parabelform besitzen soll (Bild 5.68) und am oberen und unteren Bildrand maximale Werte annimmt. In der Praxis begnügt man

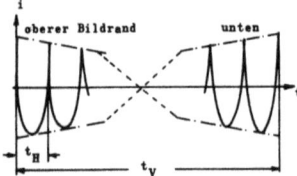

Bild 5.68:
N-S-Entzerrungsstrom, Parabel als Idealform

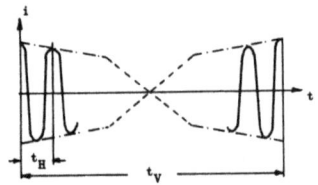

Bild 5.69:
Cosinusförmiger Entzerrungsstrom (praktischer Fall)

sich jedoch mit einem cosinusförmigen Strom (Bild 5.69), weil der Aufwand hierfür wesentlich geringer ist und die Unterschiede zwischen beiden Kurvenformen sich hauptsächlich auf den unsichtbaren Zeilenrücklauf auswirken. Im Bild 5.70 ist das Prinzip einer aktiven N-S-Entzerrung dargestellt.

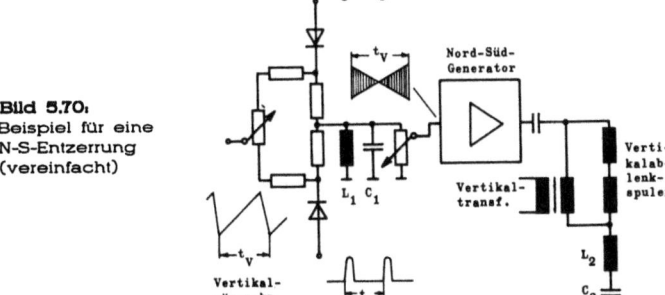

Bild 5.70:
Beispiel für eine
N-S-Entzerrung
(vereinfacht)

Vertikalsägezahn und Zeilenrücklaufimpuls stoßen das Netzwerk im Eingang des Nord-Süd-Generators an und erzeugen die in Bild 5.69 dargestellte Steuerspannung. Der Kreis L_1, C_1 ist dabei mit der Zeilenfrequenz in Resonanz. Der Korrekturstrom wird in den Vertikalablenkkreis eingespeist, wobei ein ebenfalls auf die Zeilenfrequenz abgestimmter Reihenresonanzkreis L_2, C_2 den Strompfad nach Masse schließt. Dadurch werden zeilenfrequente Rückwirkungen auf den Vertikaltransformator verringert.

Ost-West-Balanceeinstellung
Um einseitige Kissenfehler in der in Bild 5.71 dargestellten Form zu beseitigen, wie sie beispielsweise durch Farbreinheitseinstellung oder durch Toleranzen in der Bildröhre oder in der Ablenkspule entstehen können, beeinflußt man mit wenig Aufwand z.B. die Phasenlage der Zeilensynchronisation. Aus der Schaltung zur Mittelpunktverschiebung werden Parabelspannungen abgeleitet, die man in die Synchronisation einkoppelt.

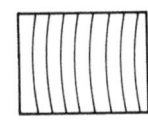

Bild 4.71: Einseitiger Kissenfehler

5.4.4. Konvergenzschaltungen für die 110°-Dickhalsröhre

Wegen des identischen Aufbaus der Elektronenstrahlsysteme von 90°- und 110°-Delta-Röhren basieren die Konvergenzfehler auf derselben Theorie. Die durch den größeren Ablenkwinkel verursachten stärkeren Kissen- und Astig-

matismusfehler und die deshalb angewendete Eckenkonvergenzkorrektur über das Ablenkfeld haben wir im Abschnitt 5.4.1 bereits behandelt.
Aus dem gewählten Ablenkkonzept folgt, daß die erforderlichen Konvergenzströme besonders für das rote und das grüne Raster höher als in der 90°-Technik sind.

Bei der *Vertikalkonvergenz* kann der Mehrbedarf an Konvergenzleistung ohne Schwierigkeit von der Vertikalendstufe aufgebracht werden. Deshalb arbeitet man hier weiterhin vorwiegend mit *passiven* Schaltungen.

Die *Horizontalkonvergenz* benötigt jedoch im günstigsten Fall etwa das 2,5fache an Leistung im Vergleich zur 90°-Röhre. Insbesondere früher übliche Zeilenendstufen mit Röhren sind nicht in der Lage, diesen Mehrbedarf direkt aufzubringen, weshalb dort *aktive* Stufen verwendet werden, die man aus der Zeilenablenkung ansteuert.

Einige Randbedingungen aus der 90°-Technik (z.B. matrizierte Schaltungstechnik für die getrennte Einstellung horizontaler und vertikaler Rasterlinien, Entkopplung der Parabelströme für die linke und rechte Bildhälfte) sind auch beim Entwurf aktiver Konvergenzschaltungen relevant. Ferner ergibt sich als zusätzliches Problem die Temperaturkompensation der verwendeten Verstärker.

Um den Wirkungsgrad der Schaltungen groß zu machen, setzt man - wie in der Zeilenablenkung - im Rahmen des Möglichen das Prinzip der *Energierückgewinnung* ein. In Bild 5.72 ist ein einfaches Beispiel dargestellt.

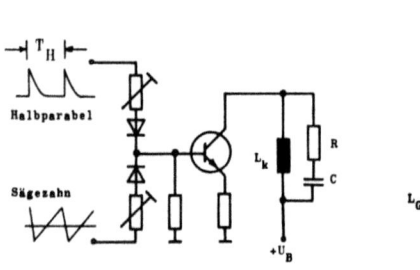

Bild 5.72: Aktive Konvergenzschaltung

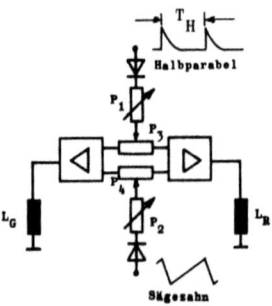

Bild 5.73: Matrizierung der Rot-Grün-Verstärker

Die Konvergenzspule L_k wird in der zweiten Zeilenhälfte mit einem halbparabelförmigen Strom gesteuert, der am Ende des Vorlaufs seinen Maximalwert hat und dem ein Sägezahnstrom überlagert wird. Die gespeicherte magnetische Energie wird während des Rücklaufs und der ersten Hälfte des Hinlaufs in dem parallelliegenden RC-Glied in einer aperiodischen Schwingung abgebaut. Bild 5.73 zeigt die Prinzipschaltung für eine matrizierte Ansteuerung der Spulen L_R und L_G für die Rot-Grün-Konvergenz.

5.4.5. 110°-Ablenktechnik mit Toroidspulen für Dünnhalsröhren

5.4.5.1. Toroidspulen, Allgemeines

Bild 5.74 zeigt den prinzipiellen Aufbau einer *Toroidspule* (Ringspule) mit Rechteckquerschnitt. Die Anwendung der Toroidspule in der Ablenkeinheit ist prinzipiell nicht neu, aus der Schwarzweißtechnik war sie seit langem bekannt. Es existierten hauptsächlich Ablenkeinheiten, in denen die Horizontalablenkspulen in Sattelform und die Vertikalspulen als Toroide konzipiert sind.

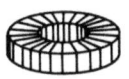

Bild 5.74: Toroidspule (schematisch)

Natürlich ist eine Toroidspule in der so dargestellten Form für die Verwendung in der Ablenktechnik nicht geeignet, schon allein deshalb nicht, weil sie im Idealfall lediglich innerhalb des Rings ein Magnetfeld führen würde.

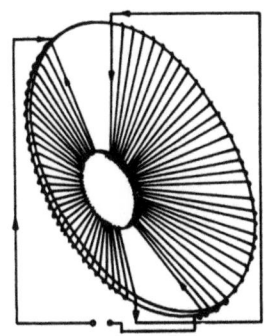

Bild 5.75: Toroid-Ablenkspule

Bild 5.75 zeigt schematisch die Ausführungsform einer Toroidspule für eine 110°-Röhre mit Dünnhals. Sie besteht aus 2 gegenpoligen Hälften, sie hat gegenüber der Sattelspule einen Nachteil, den man erkennt, wenn man den Verlauf des Feldes mit dem der Sattelspule vergleicht (Bild 5.76).

Es fällt auf, daß die Toroidspule ein wesentlich größeres Streufeld aufweist. Das führt dazu, daß der Energiebedarf um etwa 20% höher ist als bei einer vergleichbaren Sattelspule. Die Ablenkempfindlichkeit ist demnach kleiner. Die Toroidspule hat aber auch eine Reihe von Vorteilen gegenüber der Sattelspule:

1) Wegen des Fehlens der Wickelköpfe ist die wirksame Länge praktisch gleich der mechanischen. Die störenden Randfelder entfallen fast ganz.

2) Moderne Toroidsysteme sind mit einlagigem Wickel versehen. Diese Konstruktion bietet fertigungstechnisch erhebliche Vorteile. Die Wicklungen werden in vorgefertigten Plastikringen untergebracht, die für jede Windung eine eigene Rille tragen. Der Feldverlauf ist bei dieser Technik genau reproduzierbar, und die Ausschußqote wird sehr gering. Spulen dieser Art benötigen nur etwa 20% des Kupfers einer Sattelspule. Außerdem sind

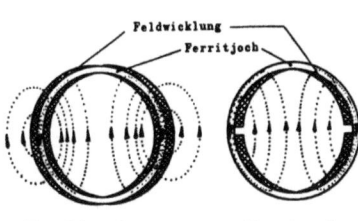

Toroidspule   Sattelspule
Bild 5.76: Vergleich der Streufelder

sie trotz der magnetisch größeren Länge mechanisch kürzer.
3) In Verbindung mit der Dünnhalsröhre ist der Aufwand, den man bei der Konvergenzkorrektur treiben muß, relativ gering, so daß man mit passiven Schaltungen auskommt.
4) Die niedrige Impedanz des Toroidsystems ist besonders geeignet, Ablenkschaltungen mit Halbleiterendstufen zu verwenden, bei denen die Ausgangswiderstände so niedrig sind, daß die Spulen direkt angesteuert werden können.

5.4.5.2. Daten von Ablenksystemen im Vergleich

Tabelle 5.1 zeigt einen Vergleich zwischen den wichtigsten Daten von Dickhals-Sattelspulen und Dünnhals-Toroidspulen und deren Ablenkschaltungen für 110°-Bildröhren.

Spulenform		einlagige Toroidspule		Sattel-spule	Einheit
Impedanzen Horizontal-Spulen	Serien-schaltung	L_H	1,3	4,4	mH
		R_H	1,8	3,4	Ω
	Parallel-schaltung	L_H	0,32	1,1	mH
		R_H	0,5	0,9	Ω
Impedanzen Vertikal-spulen	Serien-schaltung	L_V	0,9	25	mH
		R_V	1,5	15	Ω
Magnetische Energie im Ablenkkreis $W = \frac{L \cdot I^2}{2}$	Horizontal-kreis		5,5	6	mWs
	Vertikal-kreis		3,0	4,5	mWs
Verlust-Leistung	Horizontal-kreis		30	29	W
	Vertikal-kreis		23,5	17	W
Maximalströme (Spitze-Null) Horizontal-kreis	Parallel-schaltung		5,9	3,3	A
	Serien-schaltung		3,0	1,7	A
Maximalströme Vertikalkreis	Serien-schaltung		2,8	0,6	A

Tabelle 5.1: Vergleich Ablenksysteme

5.5. Die Trinitron -Farbbildröhre

Die japanische Firma SONY erschien etwa 1970 mit der Neuentwicklung einer Farbbildröhre, dem sog. *Trinitron* (Bild 5.77), auf dem Markt. Konstruktiv unterscheidet es sich wesentlich von der Lochmaskenröhre. Es besitzt nur eine Elektronenkanone, die 3 Strahlen gemeinsam erzeugt. Es hat einen Dünnhals. Die Strahlen sind nicht deltaförmig angeordnet, sondern liegen in einer *waagerecht orientierten Linie* (*In-Line-Technik*). Sie regen - wie auch sonst üblich - je eine der Grundfarben Rot, Grün und Blau auf dem Bildschirm an. In Bild 5.78 ist das Strahlerzeugungssystem im Schnitt dargestellt. Der *Grün*-Strahl ist in der *Röhrenachse* angeordnet. Der Grund ist darin zu suchen, daß bei normalen, nicht gesättigten Bildern die grüne Komponente den größten Anteil besitzt und der Strahl in Röhrenachse zumindest theoretisch keine zusätzlichen Korrekturen erfordert. Die Strahlen werden gemeinsam durch einen besonderen *Satz elektronischer Linsen* und ein *Paar elektronischer Prismen* fokussiert und gerichtet. Das Prisma (Bild 5.78)

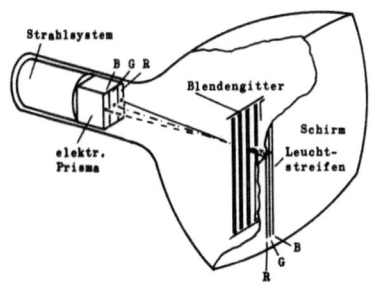

Bild 5.77: Trinitron-Röhre

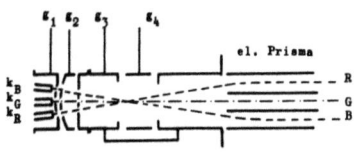

Bild 5.78: Elektronenkanone des Trinitrons

besteht aus 4 planparallelen Platten, von denen die beiden inneren und die beiden äußeren jeweils elektrisch verbunden sind (im Bild nicht eingezeichnet). Zwischen die Paare legt man eine Spannung derart, daß außen negativeres Potential als innen herrscht. Das bewirkt eine Ablenkung des Rot- und des Blaustrahls jeweils zur Röhrenachse hin, während der Grünstrahl unbeeinflußt bleibt, da er sich im feldfreien Raum zwischen den Innenplatten bewegt. Bei richtiger Prismenspannung verlassen alle 3 Strahlen die Kanone parallel.

Im Gegensatz zur Delta- und zur In-Line-Röhre haben alle drei Strahlerzeuger keine individuellen, sondern eine große, gemeinsame elektrische Linse. Das bietet elektronenoptische Vorteile: Sie liegen in Analogie zur Optik darin, daß der *Schärfentiefebereich* einer großen Linse mit kleiner Blendenöffnung prinzipiell größer ist als der einer kleinen Linse mit großer Blendenöffnung (Verminderung der sog. Aberrationsfehler).

Gemäß Bild 5.78 lassen sich die 3 Katoden bezüglich Abstand und Neigung zur Linse g_3, g_4, g_5 so positionieren, daß ein Strahlschnittpunkt in der

Mitte von g_4, also im Hauptbereich der Linse liegt (Pan Focus Gun). Das entspricht optisch der Wahl einer kleinen Blende und damit gleichmäßige Strahlschärfe über den gesamten Bildschirm.

Die Farbauswahl geschieht nicht über eine Lochmaske, sondern durch ein Blendengitter. Es besteht aus vertikalen Schlitzen, die in ein etwa 0,1 mm dickes Eisenblech geätzt sind. Die Transparenz ist etwa um 30% größer als bei der Lochmaske. Im Gegensatz zur Lochmaske, die den Teil einer Kugeloberfläche darstellt, ist das Blendengitter nur in horizontaler Ausdehnung gewölbt, und bildet den Teil einer *Zylinderoberfläche*. Um bei dieser Konstruktion eine ausreichende mechanische Stabilität zu erzielen, ist das Gitter auf einem stabilen Rahmen aus Gußstahl angeordnet, der die Gitterstreifen auch bei Erwärmung mechanisch vorspannt. Außerdem sind feine horizontale Hilfsdrähte zusätzlich eingebracht, die schwingungsdämpfend wirken. Die zylinderförmige Leuchtschirm trägt durchgehende, senkrechte Streifen mit rot-, grün- und blauleuchtenden Phosphoren.

Auf die Theorie der Konvergenz wollen wir erst im nächsten Abschnitt bei der In-Line-Röhre eingehen, weil sie für das Trinitron weitgehende Ähnlichkeiten aufweist. Im Gegensatz zur In-Line-Röhre werden die statischen Konvergenzfelder jedoch zum Teil elektrisch und damit leistungslos über das elektrische Prisma eingebracht. Die Konvergenzschaltungen sind soweit vereinfacht, da nur noch sehr wenige Einstellungen erforderlich sind.

Die Zylinderoberfläche hat prinzipielle Vorteile gegenüber der Kugeloberfläche bei In-Line- und Deltaröhren. Zum einen sind die Kissenverzerrungen in N-S-Richtung theoretisch Null. Auch bezüglich der Fremdlichtreflexion und der Verzeichnung des Rasters bei seitlicher Betrachtungsweise ist die Zylinderoberfläche günstiger.

Unabhängig von der Leuchttripelanordnung ergibt sich bei allen Schattenmaskenröhren wegen der engen Nachbarschaft verschiedener Farben ein grundsätzliches Problem. Nachbarphosphore werden durch die jeweils aktivierte Farbe sekundär angeregt und geben (geringfügig) Licht ab (nicht zu verwechseln mit dem Farbreinheitsproblem aus Abschnitt 5.3).
Das führt zu Farbverfälschungen. Beim Trinitron wird ab ca. 1978 dieser Fehler dadurch vermieden, daß man die Leuchtstreifen durch dazwischengelegte, lichtabsorbierende Carbonstreifen optisch voneinander isoliert und damit die Brillianz und Farbtreue wesentlich steigert (Black Trinitron).

5.6. In-Line-Röhre mit Schlitzmaske

Ein wesentlicher Grund, warum die im vorangegangenen Abschnitt behandelte Trinitronröhre erst vergleichsweise spät für größere Bildschirmformate realisiert wurde, ist in der mangelnden mechanischen Stabilität des Blendengitters zu suchen. Die Vorzüge des In-Line-Strahlenbündels hinsichtlich der Konvergenz sind jedoch so groß, daß die Röhrenhersteller bald einen Weg fanden, dieses Prinzip auch auf große Bildschirme anzuwenden. Die Verwendung einer stabilen *Schlitzmaske* anstelle des Blendengitters führte zu einem neuen Röhrentyp, der die Deltaröhre etwa 1974 abgelöst hat. In Verbindung mit einer neu konzipierten Ablenkeinheit war ein System entstanden, das fast über den ganzen Bildschirm hinweg selbstkonvergierend ist und nur noch etwa ein Drittel an Serviceeinstellungen gegenüber dem Delta-System benötigt. Die folgenden Abschnitte werden die grundsätzlichen Unterschiede zum Delta-System aufzeigen.

5.6.1. Aufbau der Bildröhre

Die äußeren Abmessungen der In-Line-Röhre entsprechen etwa denen einer Delta-Röhre gleicher Schirmdiagonalen. Der Hals mit den Elektronenkanonen ist bei gleichem Durchmesser wegen des Fortfalls der Polschuhe für die Radial-Konvergenzfelder etwa 20 mm kürzer. Die Röhre enthält im Gegensatz zum Trinitron *3 Strahlerzeugungssysteme.* Sie sind *horizontal* nebeneinander angeordnet und wegen des gleichgebliebenen Halsdurchmessers etwa um 20% in ihrer Größe im Vergleich zur Delta-Röhre reduziert. Bild 5.79 zeigt dies etwa maßstäblich. Das mittlere System ist Grün zugeordnet (s.a. Trinitron), folglich sind *Konvergenzkorrekturen* zumindest theoretisch *nur für Rot und Blau* erforderlich. Hinsichtlich der elektrischen Betriebsdaten sind Delta- und In-Line- Röhren voll kompatibel. Daraus ergeben sich Vorteile bei der Dimensionierung der Videoansteuerung. Der Bildschirm enthält wie das Trinitron senkrecht durchgehende Spalten gleicher Leuchtfarbe.

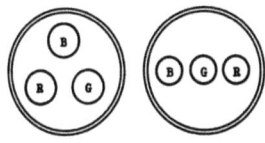

Bild 5.79: Vergleich der Systemanordnung von Delta-Röhre (li.) und In-Line Röhre (re.)

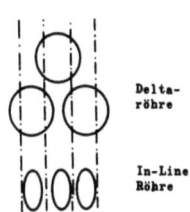

Bild 5.80: Leuchttripelanordnung bei Delta- und In-Line-Röhre

Daraus folgt, daß *in vertikaler Richtung keine Farbreinheitsprobleme* auftreten können. Da die Leuchttripel im Gegensatz zur Delta-Röhre nicht verschachtelt sind, darf bei gleicher Auflösung in Zeilenrichtung die Streifenbreite nur etwa die Hälfte der Delta-Leuchtpunktdurchmesser betragen (Bild 5.80).

Die Struktur des Bildschirms und der Schlitzmaske sind in Bild 5.81 schematisch dargestellt. Je 3 Leuchtstreifen R, G und B sind einer vertikalen Schlitzreihe der Schattenmaske (im Bild schraffiert) zugeordnet. Benachbarte Streifentripletts sind jeweils um eine halbe Leuchtpunkthöhe gegeneinander versetzt.

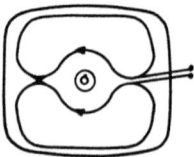

Die Transparenz der Schlitzmaske ist etwa gleich der der Lochmaske (17%). Die durch die schmalen Leuchtstreifen verursachte geringe Landungsreserve in O-W-Richtung erfordert eine um 90° versetzte Anordnung der Entmagnetisierungsspulen, damit die besonders kriti-

Bild 5.81: Bildschirm und Schlitzmaske der In-Line-Röhre

Bild 5.82: Entmagnetisierungswicklung der In-Line-Röhre

sche Vertikalkomponente eventueller Störfelder optimal gelöscht wird (Bild 5.82 , vergl. auch Bild 5.9).

5.6.2. Prinzipien der Strahlablenkung bei In-Line-Röhren, Selbstkonvergenz

Im Abschnitt 5.4.1 hatten wir den Einfluß des unvermeidlichen Astigmatismus von Horizontal- und Vertikalablenkfeld auf die Geometrie des Delta-Strahlentripels untersucht und gesehen, daß es je nach Felddimensionierung Linien auf dem Bildschirm gibt, längs deren Anastigmatismus (Verzerrungsfreiheit) herrscht (s.a. Bilder 5.47 und 5.51). Das bedeutet gleichzeitig auch automatische Konvergenz auf den Bildschirmdiagonalen oder in N-S und O-W.

Während Selbstkonvergenz bei der Delta-Röhre nur entlang bestimmter *Linien* möglich ist - alle 3 Strahlsysteme sind exzentrisch angeordnet - ergibt sich bei In-Line-Röhren zumindest theoretisch *Selbstkonvergenz über den gesamten Bildschirm*, wenn Horizontal- und Vertikalablenkfelder bestimmte Bedingungen erfüllen. Man spricht dann von *parastigmatischer Ablenkung*

Wir wollen uns das Prinzip der parastigmatischen Ablenkung anhand einiger grundsätzlicher Betrachtungen verdeutlichen. Dabei ist es entsprechend Bild 5.83 zweckmäßig, von einem in der Ablenkebene x'y' kreisrunden Elektronenstrahl auszugehen, dessen Durchmesser gleich dem Kreisdurchmesser ist, der ein Delta-Strahlentripel R, G, B umschreiben würde.
Zunächst setzen wir diesen Strahl einem homogenen Feld aus, das ihn in O-W-Richtung ablenkt. Der Strahl ist an jeder Stelle seines Querschnitts kreis-

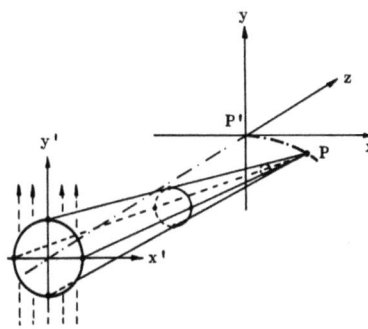

Bild 5.83: Wirkung eines homogenen Ablenkfeldes

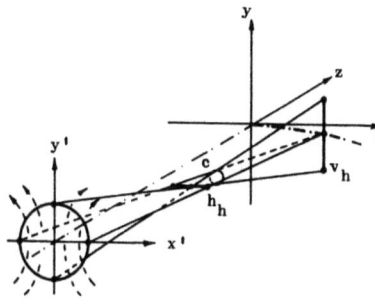

Bild 5.84: Wirkung eines kissenförmigen Ablenkfeldes

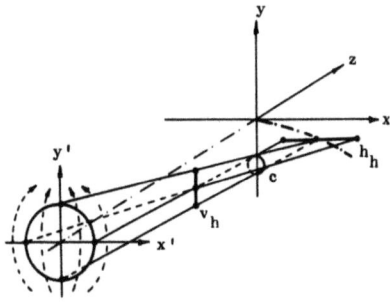

Bild 5.85: Wirkung eines tonnenförmigen Ablenkfeldes

rund und konvergiert bei richtiger Felddimensionierung auf einer gekrümmten Linie P-P', die der O-W-Achse des Bildschirms entspricht. Entsprechendes gilt für ein homogenes Vertikalablenkfeld bezüglich der N-S-Achse. Hat das Horizontalfeld jedoch einen *kissenförmigen Astigmatismus*, wie in Bild 5.84 dargestellt, so ist eine *punkt*förmige Fokussierung des Kreises nicht mehr möglich. Es entstehen vielmehr eine *horizontale* und eine *vertikale Brennlinie* h_h und v_h, zwischen denen ein Kreis der *kleinsten Konfusion* c liegt. Dabei liegt h_h - von der Ablenkebene aus gesehen - vor v_h, und h_h, v_h und c bewegen sich bei O-W-Auslenkung auf verschieden stark gekrümmten Linien.

Bild 5.85 zeigt die Wirkung eines Horizontalablenkfeldes mit *tonnenförmigem Astigmatismus*. Auch hier entstehen eine horizontale und eine vertikale Brennlinie und ein Kreis mit kleinster Konfusion. Im Unterschied zu Bild 5.84 liegt jedoch v_h *vor* h_h.

Für das Vertikalablenkfeld gelten die gleichen Gesetzmäßigkeiten; es sind lediglich h und v zu vertauschen. Wir wollen diese Erkenntnisse nun auf ein *In-Line-Stahlenbündel* anwenden. Da hier *keine vertikale* Ausdehnung vorhanden ist, schrumpft die vertikale Brennlinie zu einem Punkt zusammen.

Hieraus erhalten wir eine wichtige Regel für die Dimensionierung der Ablenkeinheit:

Legt man also sowohl bei horizontaler als auch bei vertikaler Ablenkung die vertikale Brennlinie auf den Bildschirm, so ergibt sich theoretisch automatische Selbstkonvergenz über den gesamten Bildschirm.

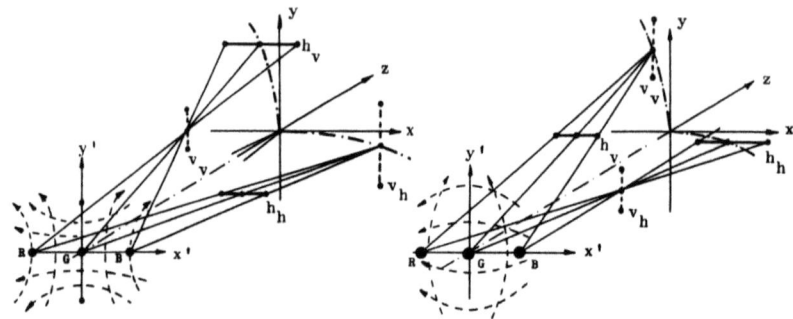

Bild 5.86: Beidseitig kissenförmiges Ablenkfeld und In-Line-Strahlentripel

Bild 5.87: Beidseitig tonnenförmiges Ablenkfeld und In-Line-Strahlentripel

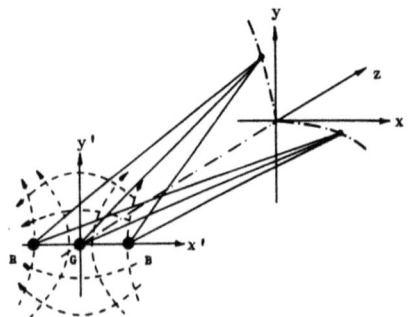

Bild 5.88: Kissenförmiges Horizontal- und tonnenförmiges Vertikalfeld

Bild 5.85 zeigt die Wirkung eines *vertikal und horizontal kissenförmig* astigmatischen Ablenkfeldes auf das In-Line-Strahlentripel. Während die vertikale Brennlinie v_h des horizontalen Feldes auf dem Bildschirm und h_h im Röhreninnern liegt (Selbstkonvergenz in O-W-Richtung!), befindet sich die vertikale Brennlinie v_v des Vertikalfeldes im Röhreninnern und h_v auf dem Bildschirm. Damit ist in N-S-Richtung keine Selbstkonvergenz möglich.

Bild 5.86 zeigt die Verhältnisse bei einem *horizontal und vertikal tonnenförmigen* Astigmatismus. Sie kehren sich erwartungsgemäß genau um. Während sich Selbstkonvergenz in N-S-Richtung ergibt, ist sie in O-W-Richtung nicht möglich.

Dimensioniert man entsprechend Bild 5.88 das **Horizontalfeld kissenförmig** und das **Vertikalfeld tonnenförmig**, und sorgt man ferner dafür, daß v_v und v_h jederzeit auf dem Bildschirm liegen, so entsteht ein **selbstkonvergierendes Ablenksystem**.

Bild 5.89 zeigt schematisch die Wicklungsanordnung für ein selbstkonvergierendes Ablenksystem. Im Vergleich zum Horizontalfeld der Deltaröhre (s.a.Bild 5.57 rechts) ist die Kissenwirkung der Horizontalspule wesentlich erhöht. Die Vertikalspule hat eine in der Spulenmitte konzentrierte Wicklungsanordnung, und daraus resultiert ein stark tonnenförmiges Feld.

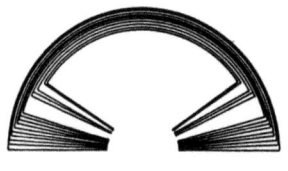 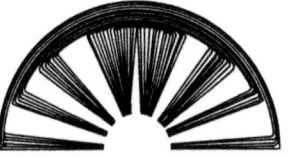

Horizontalspule　　　　Vertikalspule

Bild 5.89: Ablenkspulen für In-Line Röhren (Strangwickel)

5.6.3. Korrektur fertigungsbedingter Konvergenz- und Farbreinheits-Restfehler

Auch bei der selbstkonvergierenden Ablenktechnik treten Konvergenz- und Farbreihheitsfehler infolge von Fertigungstoleranzen der Bildröhre und der Ablenkeinheit auf.

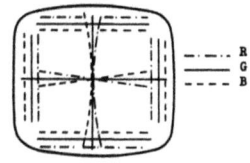

Bild 5.90: Konvergenzfehler der In-Line-Röhre

Bild 5.90 zeigt die prinzipiell möglichen Konvergenzfehler. Die maximal erforderliche Korrektur der Strahllandung auf dem Bildschirm beträgt etwa 2 mm. Nicht dargestellt ist der zusätzlich mögliche Farbreinheitsfehler in O-W-Richtung.
Folgende Korrekturmöglichkeiten müssen demnach vorgesehen werden:

1) **Farbreinheitseinstellung:**
   Alle 3 Strahlen werden *gemeinsam horizontal* verschoben.

2) **N-S-Rastersymmetrieeinstellung:**
   Alle 3 Strahlen werden *gemeinsam vertikal* verschoben.

3) **Statische Konvergenz in Bildmitte:**
   Die Strahlen R und B müssen *unabhängig voneinander* in *horizontaler* und *vertikaler* Richtung *getrennt* korrigierbar sein.

4) **Vertikaldynamische Konvergenz am oberen und unteren Bildrand:**
   Während der *ersten* Hälfte des Bildhinlaufs müssen R und B am oberen Bildrand (N) getrennt horizontal und vertikal verschieblich sein. Entsprechendes gilt für die *zweite* Bildhälfte am unteren Bildrand (S).

5) **Horizontaldynamische Konvergenz am linken und rechten Bildrand:**
Während der *ersten* Hälfte des Zeilenhinlaufs müssen R und B am linken Bildrand (O) getrennt horizontal und vertikal verschieblich sein. Entsprechendes gilt für die *zweite* Zeilenhälfte am rechten Bildrand (W).

Die Korrekturen lassen sich mit Hilfe von *magnetischen Mehrpolfeldern* relativ einfach erzeugen. Dabei werden die statischen Einstellungen mittels einer *Mehrpoleinheit* erzielt, die auf dem Röhrenhals hinter dem Ablenksystem in Höhe der Fokuselektrode montiert ist. Die *dynamische* Korrektur erfolgt in der *Ablenkebene* über die Ablenkspulen und eine zusätzliche *Vierpolwicklung*, die wir noch genauer behandeln werden.

5.6.3.1. Farbreinheitseinstellung mittels Zweipolfeld

Mit Hilfe eines homogenen, vertikal orientierten Magnetfeldes ist die *gleichsinnige horizontale* Verschiebung *aller 3 Strahlen* und damit eine Farbreinheitseinstellung möglich. Polarität und Stärke des Magnetfeldes ergeben sich als Vektorsumme zweier Einzelfelder, die von 2 konzentrischen, über ein Ritzelgetriebe gegensinnig bewegten Ringen erzeugt werden (Bild 5.91), so daß der Summenvektor immer N-S-Richtung hat.

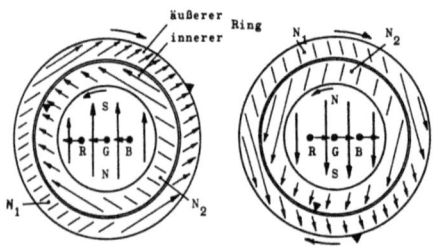

Bild 5.91: Farbreinheitseinstellung

5.6.3.2. N-S-Rasterkorrektur

Ein zweites Ringpaar, das dem Farbreinheitsmagneten konstruktiv genau entspricht, aber um 90° versetzt montiert ist, erzeugt ein homogenes, horizontales Feld, das *alle 3 Strahlen gleichsinnig vertikal* beeinflußt. Bild 5.92 zeigt nur das resultierende Feld und seine Wirkung.

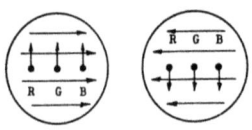

Bild 5.92: N-S-Rasterkorrektur

5.6.3.3. Statische Konvergenzeinstellung mittels Vierpol- und Sechspolfeld oder mit Mehrpol-Magneteinheit

Erzeugt man ein *Vierpolfeld* mit zwei sich senkrecht kreuzenden Hauptachsen in 90°- und 0°-Richtung entsprechend Bild 5.93, so werden B und R *gegensinnig vertikal* beeinflußt.

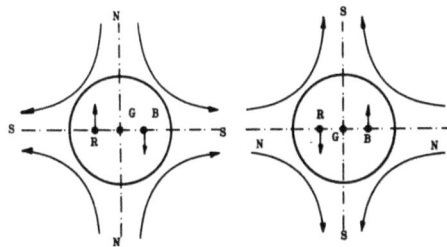

Bild 5.93: Wirkung eines 90°/0°-Vierpolfeldes

Entsprechend bewirkt ein 45°/-45°-Vierpolfeld eine *gegensinnige Horizontalbewegung* von B und R. Zur Symmetrierung in Bezug auf G ist außerdem eine *gleichsinnige* Verschiebung von B und R in *vertikaler* und *horizontaler* Richtung nötig. Hierfür lassen sich *Sechspolfelder* entsprechend Bild 5.95 verwenden.

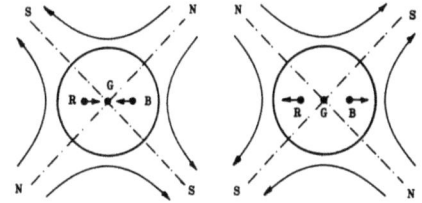

Bild 5.94: Wirkung eines 45°/-45°-Vierpolfeldes

Die Fertigung von Vierpol- und Sechspolringmagneten ist relativ aufwendig, ein anderes Prinzip zeigt Bild 5.96 in Form einer *Mehrpoleinheit*. 4 drehbar gelagerte, diametral magnetisierte Permanentmagnete erzeugen Felder, die über ein System von 6 Polschuhen auf den Rot- und den Blaustrahl wirken. Das Feld der äußeren Magneten schließt sich über die beiden oberen und unteren Joche und hat im Bereich der Strahlen R bzw. B einen vertikalen Verlauf. Damit lassen sich R und B unabhängig voneinder horizontal verschieben, wobei sich Konvergenz der senkrechten Linien ergibt.

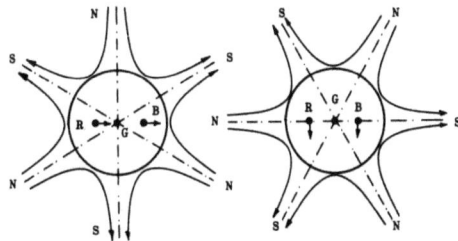

Bild 5.95: Wirkung von Sechspolfeldern

Das Feld der inneren Magneten tritt aus den mittleren Jochen aus und schließt sich zu gleichen Teilen über die oberen und unteren Joche. Es hat im Bereich der Strahlen horizontalen Verlauf und beeinflußt sie in vertikaler Richtung. Damit ist Konvergenz der horizontalen Linien möglich.

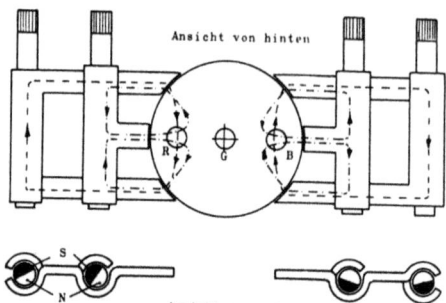

Bild 5.96: Mehrpoleinheit

5.6.3.4. Dynamische Konvergenz

Allgemeines

Im vorangegangenen Abschnitt haben wir die Wirkung der 90°/0°- und 45°/-45°-Vierpolfelder auf die Strahlen kennengelernt und gesehen, wie sie für die statische Konvergenzeinstellung verwendet werden können.

Die dynamische Konvergenzkorrektur benötigt ebenfalls 90°/0°-Vierpolfelder für die Konvergenz horizontaler Linien und 45°/-45°-Felder für die Konvergenz vertikaler Linien, und zwar in beiden Fällen sowohl horizontal- als auch vertikalfrequent.

Zur Realisierung der 90°/0°-Felder werden die Ablenkspulen verwendet, während für die 45°/-45°-Felder *eine zusätzliche Toroidwicklung* auf das Joch der Ablenkeinheit aufgebracht wird.

Dynamische Korrektur vertikaler Linien mit der Vierpol-Toroidwicklung

Bild 5.97 zeigt schematisch die Anordnung der Toroidwicklung auf dem Ferritjoch der Ablenkeinheit und das resultierende Vierpolfeld. Die Teilwicklungen sind so geschaltet, daß sich die von den Ablenkfeldern induzierten Teilspannungen insgesamt aufheben und somit keine Verkopplung zwischen Ablenkteil und Konvergenzteil gegeben ist.

Im Gegensatz zur Delta-Röhre sind die hier erforderlichen *Konvergenzströme sägezahnförmig*. Sie werden direkt aus den Ablenkströmen hergeleitet.

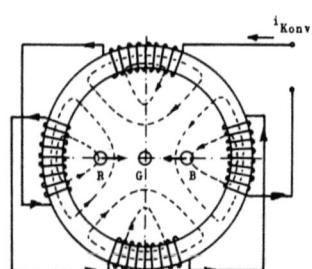

Bild 5.97: Vierpolfeld der Toroidspule

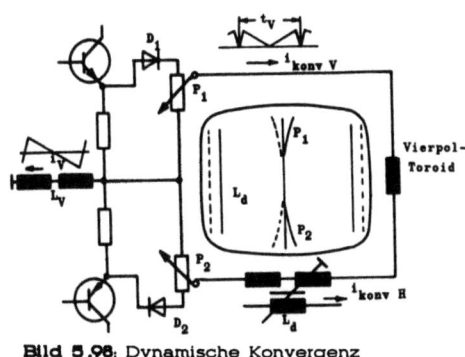

Bild 5.98: Dynamische Konvergenz senkrechter Linien

Bild 5.98 zeigt das Beispiel einer Konvergenzschaltung für die dynamische Korrektur senkrechter Linien. Der vertikalfrequente Konvergenzstrom wird über ein Dioden-Widerstandsnetzwerk aus der Vertikalablenkstufe gewonnen. Während der ersten Bildhälfte leitet D_1. Mit P_1 läßt sich die Amplitude des Korrekturstromes einstellen. Entsprechendes gilt für D_2 und P_2 während der zweiten Bildhälfte.

Der zeilenfrequente Strom für die Konvergenz am linken und rechten Bildrand wird über einen Differentialtransformator eingekoppelt.

Dynamische Konvergenz horizontaler Linien

Die zur Konvergenzkorrektur der horizontalen Linien erforderlichen horizontal- und vertikalfrequenten 90°/0°-Vierpolfelder lassen sich erzeugen, indem man die Hälften der Horizontal- und Vertikalablenkspulenpaare *unsymmetrisch* speist. Bild 5.99 zeigt das im Prinzip.

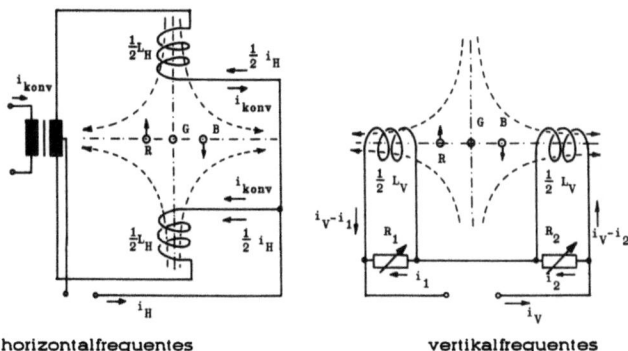

horizontalfrequentes Vierpolfeld

vertikalfrequentes Vierpolfeld

Bild 5.99: Vierpolfelder für die dynamische Konvergenz horizontaler Linien

Während im Horizontalablenkkreis die zusätzliche Einspeisung eines zusätzlichen Konvergenzstromes i_{konv} zweckmäßig ist, genügt es im Vertikalkreis, die Spulenhälften mit unterschiedlichen Nebenwiderständen R_1 und R_2 zu belasten. Der Konvergenzstrom ergibt sich dann als Differenz der beiden Nebenströme i_1 und i_2.

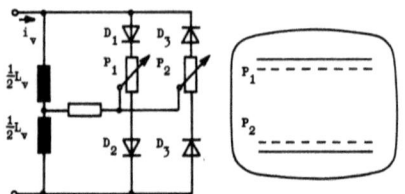

Bild 5.100 zeigt eine Prinzipschaltung für die Vertikalkonvergenz waagerechter Linien. Die Dioden D_1 und D_2 lassen P_1 nur während der oberen Bildhälfte wirksam werden, während D_3 und D_4 den Einsteller P_2 während der unteren Hälfte aktivieren.

Bild 5.100: Vertikalkonvergenzschaltung für horizontale Linien

5.6.4. Abgleichfreies Farbbildsystem in Paßtechnik

Konsequente Weiterentwicklung sowohl der In-Line-Röhre als auch der Ablenkeinheit haben ca. 1978 zu einem Farbbildsystem geführt, das nahezu abgleichfrei ist und bei dem jedes Ablenksystem mit jeder Bildröhre kombiniert werden kann, ohne daß Konvergenzkorrekturen notwendig sind. Gleichzeitig ergibt sich eine beträchtliche Reduzierung des Ablenkleistungsbedarfs. Hierzu haben im wesentlichen 2 Bündel von Maßnahmen beigetragen, die nachfolgend kurz umrissen werden.

5.6.4.1. Modifikation des Elektronenstrahlsystems

Die *Defokussierung des Leuchtpunktes* auf dem Bildschirm *bei hohen Strahlströmen* hat ihre Ursache nicht zuletzt darin, daß bei herkömmlichen, kreisrundem oder ellipsenförmigem Strahl die gegenseitig abstoßende Wirkung der Elektronen im Bereich des Wehneltzylinders wegen der hier geringen Geschwindigkeit relativ stark ist und zu einer unerwünschten Querschnittsvergrößerung führt. Die elektrische Linse bildet diesen Fehler auf dem Bildschirm ab.

Im Bild 5.88 hatten wir die selbstkonvergierende Wirkung des Ablenkfeldes auf das In-Line-Strahlentripel über den gesamten Bildschirm kennengelernt. Gibt man nun dem einzelnen Strahl einen *schlitzförmigen Querschnitt mit waagerechter Orientierung*, so wird er unter dem Einfluß des selbstkonvergierenden Ablenkfeldes zu einem Punkt abgebildet, sofern der Schlitz mittels der elektrischen Linse auf den Schirm fokussiert ist. Das Resultat ist eine erhöhte Bildschärfe über die gesamte Schirmfläche.

5.6.4.2. Modifikation der Ablenkeinheit

Die engeren Toleranzen der Bildröhre und der Ablenkeinheeit machen es überflüssig, die Ablenkeinheit zu Abgleichzwecken axial und/oder tangential auf dem Hals zu verschieben. Die Röhre hat deshalb 3 Paß-Auflagepunkte, in denen die Ablenkeinheit exakt justiert ist.

Farbreinheit und statische Konvergenz

Die im Abschnitt 5.6.3 behandelten statischen Korrekturen von Konvergenz und Farbreinheit mittels Mehrpolfeldern (s. Bilder 5.91 bis 5.96) werden hier *mit einem einzigen Stahl-Magnetring* durchgeführt, der sich im Inneren des Röhrenhalses befindet. Während des Herstellungsprozesses wird die Korrektur der Restfehler von außen mit Mehrpolfeldern einmalig durchgeführt und der Abgleichzustand durch entsprechende Magnetisierung des inneren Stahlrings "eingefroren". Damit werden alle nachträglichen Einstellungen von Farbreinheit und statischer Konvergenz überflüssig, die Mehrpoleiheit entfällt.

Dynamische Konvergenz und Rasterkorrektur

Die dynamischen Korrekturen von Konvergenz und Raster sind durch einige Maßnahmen soweit automatisiert, daß nur noch eine Potentiometereinstellung zur Symmetrierung des Vertikalablenkspulenpaares übrig bleibt.

Gestaltung des halsseitigen Wickelkopfes: Wegen des Fortfalls der Mehrpoleiheit braucht der halsseitige Wickelkopf (s.a. Bild 5.56) nicht mehr gekröpft zu werden, sondern kann eng am Hals anliegen und ebenfalls in Strangwickeltechnik ausgeführt werden. Die wirksame Länge und die Feldform werden damit weiter optimiert.

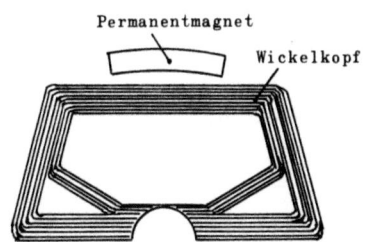

Bild 5.101: Hexagonal gestalteter Wickelkopf
(kolbenseitig, eine Spulenhälfte)

Gestaltung des kolbenseitigen Wickelkopfes: Die Wickelköpfe des Horizontabablenkspulenpaares werden entsprechend Bild 5.101 nicht mehr halbkreisförmig, sondern hexagonal ausgeführt (vgl. auch Bild 5.89). Hierdurch und durch je einen zusätzlichen Dauermagneten oben und unten wird die N-S-Rasterkor-

rektur wartungsfrei eingestellt.
Feldformer für das Vertikalablenkfeld: Spezielle Feldformer, die direkt in die Vertikal-Ablenkspulen eingelegt werden, sorgen dafür, daß die Vertikalkonvergenzfehler kompensiert werden. Außerdem reduzieren sie den O-W-Rasterfehler.

5.6.5. Weitere Verbesserungen bei In-Line-Röhren

Auch 35 Jahre nach Einführung der Farbfernsehröhre sind immer noch Entwicklungsmöglichkeiten vorhanden, die klassische Katodenstrahlröhre zu verbessern. Die Bemühungen gehen dabei in folgende Richtungen:

- Kontrast-, Farbreinheits- und Brillianzerhöhung,
- Verminderung der Rasterverzerrungen bei seitlicher Betrachtung,
- Verminderung der Leistungsaufnahme und des Gewichts.

Obwohl im letzten Jahrzehnt keine revolutionierenden Neuerungen zu verzeichnen sind, gibt es doch eine Reihe von Einzelfortschritten, die in der Summe eine deutliche Qualitätsverbesserung beinhalten.

Kontrast- und Brillianzerhöhung, Farbreinheit
Durch Einfärben des Schirmglases bei gleichzeitiger Steigerung der Leuchtdichte der Pixel (vgl.Abschnitt 1.2.1.2) konnte man die Bildqualität soweit steigern, daß die Betrachtung bei Tageslicht kein Problem mehr darstellt. Um die Leuchtdichte zu erhöhen, mußte der Strahlstrom erhöht werden. damit ergaben sich zwei Problembereiche, nämlich die damit einhergehende Strahldefokussierung und die erhöhte Erwärmung der Schattenmaske. Das erste Problem wurde durch eine verbesserte Elektronenoptik gelöst (z. B. Po-

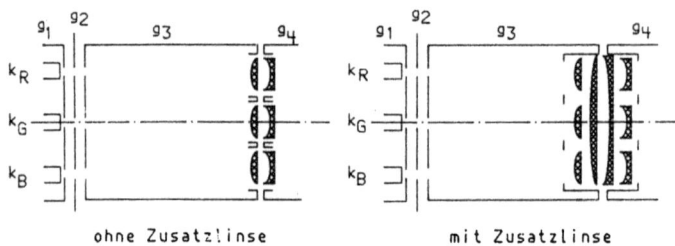

Bild 5.102: Verbesserung der Elektronenoptik

lygun von Philips). In Anlehnung an das Trinitron wurde ein Linsensystem geschaffen, bei dem durch die topfförmige Gestaltung von g_3 und g_4 eine zusätzliche, alle 3 Strahlen gemeinsam beeinflussende Linse entsteht. In Bild

5.102 ist dies am Schnitt durch die Elektronenkanone dargestellt. Die elektrischen Linsen sind durch ihr optisches Analogon angedeutet.

Die Schlitzmaske wurde in wesentlichen Punkten verändert. Das TCM-Prinzip (vgl. Abschnitt 5.3), bei dem die Stahlblech-Schattenmaske mittels 4 Bimetallfedern in den N-S- und O-W-Punkten befestigt war, wurde aufgegeben. Stattdessen erfolgt die Maskenbefestigung jetzt in den 4 Schirmecken. Das bewirkt prinzipiell höhere Stabilität, und damit kann die Maske leichter gestaltet werden. Die Verwendung von hochwertigem INVAR-Stahl anstelle des konventionellen Materials, verbunden mit einer speziellen Federaufhängung in den Ecken, bewirkt, daß die Strahllandungsverschiebung, bedingt durch Auswölbung der Maske infolge Erwärmung um etwa 70%/ reduziert ist. Dieser Gewinn erlaubt wiederum höhere Strahlströme. Gleichzeitig ist die thermische Trägheit der Kompensation wegen des Wegfalls der Bimetallfedern beträchtlich reduziert.

Reduktion der Rasterverzerrungen, Flat and Square

Wie erwähnt, ist die Rasterverzerrung bei seitlicher Betrachtung des Bildes umso geringer, je flacher der Bildschirm ist. Unter dem Begriff Flat und Square sind seit etwa 1984 Bildschirme eingeführt, bei denen die Wölbung bei gleichzeitig fast rechtwinkliger Eckenausbildung nur noch sehr gering ist.

6. Farbfernsehübertragung

6.1. Farbfernsehkamera mit 3 Aufnahmeröhren

Die Farbfernsehkamera hat die Aufgabe, ein farbiges Bild in *drei Teilbilder* Rot, Grün und Blau zu zerlegen und diese anschließend in elektrische Signale umzusetzen. Das Prinzip der klassischen *3-Röhren-Kamera* ist im Bild 6.1 vereinfacht dargestellt.

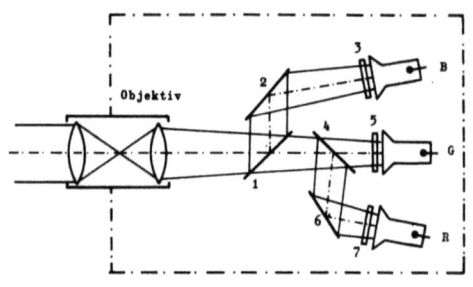

Bild 6.1: Prinzip einer Dreiröhren Farbfernsehkamera

Auf ein gemeinsames Objektiv folgt ein System von Spiegeln. Der *dichroitische Spiegel* (1) hat die Eigenschaft, nur den blauen Anteil des Bildes abzulenken. Rot und Grün werden durchgelassen. Man erreicht diesen Effekt durch eine dünne Metallschicht auf einem Spezialglas, hierbei tritt ein Interferenzeffekt auf. Ein normaler Silberspiegel (2) im Strahlengang für Blau lenkt das Teilbild über ein Korrekturfilter (3) auf die Bildaufnahmeröhre B (z. B. Orthikon, Plumbikon oder Vidikon), die ein elektrisches Signal nach dem Prinzip der Schwarzweiß-Aufnahmeröhre abgibt (s. Abschnitt 1.1.7).

Im Strahlengang für den Rest des Bildes sitzt ein zweiter dichroitischer Spiegel (4), der nur Rot reflektiert. Ein Silberspiegel (6) bringt das rote Teilbild auf die Aufnahmeröhre R über ein Korrekturfilter (7). Hinter dem Spiegel (4) bleibt nur noch der grüne Bildauszug übrig, er wird über das Korrekturfilter (5) auf die Röhre G gegeben.

Die Durchlaßkurven der dichroitischen Spiegel entsprechen etwa den IBK-Farbmischkurven.

Damit eine einwandfreie Bildzerlegung ohne farbige Ränder bei der Wiedergabe entsteht, müssen die 3 Aufnahmeröhren optisch sehr exakt justiert und die Ablenkfelder genau gleichlaufend sein.

Dreiröhrenkameras liefern beim derzeitigen Stand der Technik nach wie vor die hochwertigsten Bilder. Wegen ihrer aufwendigen Konstruktion haben sie jedoch eine Reihe von Nachteilen (z. B. großes Gewicht, sehr hohe Anforderungen an die Justage zur Vermeidung von Farbdeckungsfehlern und dadurch hoher Preis). Man hat deshalb auch Einröhrenkameras mit optischen RGB-Streifenfiltern und Kameras mit 2 Aufnahmeröhren (getrennte Luminanz-

und Chrominanzverarbeitung entwickelt. Sie haben aber für den Studiobereich wenig Bedeutung erlangt.

6.2. Farbfernsehkameras mit Halbleiter-Bildwandlern

Es sind intensive Entwicklungen im Gange, die Röhrenkameras auch im kommerziellen Bereich durch solche mit Halbleiterwandlern zu ersetzen, wie das im semiprofessionellen Sektor und bei der elektronische Berichterstattung (EBE) schon weitgehend geschehen ist.
Im Prinzip kann man hier wiederum die Wege gehen, die von den Röhrenkameras her bekannt sind, nämlich mit 3 Wandlern nach dem RGB-Verfahren (s.a. vorherigen Abschnitt) oder mit 2 Chips nach dem Y-C- (Luminanz-Chrominanz-)Verfahren oder mit Einchip-Wandlern und integrierten Streifenfiltern. Wir wollen das Thema aus Platzgründen nicht weiter vertiefen. Im übrigen sei noch ein Hinweis auf Abschnitt 1.1.7 gegeben

6.3. Dreikanalübertragung

Führt man die 3 Farbsignalspannungen entsprechend Bild 6.2 über Verstärker auf 3 getrennten Übertragungswegen (z. B. Leitungen) direkt auf die 3 Kanonen einer Farbbild-Wiedergaberöhre, so entsteht ein Farbbild sehr guter Qualität.

Das Verfahren hat jedoch nur einen begrenzten Anwendungsbereich (Kliniken, Studios), weil 3 Kanäle erforderlich sind. Es ist nicht kompatibel (s.a. nächsten Abschnitt).

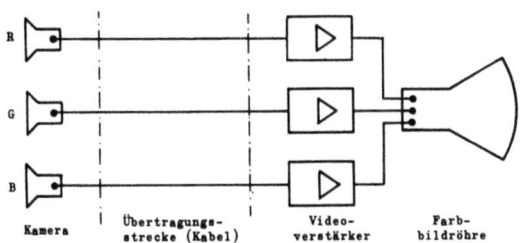

Bild 6.2: Prinzip der Dreikanalübertragung eines Farbfernsehbildes

6.4. Kompatibilität

Bei der Einführung des Farbfernsehens ergab sich das Problem, das auch sonst bei der Einführung neuer Verfahren existiert:
Die neu zu schaffende Normen mußten so ausgelegt werden, daß sie sich mit den bereits existierenden Systemen vertrugen. Man nennt diese Eigenschaft *Kompatibilität (Verträglichkeit)*.

Ein neu zu schaffendes Farbfernsehsystem sollte also kompatibel mit dem bereits existierenden Schwarzweißsystemen sein. Auf die Verhältnisse in der Bundesrepublik angewandt, hieß das damals: Das PAL-System mußte kompatibel mit der CCIR-Norm (Standard G) sein. Welche Forderungen sind nun im einzelnen damit verknüpft?

- Schwarzweiß-Fernseher können Farbsendungen ohne Beeinträchtigung in Schwarzweiß empfangen.
- Farbfernseher können Schwarzweißsendungen empfangen und in Schwarzweiß wiedergeben.

Voraussetzungen hierfür sind:
- Horizontal- und Vertikalablenkfrequenzen bleiben gleich.
- Das Zeilensprungverfahren wird beibehalten (s.a. Bild 1.35).
- Bildträger-Tonträgerabstand bleibt gleich.
- Der Kanalabstand (und damit die Videobandbreite) bleibt gleich.
- Die Bildträger-Information muß die Grundhelligkeit des Farbbildes enthalten. Sie ist maßgebend für die Konturen (Schärfe) des Bildes.
- Die zusätzliche Farbinformation, die das Bild eigentlich nur noch "coloriert", muß so im Übertragungsbereich untergebracht sein, daß im Schwarzweiß-Empfänger keine sichtbaren Störungen auftreten.

Abschnitt 1.4 gibt einen Überblick über die existierenden Normen für das Schwarzweiß-Fernsehen.

6.5. Das Leuchtdichtesignal (Y-Signal, Luminanzsignal)

Das *Leuchtdichtesignal* entspricht dem Signal, das eine Schwarzweiß-Kamera von einem farbigen Bild liefert. Die Leuchtdichtewerte sind also den *Grauwerten* der einzelnen Farben äquivalent (vgl. a. Kap. 1). Die Grauwerte der einzelnen Farben werden ermittelt, indem man einen Farbbalken mit der Schwarzweiß-Kamera abtastet und die Ausgangsspannungen mißt.

Stellt man die Verstärkung der Kamera so ein, daß sie bei Normweiß eine Ausgangsspannung von $U_{Weiß}= 1$ V liefert, so ergeben sich für die Farben des Farbbalkens:

$U_{gelb} = 0.89$ V $\quad U_{purp} = 0.41$ V

$U_{cyan} = 0.70$ V $\quad U_{rot} = 0.30$ V $\quad U_{weiß} = 1.00$ V

$U_{grün} = 0.59$ V $\quad U_{blau} = 0.11$ V.

Das Leuchtdichtesignal für Weiß setzt sich aufgrund der Dreifarbentheorie demnach zusammen nach der Gleichung

$$U_{weiß} = 0.30\, U_{rot} + 0.59\, U_{grün} + 0.11\, U_{blau} \tag{6.1}$$

Man bezeichnet das Leuchtdichtesignal oft auch als *Y-Signal* oder *Luminanzsignal*. Es wird beim Farbfernsehen und beim Schwarzweißfernsehen gleichermaßen ausgestrahlt und besitzt eine Bandbreite von 5 MHz.
Allgemein gilt für jeden Grauwert u_Y

$$u_Y = 0.30\, u_R + 0.59\, u_G + 0.11\, u_B \tag{6.2},$$

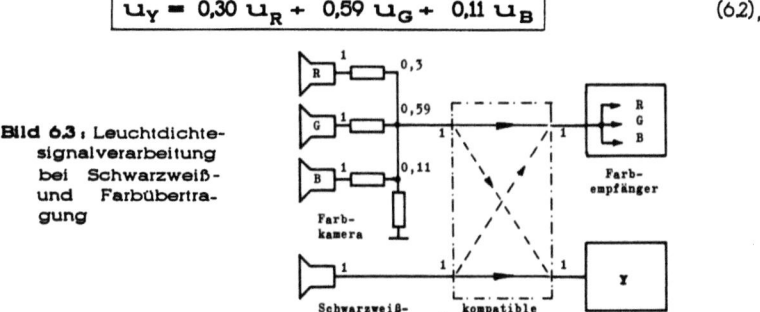

Bild 6.3 : Leuchtdichtesignalverarbeitung bei Schwarzweiß- und Farbübertragung

wenn u_R, u_G und u_B die betreffenden Ausgangssignale der Farbkamera sind. Im Bild 6.3 ist entsprechend der Kompatibilitätsforderung die Übertragung des Leuchtdichtesignals u_Y am Beispiel für Weiß im Farb- und im Schwarzweißsystem noch einmal schematisch dargestellt (Prinzip der konstanten Leuchtdichteübertragung).

6.6. Das Farbartsignal (C-Signal, Chrominanzsignal)

Die **Farbart** setzt sich aus 2 Informationen zusammen, nämlich aus **Farbton** und **Farbsättigung** (s.a. Abschnitt 4.3).
Die Information über die Farbsättigung ist bereits im Leuchtdichtesignal u_Y enthalten. Damit sie nicht doppelt übertragen wird, muß man sie aus der Farbinformation herausziehen; es entstehen die **Farbdifferenzsignale:**

$$u_R - u_Y = u_{R-Y} \quad \text{(Rot- Differenzsignal)}$$
$$u_G - u_Y = u_{G-Y} \quad \text{(Grün-Differenzsignal)}$$
$$u_B - u_Y = u_{B-Y} \quad \text{(Blau-Differenzsignal)}.$$

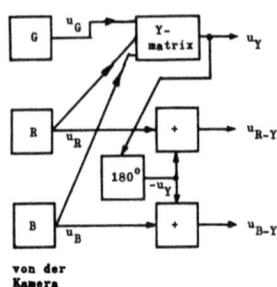

Bild 6.4 : Matrix zur Gewinnung von u_{R-Y}, u_{B-Y} und u_Y

Technisch gewinnt man die Farbdifferenzsignale, indem man das Y-Signal um 180° in der Phase dreht und zu den Kameraausgangssignalen addiert, die Blockschaltung in Bild 6.48 zeigt das im Prinzip.

Um den Inhalt eines Farbbildes vollständig zu übertragen, genügt es, wenn man 2 Farbdifferenzsignale und das Leuchtdichtesignal überträgt. Es werden deshalb nur die Signale u_{B-Y} und u_{R-Y} verwendet.

Für die beiden Signale haben sich außerdem folgende Bezeichnungen eingebürgert:
Das **(B-Y)-Signal** heißt auch **U-Signal**,
das **(R-Y)-Signal** entsprechend **V-Signal**.

Das Gründifferenzsignal wird empfängerseitig durch eine einfache Matrix wiedergewonnen.
Die Gleichungen für die Farbdifferenzsignale ergeben sich wie folgt:

$$u_{R-Y} = u_R - (0{,}3 u_R + 0{,}59 u_G + 0{,}11 u_B) = 0{,}7 u_R - 0{,}59 u_G - 0{,}11 u_B \quad (6.3)$$

$$u_{G-Y} = u_G - (0{,}3 u_R + 0{,}59 u_G + 0{,}11 u_B) = -0{,}3 u_R + 0{,}41 u_G - 0{,}11 u_B \quad (6.4)$$

$$u_{B-Y} = u_B - \underbrace{(0{,}3 u_R + 0{,}59 u_G + 0{,}11 u_B)}_{u_Y} = -0{,}3 u_R - 0{,}59 u_G + 0{,}89 u_B \quad (6.5).$$

Rückgewinnung des Gründifferenzsignals im Empfänger: Es gilt

$$u_Y = 0{,}3 u_R + 0{,}59 u_G + 0{,}11 u_B \quad (6.2)$$

oder

$$(0{,}3 u_Y + 0{,}59 u_Y + 0{,}11 u_Y) - 0{,}3 u_R - 0{,}59 u_G - 0{,}11 u_B = 0 \quad (6.6)$$

Zusammengefaßt:

$$0{,}3 (u_R - u_Y) + 0{,}59 (u_G - u_Y) + 0{,}11 (u_B - u_Y) = 0 \quad (6.7)$$

oder

$$0{,}3 \, u_{R-Y} + 0{,}59 \, u_{G-Y} + 0{,}11 \, u_{B-Y} = 0$$

Hierin ist unbekannt das Gründifferenzsignal u_{G-Y}, also

$$u_{G-Y} = -\frac{0{,}30}{0{,}59} u_{R-Y} - \frac{0{,}11}{0{,}59} u_{B-Y} = -0{,}51 u_{R-Y} - 0{,}19 u_{B-Y} \qquad (6.8)$$

6.7. Die Farbträgerfrequenz

Die zur "Colorierung" eines Farbbildes notwendigen Differenzsignale u_{R-Y} und u_{B-Y} haben im Vergleich zur Leuchtdichteinformation eine relativ geringe Bandbreite von ± 600 kHz. Sie müssen so im Videokanal untergebracht werden, daß möglichst keine Störung des Schwarzweißbildes entsteht.

Prinzipiell führt jede'zusätzliche Information, gleich welcher Frequenz, elektrisch immer zu *Interferenzstörungen*, die sich auf dem Bildschirm als Moiré bemerkbar machen. Ein solches Moiré stört dann am wenigsten, wenn es
- ein sehr feines Raster hat und
- auf dem Bildschirm stillsteht.

Die erste Forderung läßt sich erfüllen, indem man die Farbinformationen unter Zuhilfenahme eines *Farbträgers* in den oberen Bereich des Videobandes umsetzt. Bei einer Farbsignalbandbreite von ± 0,6 MHz darf der Farbträger höchstens bei etwa 4,4 MHz liegen. Um die zweite Forderung zu erfüllen, muß man sich über den Charakter der zu übertragenden Informationen ein genaueres Bild verschaffen. Im Abschnitt 1.1.6 hatten wir schon gelernt, daß das Videosignal ein Linienspektrum darstellt. Auch das Spektrum der Chrominanzinformation muß ein Linienspektrum sein, weil dieselbe horizontal-und vertikalfrequente Rasterung bei seiner Entstehung beteiligt ist.

Es gibt im Videoband zwischen den Häufungsstellen der spektralen Energie Frequenzgebiete mit relativ geringen Seitenbandamplituden, bzw. solche, wo fast keine Information vorhanden ist. An diese Stellen wird die Farbinformation gebracht (s. Bild 1.11). Wir nennen diese Technik *Frequenzverkämmung*.
Damit das Linienspektrum des Farbsignals in die Lücken des Videosignals fällt, muß der Farbträger ein ungeradzahliges Vielfaches der halben Zeilenfrequenz sein. Man spricht hier vom *Halbzeilenoffset*.

In den USA ist die FCC-Norm M eingeführt (s.Tabelle 1.1). Hier beträgt die Frequenz des Farbträgers das 455-fache der halben Zeilenfrequenz. Der Abstand Bildträger-Tonträger wurde bereits vor Einführung des Farbfernsehens auf 4,5 MHz genormt. Um diesen Wert beibehalten zu können, mußte f_V leicht modifiziert werden. Mit f_V = 29,97 Hz (statt 30 Hz) und n = 25 Zeilen wird die Farbträgerfrequenz f_F

$$f_{F\ NTSC} = 0{,}5 \cdot 525 \cdot 29{,}97 \text{ Hz}$$
$$f_{F\ NTSC} = 3{,}579\,545 \text{ MHz}$$
(6.9a).

Für die europäische Version wird das 567-fache der halben Zeilenfrequenz gewählt, und es ergibt sich mit $f_H = 15625$ Hz

$$f_{F\ NTSC} = 4{,}429\,687\,5 \text{ MHz}$$
(6.9b).

Das Störmoiré macht sich nach Bild 6.5 als schwach sichtbare, aber feststehende perlenschnurartige Struktur in jeder Zeile bemerkbar. Diese "Perlenschnur" wird von Zeile zu Zeile und von Halbbildwechsel (Raster) zu Halbbildwechsel so verschoben, daß in 2 Rastern für das Muster die Struktur eines Schachbrettes entsteht. In den darauffolgenden 2 Rastern hat das Muster genau entgegengesetzte Helligkeitswerte. Über 4 Raster - also 2 volle Bilder - kompensiert sich die Störung praktisch vollständig.

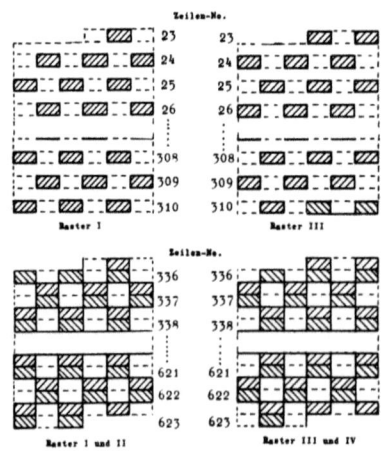

Bild 6.5: Störmoiré, verursacht durch den Farbträger, über 4 Bildraster, (stark vergröbert und schematisiert), Zeilennummern s.a. Bild 1.35

Bei dem noch zu besprechenden *PAL-Verfahren* findet eine zeilenfrequente Umschaltung des Rot-Differenzsignals statt. Hierdurch wird die oben beschriebene Auslöschung des Farbträgermoirés mittels Halbzeilenoffsets nicht erreicht. Man wendet deshalb einen *Viertelzeilenoffset* an nach der Vorschrift

$$f_{F\ PAL} = (n - \tfrac{1}{4}) \cdot f_H + \tfrac{1}{4} \cdot f_V$$
(6.10)

Die Struktur der Störung wird dadurch gegenüber der im kompatiblen NTSC-Farbbild zwar verändert, aber die Störwirkung ist etwa vergleichbar. Mit n = 284 erhält man

$$f_{F\ PAL} = 4{,}433\ 618\ 75\ \text{MHz} \pm 5\ \text{Hz}$$ (6.11).

6.8. Übertragung der Farbdifferenzsignale, Quadraturmodulation

Die Aufgabe, den Farbinhalt eines Bildes zu übertragen, besteht u.a. darin, die beiden Farbdifferenzsignale u_{R-Y} und u_{B-Y} in einem Kanal zu übertragen unter der Nebenbedingung, daß die beiden Signale sich gegenseitig nicht beeinflussen.

Bei den beiden Systemen NTSC und PAL verwendet man hierfür, wie schon gesagt, einen Träger und gleichzeitige Übertragung, bei SECAM wählt man 2 verschiedene Träger und eine sequentielle Übertragung. Wir bezeichnen diese Techniken als Multiplex-Übertragung, im ersten Fall liegt, wie wir gleich sehen werden, ein Frequenz- bzw. Phasenmultiplex und im zweiten Fall ein Zeitmultiplex vor.

NTSC und PAL benutzen die Quadratur-Amplituden-Modulation (QAM), deren Prinzip Bild 6.6 zeigt. Die Farbzeiger R-Y und B-Y werden im Winkel von 90° zueinander angeordnet.

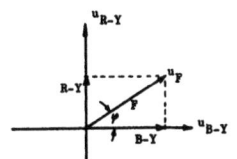

Bild 6.6: Prinzip der Quadratur-Amplitudenmodulation

Die vektorielle Summe aus beiden ergibt den Farbvektor F, der dem Farbträger (Frequenz f_T) aufmoduliert ist. Das ist gleichbedeutend damit, daß man f_T mit einer Spannung u_F moduliert, deren Betrag der Farbsättigung und deren Phase φ dem Farbton entspricht.

In einen mathematischen Ausdruck gebracht, gilt also

$$u_F = u_{B-Y} + j\,u_{R-Y} = u_U + j\,u_V$$ (6.12)

oder $$u_F = \sqrt{u_{R-Y}^2 + u_{B-Y}^2} = \sqrt{u_U^2 + u_V^2}$$ (6.13a)

und $$\tan \varphi = u_{R-Y}/u_{B-Y} = u_U/u_V$$ (6.13b).

Zur Ermittlung der Farbartsignale wollen wir zunächst einmal die Amplitudenwerte der Farbdifferenzsignale für die 3 Primärfarben R, G und B berechnen.

Grundlage ist Gleichung (6.1):
$$U_Y = 0{,}30\, U_R + 0{,}59\, U_G + 0{,}11\, U_B \qquad (6.1)$$

(Es werden Großbuchstaben verwendet, da es sich um Konstanten handelt).

Dann gilt für *Rot:*

$U_R = 1$, $U_G = U_B = 0$, eingesetzt in (6.1) ergibt
$$U_{YR} = 0{,}3\, U_R \qquad (6.14)$$

Mit (6.14) ergibt sich $\quad U_{R-Y} = U_R - U_{YR} = 0{,}7\, U_R$

und $\quad U_{B-Y} = U_B - U_{YR} = -0{,}3\, U_R$,

also $\quad U_{FR} = \sqrt{(+0{,}7)^2 + (\text{-}0{,}3)^2} = \pm\sqrt{0{,}58}$,

$$U_{FR} = \pm\, 0{,}76 \qquad (6.15)$$

Grün:

$U_G = 1$, $U_R = U_B = 0$ eingesetzt in (6.1) ergibt
$$U_{YG} = 0{,}59\, U_G \qquad (6.16)$$

Mit (6.16) wird $\quad U_{R-Y} = U_R - U_{YG} = -0{,}59\, U_G$

und $\quad U_{B-Y} = U_B - U_{YG} = -0{,}59\, U_G$,

also $\quad U_{FG} = \sqrt{(-0{,}59)^2 + (-0{,}59)^2}$,

$$U_{FG} = \pm\, 0{,}83 \qquad (6.17)$$

Blau:

$U_B = 1$, $U_R = U_G = 0$ eingesetzt in (6.1) ergibt
$$U_{YB} = 0{,}11\, U_B \qquad (6.18)$$

Mit (6.18) wird $\quad U_{R-Y} = 0{,}11\, U_B \quad$ und $\quad U_{B-Y} = 0{,}89\, U_B$,

also $\quad U_{FB} = \sqrt{(0{,}11)^2 + (0{,}89)^2}$

$$U_{FB} = \pm\, 0{,}89 \qquad (6.19)$$

Benutzt man nun die in den Gleichungen (6.15), (6.17) und (6.19) ermittelten Farbdifferenzamplituden zur Synthese eines Farbsignals, so stellt sich eine Schwierigkeit ein.

Die Grauwerte für die einzelnen Farben sind in Abschnitt 6.5 zusammengestellt. Erzeugt man einen Farbbalken mit den Streifen Weiß, Grün, Rot, Blau und Schwarz, so ergibt sich Bild 6.7:

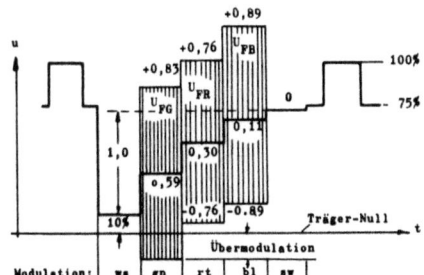

Bild 6.7 : Farbbalkensignal nicht reduziert

Zum Grauwert der Farbe Grün (0,59) wird die trägerfrequente Amplitude des Farbdifferenzsignals (±0,83) addiert. Wie das Zeilenoszillogramm zeigt, werden hierdurch der Träger-Nullpegel und der Schwarzpegel weit überschritten.

Bei Rot werden analog der Weiß- und der Schwarzpegel überschritten, während bei Blau oberhalb des Synchronpegels die größte Übermodulation stattfindet.

Da eine Übermodulation, die die Träger-Nullinie überschreitet, gar nicht mehr übertragen werden kann (der Träger setzt aus) und andererseits eine Trägerleistung über 100 % ebenfalls nicht zu realisieren ist, muß eine Reduktion der Farbdifferenzspannungen vorgenommen werden. Man darf sie jedoch nur soweit treiben, daß kein zu ungünstiges Signal/Rauschverhältnis und damit eine Benachteiligung der trägerfrequenten Farbartsignale eintritt. Umfangreiche Versuche haben ergeben, daß eine Begrenzung der Übermodulation auf 33 % oberhalb des Schwarzpegels, bezogen auf den Schwarzweißsprung, einen günstigen Kompromiß darstellt.

Ausgehend von diesem Wert können wir die erforderlichen Reduktionsfaktoren berechnen.

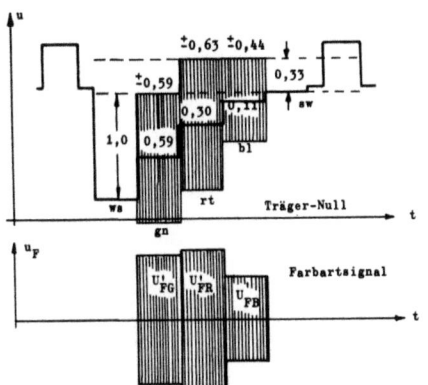

Bild 6.8 : Reduktion der Farbdifferenzsignale

Legen wir Bild 6.8 zugrunde, so sehen wir, daß die reduzierte Farbdifferenzamplitude für Rot $U_{FR}' = \pm 0,63$ sein darf. Für Blau ist $U_{FB}' = \pm 0,44$ zulässig. Unten ist u_F allein dargestellt.

Die Reduktionsfaktoren seien k_R und k_B.
Dann ist

$$U_{R-Y}' = k_R \cdot U_{R-Y} \tag{6.20}$$

und

$$U_{B-Y}' = k_B \cdot U_{B-Y} \tag{6.21}.$$

Für das Rotdifferenzsignal U_{FR}', gilt mit Gleichung (6.12)

$$U_{FR} = \pm 0{,}63 = \sqrt{(k_R \cdot U_{R-Y})^2 + (k_B \cdot U_{B-Y})^2} = \sqrt{(0{,}7\, k_R)^2 + (-0{,}3\, k_B)^2} \qquad (6.22)$$

und für Blau

$$U_{FB} = \pm 0{,}44 = \sqrt{(-0{,}11\, k_R)^2 + (0{,}89\, k_B)^2} \qquad (6.23).$$

Löst man (6.22) und (6.23) nach k_R und k_B auf, so erhält man

$$\boxed{k_R = 0{,}88} \qquad \text{und} \qquad \boxed{k_B = 0{,}49} \qquad (6.24),(6.25).$$

Für die reduzierten Farbdifferenzsignale berechnen wir analog zu den Gleichungen (6.3) und (6.4)

und
$$\boxed{u_{R-Y}' = 0{,}62 u_R - 0{,}52 u_G - 0{,}10 u_B = u} \qquad (6.26)$$

$$\boxed{u_{B-Y}' = -0{,}15 u_R - 0{,}29 u_G + 0{,}44 u_B = v} \qquad (6.27).$$

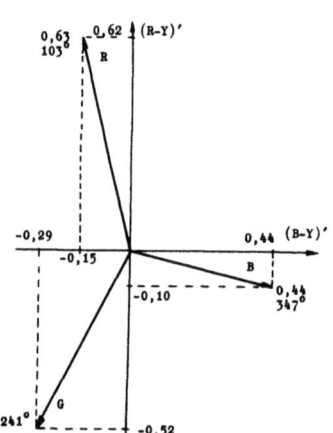

Nachdem nun die reduzierten Amplituden der Farbdifferenzspannungen bekannt sind, können die Vektoren der Farbartspannungen für die 3 Primärfarben dargestellt werden (Bild 6.9). Sie liegen nach Betrag und Phase als elektrische Größen für die Übertragung fest.

Das reduzierte Gründifferenzsignal u_{G-Y}' wird nicht mit übertragen, in 6.6 hatten wir gesehen, wie es empfängerseitig aus u_{R-Y}' und u_{B-Y}' zurückgewonnen wird. Mit den reduzierten Differenzsignalen erhalten wir

Bild 6.9: Zeiger der Primärfarben R,G,B im (B-Y)', (R-Y)'- bzw. u,v-Koordinatensystem

$$\boxed{u_{G-Y}' = -0{,}58\, u_{R-Y}' - 0{,}38\, u_{B-Y}' = -0{,}58\, u - 0{,}38\, v} \qquad (6.28),$$

oder
$$u_{G-Y}' = -0{,}43 u_R + 0{,}59 u_G - 0{,}16 u_B \qquad (6.29).$$

6.9. Das I- und das Q-Signal

Im Abschnitt 4.6 hatten wir das unterschiedliche Farbauflösungsvermögen des menschlichen Auges für verschiedene Farben behandelt und darauf hingewiesen, daß es auch technich Berücksichtigung findet. Im Zusammenhang mit den Farbdifferenzsignale wollen wir diesen Punkt nun wieder aufgreifen. Das NTSC-Verfahren macht von der oben beschriebenen Eigenart des Auges Gebrauch und benutzt die I'- und Q' - Achsen anstelle der (R-Y)' - und (B-Y)'-Achsen als Modulationsachsen für die Quadraturmodulation.

$$I' = (R-Y)' \cdot \cos 33° - (B-Y)' \cdot \sin 33° = v \cdot \cos 33° - u \cdot \sin 33° \quad (6.30)$$
$$Q' = (R-Y)' \cdot \sin 33° + (B-Y)' \cdot \cos 33° = v \cdot \sin 33° + u \cdot \cos 33° \quad (6.31).$$

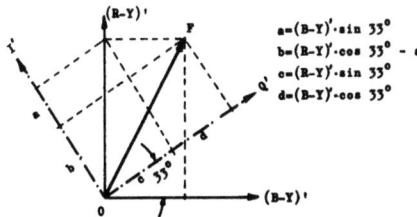

$a = (B-Y)' \cdot \sin 33°$
$b = (B-Y)' \cdot \cos 33° - a$
$c = (R-Y)' \cdot \sin 33°$
$d = (R-Y)' \cdot \cos 33°$

Die Gleichungen (6.30) und (6.31) geben die Transformationsvorschrift zur Gewinnung der I- und Q-Signale aus den Farbdifferenzsignalen u und v an.
Bild 6.10 zeigt dies grafisch.

Bild 6.10: Achsentransformation

6.10. Modulationstechnik des Farbträgers

In 6.8 wurde bereits erläutert, wie 2 selbständige Informationen einem Träger aufmoduliert werden können. So verwendet man bei NTSC und PAL z.B. die Quadraturmodulation, exakter bezeichnet als *Quadratur-Amplitudenmodulation (QAM)*. Zum besseren Verständnis dieser Technik soll zunächst einmal in groben Zügen das Prinzip der Amplitudenmodulation klassischer Art erläutert werden.

6.10.1. Amplitudenmodulation klassischer Art

Das Prinzip der Amplitudenmodulation (AM) zeigt das Bild 6.11. Der hochfrequente Träger $u_T = U_o \cdot \cos \Omega t$ wird auf einen Modulator gegeben, an dessen zweitem Eingang die Nachricht $u_N = u_o \cdot \cos \omega t$ liegt. Am Ausgang erscheint dann die amplitudenmodulierte Trägerschwingung

$$u = U_o \cdot (1 + m \cdot \cos \omega t) \cdot \cos \Omega t \quad (6.32);$$

hierbei ist $\quad m = u_o/U_o \quad$ der *Modulationsgrad*. $\quad (6.33)$.

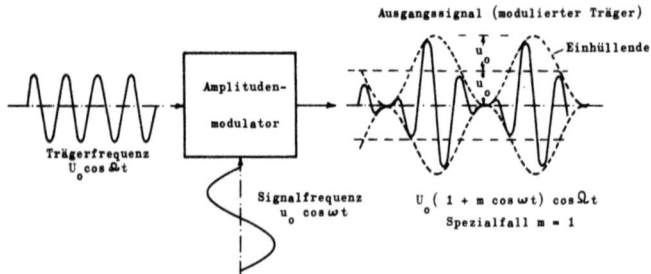

Bild 6.11: Prinzip der Amplitudenmodulation

Löst man (6.32) auf, so ergibt sich

$$u = \underbrace{U_o \cdot \cos \Omega t}_{\text{Träger}} + \underbrace{m \cdot U_o \cdot \cos \Omega t \cdot \cos \omega t}_{\text{Modulationsprodukt}} \qquad (6.34).$$

(6.34) besteht aus 2 Termen, nämlich dem umodulierten Träger und dem Modulationsprodukt. Mittels einfacher trigonometrischer Umformung läßt sich das Modulationsprodukt anders darstellen

$$m \cdot U_o \cdot \cos \Omega t \cdot \cos \omega t = U_o \cdot \left[\frac{m}{2} \cdot \cos (\Omega + \omega)t + \frac{m}{2} \cdot \cos (\Omega - \omega)t \right] \qquad (6.35).$$

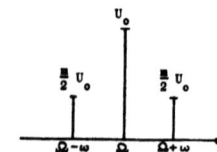

Bild 6.12: Spektrum der AM

Betrachtet man Gleichung (6.35) als Frequenzspektrum, so ergibt sich Bild 6.12. Bei der Amplitudenmodulation entstehen folglich 2 Seitenfrequenzen - oder 2 Seitenbänder bei mehreren Modulationsfrequenzen - die beide den gleichen Nachrichteninhalt besitzen. Der Träger selbst überträgt keine Nachricht.

Daraus lernen wir: Bei der Übertragung von Nachrichten mittels Amplitudenmodulation spart man Leistung, wenn man
- den Träger unterdrückt,
- ein Seitenband nicht mit überträgt oder
- eine Kombination der beiden Maßnahmen vornimmt.

Hierfür ist jedoch ein technischer Mehraufwand erforderlich, der die Verfahren nicht ohne weiteres einsetzbar macht.
Relativ häufig ist die Übertragung mit unterdrücktem Träger. Hierzu soll folgende Rechnung durchgeführt werden:

Gegeben seien die Träger $\quad u_{T1} = U_o \cos \Omega t \quad$ und $\quad u_{T2} = - U_o \cos \Omega t$

und die Signale $u_{N1} = u_o \cos \omega t$ und $u_{N2} = -u_o \cos \omega t$.

Im ersten Fall ergibt sich als Gleichung für das komplette AM-Signal der bereits bekannte Ausdruck (6.32)

$$u_1 = U_o (1 + m \cos \omega t) \cos \Omega t \qquad (6.32)$$
und im zweiten Fall mit $m = u_{N1}/U_o$
$$u_2 = U_o (1 - m \cos \omega t) \cdot \cos \Omega t \qquad (6.32a).$$
mit $m = u_{N2}/U_o$.

Addiert man beide Signale, so hebt sich der Ausdruck für den unmodulierten Träger heraus, und es bleibt das Modulationsprodukt übrig.

$$u_N = u_1 + u_2 = 2 \cdot m \cdot U_o \cdot \cos \Omega t \cdot \cos \omega t \qquad (6.36).$$

Bild 6.13 zeigt das Prinzip der Trägerunterdrückung anhand des Frequenzspektrums grafisch.

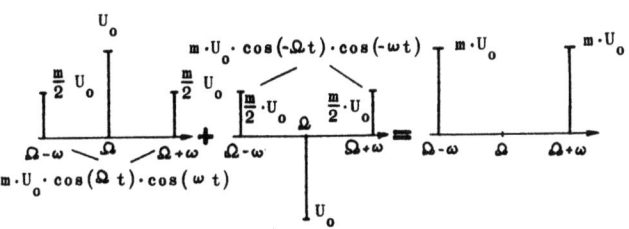

Bild 6.13: Trägerunterdrückung

Technische Realisierung eines Amplitudenmodulators mit Trägerunterdrückung.

Eine früher verbreitete Halbleiterschaltung zur Amplitudenmodulation mit Trägerunterdrückung war der Ringmodulator nach Bild 6.14. Er hat seinen Namen daher, weil 4 Dioden $D_1 - D_4$ im Ring zusammengeschaltet sind. Im Prinzip ist der Ringmodulator ein Doppel-Gegentaktmodulator. Durch die Amplitude der Trägerspannung (Forderung $U_o \gg u_o$) werden während der einen Halbwelle die Dioden D1 und D2 und während der anderen Dioden D3 und D4 leitend. Hierdurch wird die Information im Takte der Trägerfrequenz umgepolt. Bild 6.15 zeigt diesen Vorgang schematisch, wobei die Schaltspannung (der Träger) als Rechteckspannung einen anderem Maßstab als die Signalspannung hat.

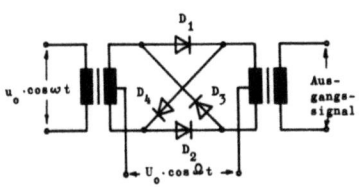

Bild 6.14: Ringmodulator

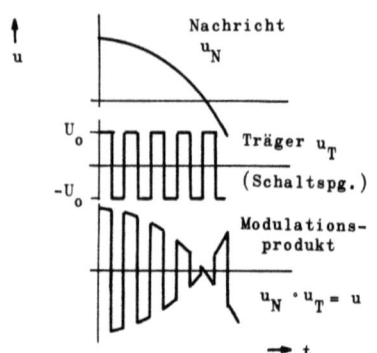

Bild 6.15: Modulation mit dem Ringmodulator (Prinzip)

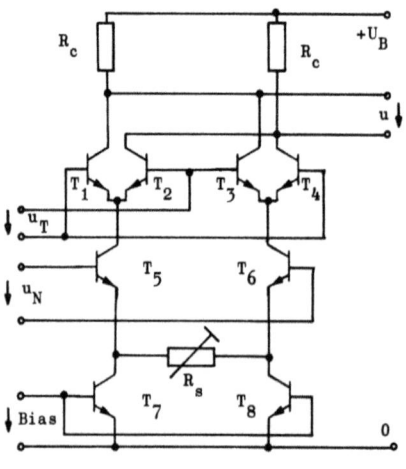

Bild 6.16: 4-Quadranten-Analogmultiplizierer, Prinzipschaltung

Moderne Modulatorschaltungen zeichnen sich dadurch aus, daß die relativ aufwendigen Ein- und Ausgangstransformatoren durch entsprechende Transistorschaltungen ersetzt werden. Sie lassen sich außerdem sehr vorteilhaft in integrierter Technik ausführen. Im Prinzip arbeiten sie als 4-Quadranten-Analogmultiplizierer. Das bedeutet, daß die beiden Signale u_N und u_T in jedem Augenblick vorzeichenrichtig nach der Vorschrift

$$u = v \cdot u_N \cdot u_T \qquad (6.37)$$

miteinander verknüpft werden. Hierbei ist v ein Verstärkungsfaktor, der im linearen Arbeitsbereich der Schaltung als konstant angenommen werden kann.

Der 4-Quadranten-Multiplizierer ist eine sehr vielseitig einsetzbare Schaltung. Außer für den hier geschilderten Zweck ist er als einfacher AM-Modulator/Demodulator, als Mischer, FM-Demodulator, Phasendetektor und auch als Synchrondemodulator (s. Abschnitte 7.9 und 7.12) zu verwenden.

Bild 6.16 zeigt die Prinzipschaltung des 4-Quadranten-Analogmultiplizierers. Sie besteht aus den Doppel-Differenzverstärkern T_1, T_2 und T_3, T_4, einem weiteren Differenzverstärker T_5, T_6 und den beiden Konstantstromquellen T_7 und T_8. Die Transistoren $T_1 ... T_4$ werden mittels der Trägerspannung u_T im Doppelgegentakt geschaltet, und die Signalspannung u_N moduliert den Träger. Die Verstärkung läßt sich mit dem Widerstand R_S einstellen. Der Eingang Bias dient zur Arbeitspunkteinstellung der Gesamtschaltung. Bei exakter Symmetrierung ist das Ausgangssignal $u = 0$ für $u_N = 0$.

6.10.2. Quadratur-Amplitudenmodulation des Farbträgers (QAM)

Bei der Modulationstechnik für das Farbartsignal wird, wie bereits erläutert, die Quadraturmodulation (QAM) eingesetzt. Zusätzlich nimmt man eine Trägerunterdrückung vor, um Übertragungsleistung zu sparen. Durch die QAM wird die gegenseitige Beeinflussung der beiden Modulationssignale (B-Y)' und (R-Y)' möglichst gering gehalten. Wie die Blockschaltung nach Bild 6.17 zeigt, wird aus einem Trägeroszillator ein Signal $U_o \cdot \sin \Omega t$ und ein um $90°$ phasenverschobenes $U_o \cdot \cos \Omega t$ hergeleitet. Jedes wird einem Doppelgegentaktmodulator (z.B. Multiplizierer) zugeführt. Auf die Modulatoren gehen außerdem die Farbdifferenzsignale (B-Y)' und (R-Y)'. Am Ausgang der Modulatoren werden die Einzelsignale addiert, und es entsteht das trägerfrequente, trägerunterdrückte Farbartsignal u_F mit den Seitenband-Kreisfrequenzen $\pm \omega$. Beim NTSC-Verfahren ist eine vorherige Transformation in das I- und das Q-Signal erforderlich, bevor man die Quadraturmodulation vornimmt.

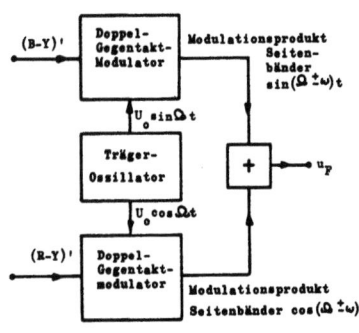

Bild 6.17: Blockschaltung für den Quadratur-Amplitudenmodulator

6.11. Das komplette FBAS-Sendersignal

Für die Übertragung des Farbbildes sind alle für das Schwarzweißbild unter Abschnitt 1.1.3 schon aufgeführten Informationen erforderlich, zusätzlich werden aber noch weitere Signale benötigt (Bild 6.18):

- die *Farbdifferenzsignale* (B-Y)' und (R-Y)' bzw. I' und Q' (komplett als C-Signal oder F-Signal bezeichnet),
- das *Farbträgersynchronsignal* (der sog. Burst bei NTSC und PAL bzw. die *Identifikationsimpulse* bei SECAM) .

Wir werden später sehen, daß in den gebräuchlichen Farbfernsehsystemen sehr unterschiedliche Übertragungsmethoden insbesondere für die Farbdifferenzsignale angewendet werden.
Auch das FBAS-Signal ist ein Multiplexsignal, wobei der kompatible BAS-Anteil im Zeitmultiplex übertragen wird. Die Unterbringung des Farbdifferenzsignals in Form eines Frequenz-Zeitmultiplexes ist in einer Variante bereits in den Abschnitten 6.6 und 6.7 erläutert worden. Es bleibt noch die Übertragung des Farbträger-Synchronsignals, das in den einzelnen Syste-

men unterschiedlich ist und deshalb auch spezifische Codierungsmethoden erfordert. Wir werden hier zunächst nur NTSC und PAL berücksichtigen, weil sie Gemeinsamkeiten haben.

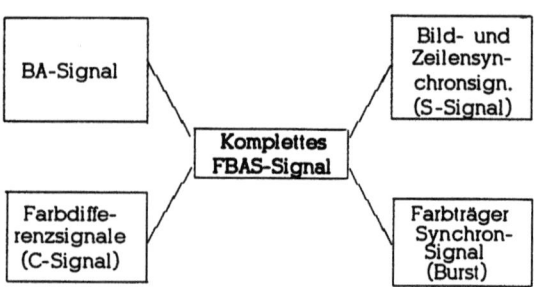

Bild 6.18: Synthese des FBAS-Signals

Es muß sichergestellt sein, daß man den Farbträger, der bei NTSC und PAL im Zuge der QAM unterdrückt wird (s.a. Abschnitt 6.10.2), dem Farbartsignal bei der Demodulation im Empfänger phasenrichtig wieder zusetzt. Hierfür wird ein Referenzoszillator mit dem Burst synchronisiert. Der Burst besteht aus 9....11 Schwingungen des Farbträgers, die auf der hinteren Schwarzschulter des Zeilensynchronimpulses untergebracht werden. Die Bilder 6.19 und 6.20 zeigen die zugehörigen Oszillogramme.

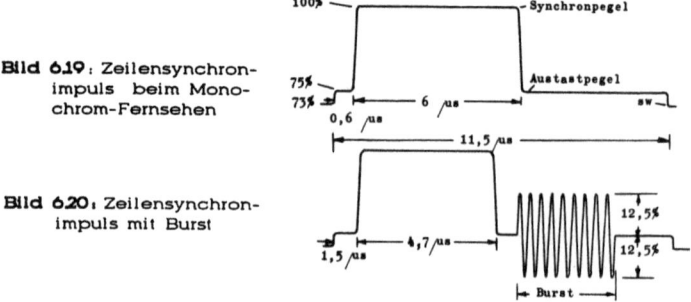

Bild 6.19: Zeilensynchronimpuls beim Monochrom-Fernsehen

Bild 6.20: Zeilensynchronimpuls mit Burst

Der Zeilensynchronimpuls wurde beispielsweise bei der Umstellung von CCIR-Monochrom- auf Farbsendungen von 6 µs auf 4,7 µs verkürzt, und es wurden ca. 10 Schwingungen des Farbträgers, deren Amplitude 25 % der maximalen Trägeramplitude betragen, symmetrisch zur Schwarzschulter aufgebracht. Die Amplitude des Burst (von Spitze zu Spitze) ist also gleich der

Höhe des Synchronimpulses über dem Austastpegel.

Während der Bildaustastlücke (Bildwechsel) findet keine Burstübertragung statt. Sehr wichtig ist die Bezugsphase des Burst. Damit möglichst keine Helligkeitssteuerung an der Bildröhre entsteht, legt man die Burstphase bei NTSC auf 180° (Bild 6.21). Bei PAL und SECAM sind andere Parameter wichtig (PAL-Burstphase s. Bild 6.38, SECAM s. Abschnitt 6.12.3).

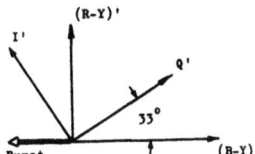

Bild 6.21: Phasenlage des Burst im Vergleich zu den Modulationsachsen

6.12. Farbfernsehsysteme

Die in den vorangegangenen Abschnitten angestellten Betrachtungen sind allgemeinerer Art und bilden mehr oder weniger die Grundlage für alle Farbfernsehsysteme. Wir wollen jetzt die Spezifika einzelner Systeme behandeln.

3 verschiedene terrestrische Farbfernsehsysteme sind derzeit eingeführt, es folgt zunächst eine Aufzählung:

- Das NTSC - System, 1953 in den USA eingeführt (NTSC = National Television System Committee),
- das SECAM - System, (SECAM, französisch: **se**quentielle **a** memoire), Grundgedanke von Henry de France 1957, heute: SECAM IIIb,
- das PAL - System (PAL = Phase Alternating Line), aus dem NTSC - System von Prof Bruch entwickelt und in Deutschland 1967 eingeführt, in den Versionen I-PAL und Q-PAL in der Diskussion (s. Abschnitt 6.12.4).

Alle 3 Verfahren haben eine Reihe von Gemeinsamkeiten, die man mit folgenden Stichworten umreißen kann:

- Kompatibilität mit dem jeweiligen Schwarzweißsystem,
- Übertragung des Leuchtdichtesignales unabhängig vom Farbinhalt (Prinzip der konstanten Leuchtdichte),
- Übertragung der Farbart durch 2 Farbdifferenzsignale,
- Übertragung von Bursts (NTSC und PAL) zur Farbträgersynchronisation (SECAM verfährt etwas anders, s. dort),
- Farbträgeroffset zur Minimierung des Moire,
- γ-Entzerrung der Kamerasignale.

Hinzu kommen noch neuere Verfahren, die hauptsächlich für Satelliten- oder Breitband-Kommunikationsnetze (BK-Netze) geplant oder in der Erprobung sind. Von Ihnen wollen wir kurz eingehen auf

- die MAC-Familie (MAC = Multiplexed Analogue Components) und
- Hochzeilenfernsehen (High Definition Television HDTV).

Miteinander sind die Verfahren nicht kompatibel. Für die weltweite Übertragung von Sendungen sind deshalb spezielle Transcoder (z. B. NTSC - PAL, PAL - SECAM usw.) nötig. In dem Bestreben, die Kompatibilität unter den 3 Verfahren zu verbessern, sind einige Varianten vorgeschlagen worden, auf die wir hier nicht näher eingehen wollen.

Wir wollen nun die wichtigsten Details der einzelnen Standards etwas näher betrachten. Bei allen erfolgt zunächst einmal die *Gamma-Entzerrung* der Kamerasignale (s.a. Abschnitt 1.3). Hierbei liegt der Exponent in der Regel bei $\gamma = 1,7 \ldots 2,8$.

Aus den Kamerasignalen u', u' und u' erhält man die korrigierten Signale u_{R_γ}, u_{G_γ} und u_{B_γ}

$$\boxed{u_{R_\gamma} = u_R^{-\gamma}}, \qquad \boxed{u_{G_\gamma} = u_G^{-\gamma}} \quad \text{und} \quad \boxed{u_{B_\gamma} = u_B^{-\gamma}} \qquad (6.38\ldots6.40).$$

Im Folgenden lassen wir den Index γ der Einfachheit halber immer weg.

6.12.1. Das NTSC-Verfahren

Beim NTSC-Verfahren überträgt man, wie bereits im Abschnitt 6.9 erwähnt, das I'- und das Q'-Signal. Hierbei erhält das I'-Signal eine Bandbreite von $b_I = 1,5$ MHz und das Q'-Signal $b_Q = 0,6$ MHz. Da der Farbträger ca. 0,6 MHz von der oberen Bandgrenze entfernt liegt, ist für das I'-Signal eine Restseitenbandübertragung nötig.

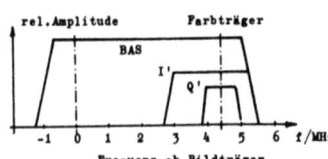

Bild 6.22: Übertragungsbänder beim NTSC-System (europ. Version)

Im Bild 6.22 sind die Spektren der I' und Q'-Signale im Vergleich zum BAS-Signal in der europäischen Version gezeigt.

Wir wollen nun die Entstehung des Sendersignals verfolgen. Ausgangspunkt bildet das Aufnahmeobjekt.

1) Am Kameraausgang entstehen die 3 Farbspannungen u_R, u_G und u_B.

2) Die Kameraspannungen werden γ-entzerrt (s. o.). Gewählt wird ein mittlerer Wert $\gamma = 2,2$ bzw. $\gamma^{-1} = 0,454$.

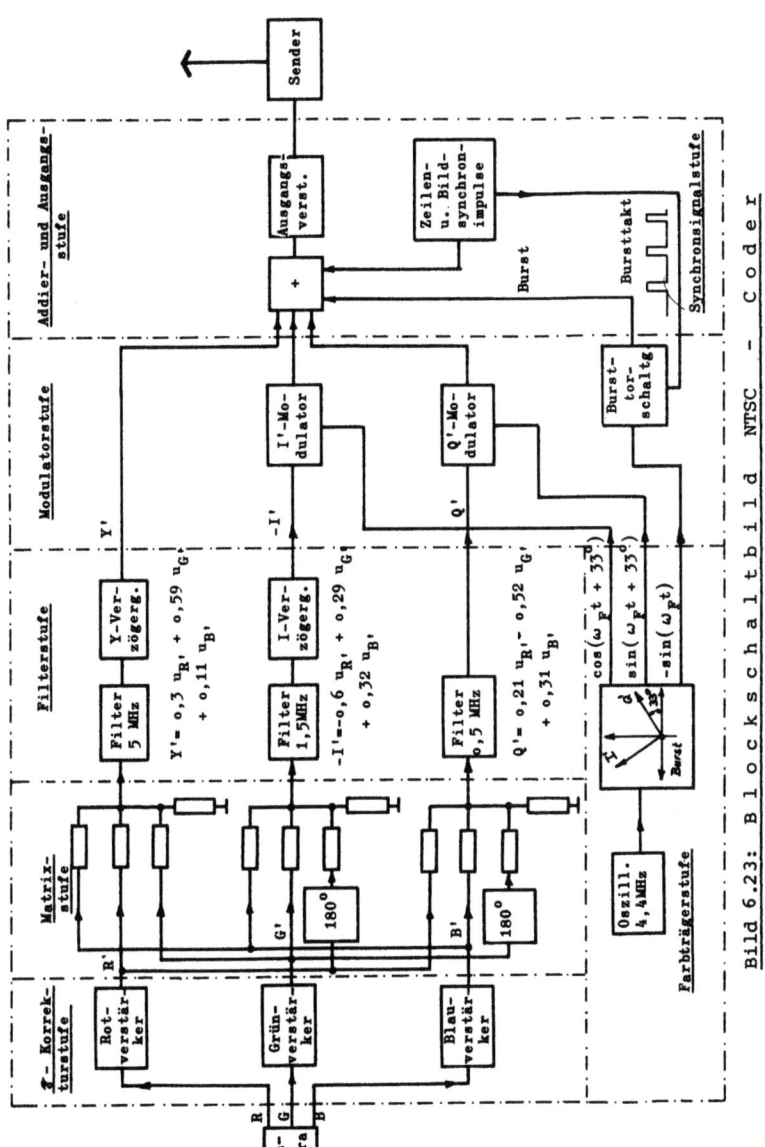

Bild 6.23: Blockschaltbild NTSC - Coder

$$u_R' = u_R{}^{0{,}454}, \quad u_G' = u_G{}^{0{,}454}, \quad u_B' = u_B{}^{0{,}454} \qquad (6{,}41 \ldots 6{,}43).$$

3) Das *Leuchtdichtesignal* wird erzeugt nach der Beziehung

$$\boxed{u_Y' = 0{,}3\, u_R' + 0{,}59\, u_G' + 0{,}11\, u_B'} \qquad (6{,}44).$$

4) Das *I'-Signal* entsteht nach der Gleichung

$$\boxed{I' = 0{,}6\, u_R' - 0{,}28\, u_G' - 0{,}32\, u_B'} \qquad (6{,}45).$$

5) Analog dazu erhält man das *Q'-Signal*

$$\boxed{Q' = 0{,}21\, u_R' - 0{,}52\, u_G' + 0{,}31\, u_B'} \qquad (6{,}46).$$

6) I' und Q' werden mit *Quadraturmodulation* auf den Farbträger gebracht, es entsteht u_F.

7) Das trägerfrequente Farbartsignal u_F, das Videosignal u_Y' und die Synchronsignale werden zum *Multiplexsignal* zusammengesetzt.

8) Das Multiplexsignal (FBAS) und der Ton werden dem Bildträger aufmoduliert.

Bild 6.23 zeigt die Entstehung des NTSC-Signals in Form eines Blockschaltbildes. Die Funktionsweise der einzelnen Stufen ist im wesentlichen bereits in den vorhergehenden Abschnitten besprochen worden. Einige Erläuterungen sind noch notwendig zu den Verzögerungsstufen für das Y'- und das I'-Signal in der Filtereinheit.
Die Bandbreiten der 3 Signale Y', I' und Q' sind unterschiedlich. Die Laufzeit eines Signals durch einen Verstärker oder ein Übertragungsglied ist umso größer, je kleiner die Bandbreite des Verstärkers ist. In grober Näherung ist sie umgekehrt proportional zur Bandbreite. Das I'-Signal ist demnach etwa dreimal schneller als das Q'-Signal, und das Y'-Signal wiederum ist etwa dreimal schneller als das I'-Signal. Um diese Unterschiede auszugleichen, müssen das I'- und das Y'-Signal verzögert werden.

Im Bild 6.24 wird ein idealer Sprung auf 3 verschiedene Übertragungsglieder gegeben, die die Bandbreiten 5 MHz, 1,5 MHz und 0,5 MHz haben. Je schmalbandiger das Übertragungsglied ist, desto größer ist die Anstiegszeit des Antwortimpulses. Als *Anstiegszeit* definiert man die Zeit, die vergeht, wenn der Impuls von 10 % auf 90 % seines Endwertes anwächst. Die Halbwerte (50 %) der 3 Signale Y', I' und Q' treten zu verschiedenen Zeiten auf, und zwar ist Q' gegenüber Y' um die Zeit t_{vY}' verzögert, und I' besitzt gegenüber Y' eine Nachlaufzeit t_{vI}'. Der Laufzeitausgleich erfolgt nun so, daß die Halbwerte aller 3 Signale gleichzeitig auftreten.

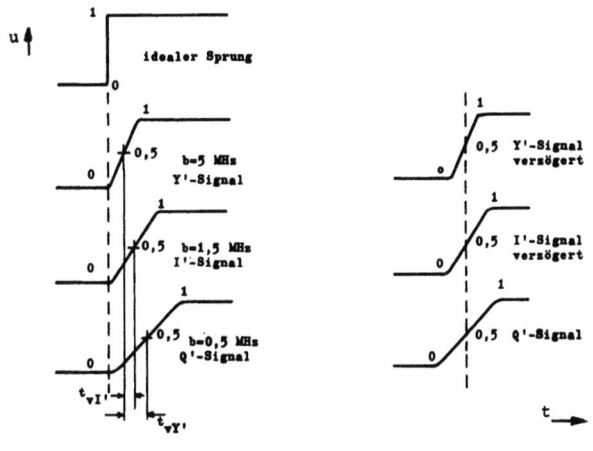

vor dem Ausgleich   nach dem Ausgleich
Bild 6.24: Prinzip des Laufzeitausgleichs

Die Decodierung des Signals im Empfänger geschieht reziprok zur Codierung (Bild 6.25). Sie wird hier für die europäische Version erläutert, für Norm M siehe Bandgrenzen aus Tabelle 1.1.

Gewinnung   1) des Y'-Signals,
                2) der phasenrichtigen Farbträgerfrequenz,
                3) des I'-Signals im Synchrondemodulator,
                4) des Q'-Signals im Synchrondemodulator,
                5) der Signale u_R', u_G' und u_B' zur Ansteuerung der Bildröhre aus den Signalen Y', I' und Q'.

Eine detaillierte Behandlung der einzelnen Empfängerstufen erfolgt später bei der Besprechung des PAL-Empfängers, weil die meisten Stufen des NTSC-Empfängers im Prinzip mit denen des PAL-Empfängers identisch sind.

6.12.2. Das SECAM-Verfahren

Das SECAM-Verfahren stellt eine französische Entwicklung dar und ist außer in Frankreich in einigen anderen Ländern (u. a. im Ostblock) eingeführt. Es beruht auf dem Gedanken, daß man ohne wesentliche Qualitätseinbuße die Vertikalauflösung bei der Farbbildwiedergabe verringern kann, da die Auflösungsfähigkeit des menschlichen Auges bei sehr feinen Farbeinzelheiten

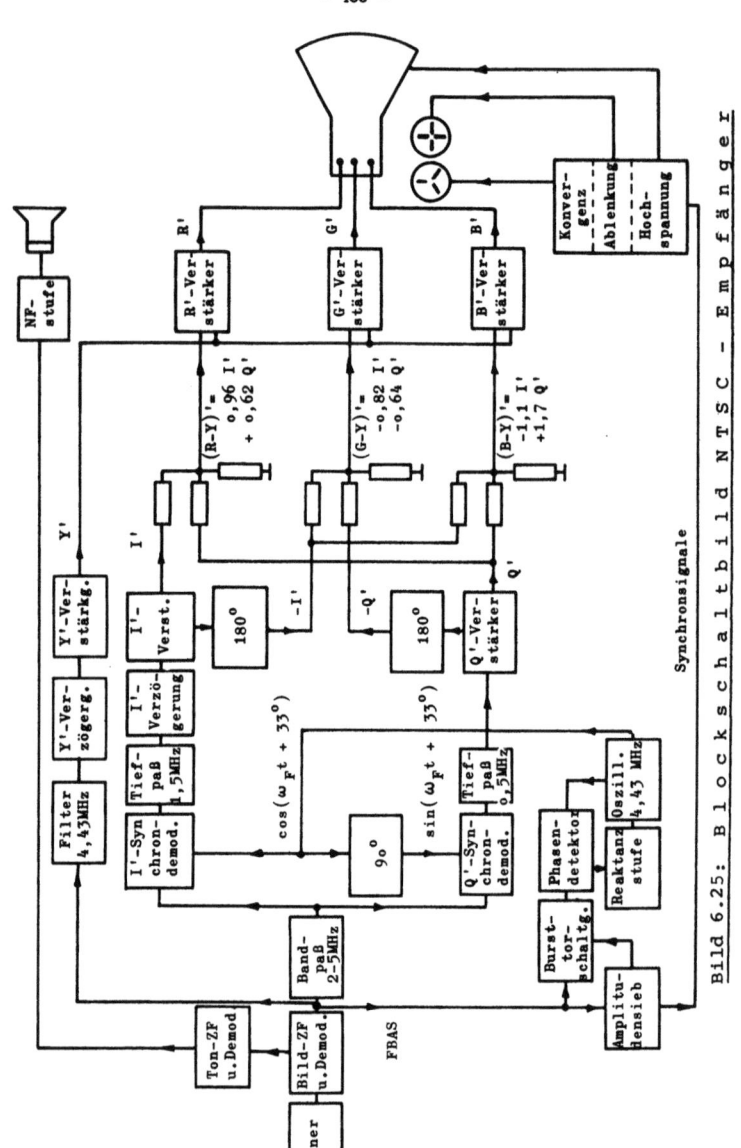

Bild 6.25: Blockschaltbild NTSC - Empfänger

beschränkt ist. Außerdem geht man von der Voraussetzung aus, daß der Farbinhalt zweier zeitlich aufeinanderfolgender Zeilen nur unwesentlich voneinander verschieden ist. Die Farbinformationen R-Y und B-Y brauchen deshalb nicht gleichzeitig übertragen zu werden, sondern man kann sie in je weils *zwei aufeinanderfolgenden Zeilen sequentiell* senden, wobei im Empfänger durch einen Speicher erreicht wird, daß beide Signale jeweils wieder gleichzeitig zur Verfügung stehen. Hieraus erklärt sich der Name SECAM (s. a. Abschnitt 6.12). Als Speicher dient eine Ultraschall-Verzögerungsleitung ähnlich der beim PAL-Verfahren (s. Abschnitt 6.12.3.). Sie besitzt eine Verzögerungszeit von einer Zeilendauer (64 μs).

Wir wollen zunächst die Entstehung des FBAS-Signals verfolgen, wobei wir uns auf das Wesentliche beschränken:

1) Gewinnung der Kamerasignale u_R, u_G und u_B

2) γ- Korrektur mit γ = 2,8 liefert u_R', u_G' und u_B'

3) Synthese des Y-Signals u_Y' nach Gl. (5.44)

analog zu NTSC

4) Erzeugung der Farbdifferenzsignale

und
$$D_B' = 1{,}5\;(u_B' - u_Y')$$
$$D_R' = -1{,}9\;(u_R' - u_Y')$$
(6.47a,b).

Die unterschiedlichen Faktoren in (6.47) und (6.48) wurden aufgrund der verschiedenen Amplitudenstatistiken der beiden Farbdifferenzsignale eingeführt und sind auch im Zusammenhang mit dem *Cloche-Filter* (s. unten) von Bedeutung.

5) Zeilenfrequent abwechselnde Übertragung der Farbdifferenzsignale: Dabei wird D_B' dem Farbträger f_{oB} und D_R' dem Farbträger f_{oR} aufmoduliert. Sie unterscheiden sich voneinander im Zeilenoffset, und es gilt

und
$$f_{oB} = 272 \cdot f_H = 4{,}250\,000 \;\text{MHz}$$
$$f_{oR} = 282 \cdot f_H = 4{,}406\,250 \;\text{MHz}.$$
(6.48a,b).

Es findet also eine sequentielle - und nicht wie bei NTSC und PAL parallele - Übertragung statt.

6) Anstelle der bei NTSC und PAL üblichen Quadraturmodulation arbeitet SECAM mit *Frequenzmodulation*. Aus der Theorie dieser Modulationsart ist bekannt, daß die entstehenden Seitenbandfrequenzen im Gegensatz zu AM (s. Bild 6.12) sich bis ins Unendliche erstrecken. Allerdings nehmen die Amplitudenwerte rasch ab. Die Chrominanzbandbreite wird bei SE-

CAM auf 1,3 MHz begrenzt. Der durch diese Maßnahme verursachte Fehler in der Übertragungsqualität ist gerade noch erträglich. Der Hubbereich der FM erstreckt sich entsprechend Bild 6.26 von etwa 3,9 MHz bis 4,756 MHz.

Das bedeutet für f_{oB} : $-\Delta f_{max}$ = 350 kHz
$+\Delta f_{max}$ = 506 kHz
und für f_{oB} : $+\Delta f_{max}$ = 350 kHz
$-\Delta f_{max}$ = 506 kHz.

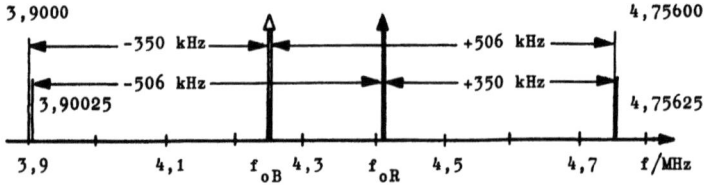

Bild 6.26: Grenzen des FM-Chrominanz-Hubbereichs bei SECAM

Da bei FM im Prinzip alle Frequenzen innerhalb der Chrominanzbandbreite vorhanden sind, haben die Betrachtungen zur Rasterstabilität der Moiréstörung aus Abschnitt 6.7 hier keine Gültigkeit. Damit die Störung des kompatiblen Schwarzweißbildes durch das Chrominanzsignal erträglich bleibt, begrenzt man die Amplitude von f_{oB} und f_{oR} (im unmodulierten Fall) auf 23% der Amplitude des Y-Signals (s.a. Bilder 6.7 und 6.29).

7) Ähnlich wie beim UKW-Rundfunk wird zur Verbesserung des Störabstandes bei den höheren Frequenzen eine *Preemphasis* (Höhenanhebung) A_{BF} vorgenommen. Damit läßt sich der Hub bei den besonders störenden tiefen Frequenzen absenken, und das kompatible Bild wird weiter verbessert. Nach CCIR ist der Bewertungsfaktor A_{BF} mit folgender Gleichung beschrieben :

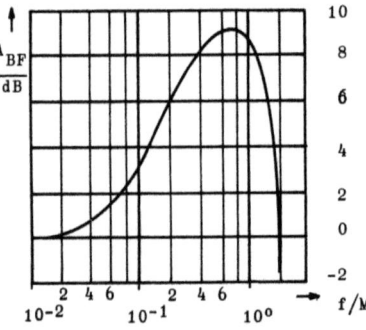

Bild 6.27: Amplitudengang der SECAM-Chrominanz-Preemphasis

$$A_{BF} = \sqrt{\frac{1 + (f/f_1)^2}{1 + (f/3f_1)^2}} \quad (6.49).$$

mit f_1 = 85 kHz.

Bild 6.27 zeigt den Verlauf von A_{BF} über der Frequenz.

8) Zusätzliche Amplitudenmodulation des Farbträgers:
Wie wir oben schon gesehen haben, beträgt die Amplitude der unmodulierten Farbträger 23% der Schwarzweiß -Amplitude. Sie sind also auch in unbunten Bildern vorhanden und deshalb zur Minimierung der Moirèstörungen fest mit f_H verkoppelt (s. Punkt 5). Die Störungen wirken sich umso mehr aus, je geringer die Farben gesättigt sind, je kleiner also der Frequenzhub ist. Man führte deshalb zusätzlich eine *von der Farbsättigung abhängige Amplitudenmodulation* G(f) der Farbträger ein. Sie gehorcht der Beziehung

$$G(f) = \sqrt{\frac{1 + (26F)^2}{1 + (1,26F)^2}}$$

(6.50).

Hierbei sind F die *normierte Verstimmung* und f die Augenblicksfrequenz. Es gilt

$$F = f/f_o - f_o/f \quad \text{und} \quad f_o = 4{,}286 \text{ MHz}.$$

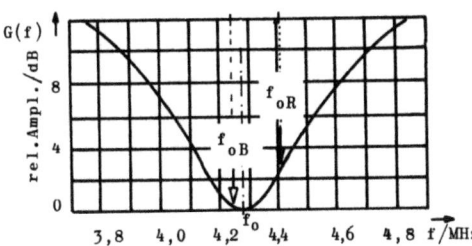

Bild 6.28: Frequenzgang des Glockenfilters (Cloche-Filters) bei SECAM

Bild 6.28 zeigt G (f) grafisch. Wegen seiner typischen Form wird diese Filtercharakteristik als Glockenfilter (engl. bell filter, französisch cloche filtre) bezeichnet. Das wird verständlich, wenn man die reziproke Funktion für die Empfängerschaltung betrachtet (s. Bild 6.34), die in der Umkehrung von Bild 6.28 besteht.

Tabelle 6.1 enthält die Zusammenstellung der Amplituden- und Frequenzwerte von u_Y, $u_{D'R}$ und $u_{D'B}$ des Normfarbbalkens (s.a. Abschnitt 6.5) für 3 verschiedene Luminanzpegel (100 %, 75% und 25% Weiß). Sie beinhalten sowohl die Preemphasis als auch die Bell-Charakteristik. 100% Weiß entsprechen hierbei einer Spannung von 700 mV, der Schwarzpegel liegt bei 0 V und der Synchronpegel bei - 0,3 V. Eine anschauliche Darstellung der Modulationscharakteristik liefert das Bild 6.29. Hier sind die relativen Amplituden, bezogen auf 100% Luminanz, über der Frequenz dargestellt (oben für D'_B und unten für D'_R). Die Farbtöne sind mit dem jeweiligen Index versehen (Beispiel: rt_{75} ≙ Rot bei 75%).

Amplitude	Farbe	Y Luminanz-Amplitude (V)	D'R FM-Abweichung (kHz)	D'R Frequenz (MHz)	D'R Amplitude U_{ss} (mV)	D'B FM-Abweichung (kHz)	D'B Frequenz (MHz)	D'B Amplitude U_{ss} (mV)
75 %	weiß	0,5250	0,0	4,4063	214,5	0,0	4,2500	166,7
	gelb	0,4652	- 45,5	4,3607	183,8	-230,0	4,0200	362,8
	cyan	0,3680	+280,0	4,6863	476,0	+ 77,6	4,3276	168,5
	grün	0,3082	+234,5	4,6407	431,9	-152,4	4,0976	280,3
	purpur	0,2168	-234,5	4,1718	212,3	+152,4	4,4024	211,6
	rot	0,1570	280,0	4,1263	252,2	- 77,6	4,1724	211,8
	blau	0,0599	+ 45,5	4,4518	252,2	+230,0	4,4800	277,5
25 %	weiß	0,1750	0,0	4,4063	214,5	0,0	4,2500	166,7
	gelb	0,1551	- 15,2	4,3911	203,3	- 76,7	4,1733	211,1
	cyan	0,1227	+ 93,4	4,4997	295,8	+ 25,9	4,2759	161,5
	grün	0,1027	+ 78,2	4,4845	281,7	- 50,8	4,1992	192,2
	purpur	0,0723	- 78,1	4,3282	168,7	- 50,8	4,3008	162,0
	rot	0,0523	- 93,3	4,3130	164,2	- 25,9	4,2241	177,5
	blau	0,0200	+15,2	4,4215	226,6	+ 76,7	4,3267	168,2
100 %	weiß	0,7000	0,0	4,4063	214,5	0,0	4,2500	166,7
	gelb	0,6202	- 60,7	4,3455	175,9	-306,7	3,9433	449,2
	cyan	0,4907	+350,0	4,7563	542,5	+103,5	4,3535	179,9
	grün	0,4109	+312,6	4,7189	507,2	-203,2	4,0468	333,5
	purpur	0,2891	-312,6	4,0936	284,4	+203,2	4,4532	253,4
	rot	0,2093	-373,3	4,0329	348,6	-103,5	4,1465	233,7
	blau	0,0798	+ 60,7	4,4670	265,7	+306,7	4,5567	350,3
- -	schwarz	0,0000	0,0	4,4063	214,5	0,0	4,2500	166,7
- -	Sync	-0,3000	- -	- -	0,0	- -	- -	0,0
	Raster Ident.	0,0000	+350,0	4,7563	542,5	-350,0	3,9000	498,9

Tabelle 6.1: Amplituden- und Frequenzwerte des Normfarbbalkens für SECAM (100% Weiß ≙ 700 mV, Schwarzpegel ≙ 0,00 mV, Synchronpegel ≙ -300 mV)

9) *Identifikationssignale*: Zur eindeutigen Steuerung des zeilenfrequenten elektronischen Umschalters im Empfänger (s.a. Bild 6.45) und zur Moiréminimierung der unmodulierten Farbträger werden innerhalb der Vertikal-Austastlücke bestimmte Identifikationssignale D"$_B$ und D"$_R$ im zeilenfrequenten Wechsel übertragen.

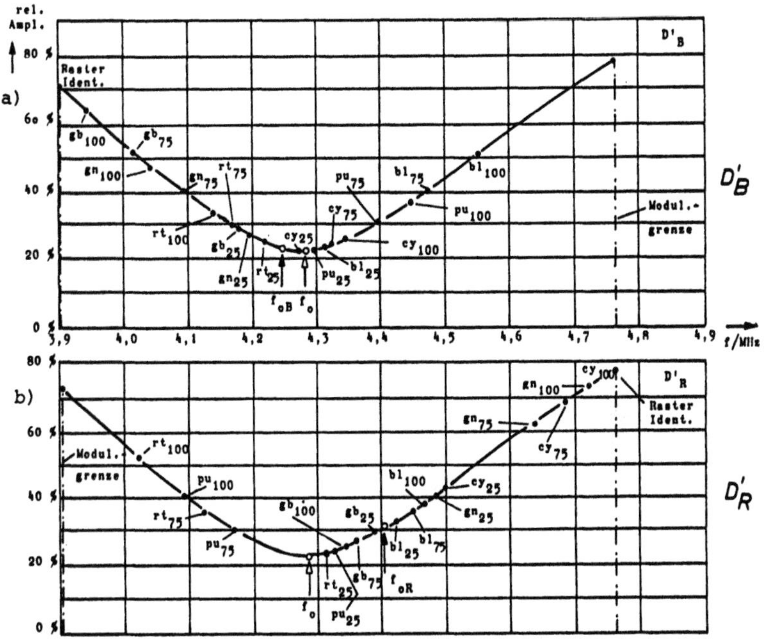

Bild 6.29: Modulationsfrequenzen und relative Amplituden der Farbbalken-signale aus Tabelle 5.2, bezogen auf 100% Luminanz.

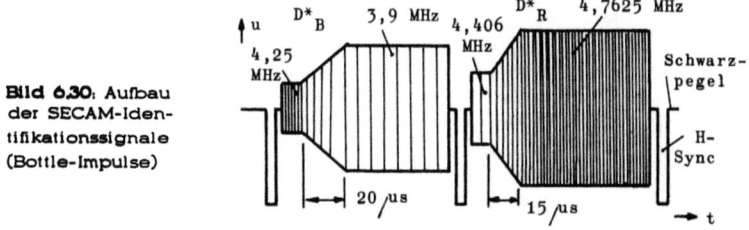

Bild 6.30: Aufbau der SECAM-Identifikationssignale (Bottle-Impulse)

Bild 6.30 zeigt den Zeitverlauf. Die Impulse werden wegen ihrer Form auch *"Bottle-"* oder *"Flaschen"*-Impulse genannt. Nach dem H-Impuls beginnt zunächst ein Burst, bestehend aus dem unmodulierten Träger f_{oB} bzw. f_{oR}. Anschließend folgt eine frequenzlineare Rampenspannung.

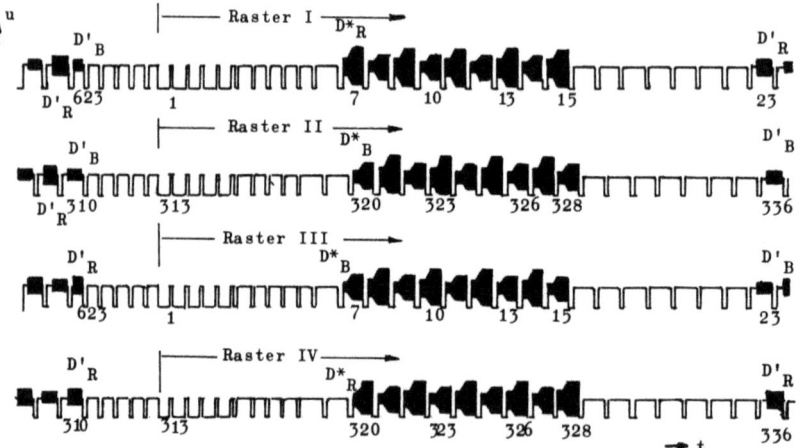

Bild 6.31: Zeitverlauf der SECAM-Iderntifikationssequenz über 4 Teilraster

Im Falle D^*_B fällt die Frequenz von f_{oB} auf $f_{oB} - 350$ kHz innerhalb von 20 µs, und bei D^*_B steigt sie von f_{oR} auf $f_{oR} + 350$ kHz in 15 µs. Für den Rest der aktiven Zeile bleiben Frequenz und Amplitude auf dem jeweils erreichten Wert (untere bzw. obere Modulationshubgrenze).
Eine vollständige SECAM-Sequenz erstreckt sich entsprechend Bild 6.31 über 4 Halbbilder.

Vorteile des SECAM-Systems: Gegenüber dem NTSC-System besitzt das SECAM-System den wesentlichen Vorteil, daß es unempfindlich ist gegen amplitudenabhängige Phasendrehungen (differentielle Phasenfehler). Der Farbton wird hier durch 2 aufeinanderfolgende Frequenzwerte (Abstand 64 µs) erzeugt, so daß sich Phasenfehler auf der Übertragungsstrecke nicht durch verfälschte Farbtöne äußern können. Im Empfänger wird kein Referenzoszillator benötigt. SECAM ist auch für Videorecorderaufzeichnung gut geeignet.

Nachteile: Die Farbträgerfrequenz ist nur bei unbunten Bildern starr mit der Zeilenfrequenz verkoppelt (Zeilen-Offset), sie wird deshalb allgemein stärker sichtbar. Ihre Amplitude ist für unbunte Partien des Bildes nicht gleich Null. Außerdem ist sie wegen der Begrenzung auf maximal 23% des Videosignals relativ klein und deshalb störanfällig. Bei den hohen Videofrequenzen tritt leicht Kreuzmodulation zwischen dem Videosignal und dem Farbsignal auf. Die Frequenzmodulation arbeitet wegen ihrer kleinen Übertragungsbandbreite relativ zum Hub an der physikalisch vertretbaren unteren Grenze.

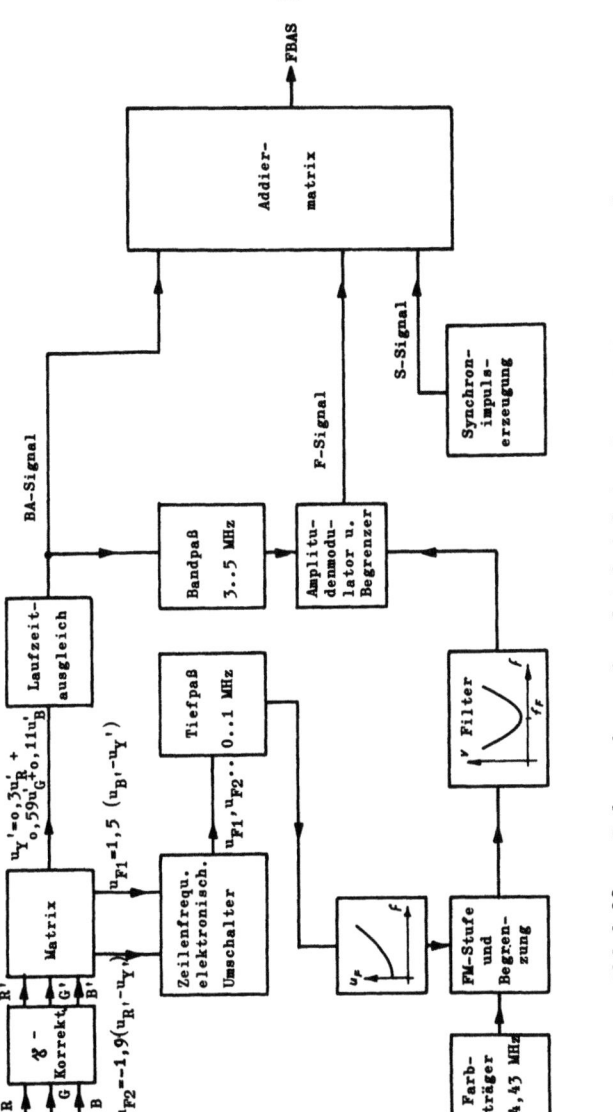

Bild 6.32: Blockschaltbild SECAM - Coder

Bild 6.32 zeigt die Blockschaltung des *SECAM-Coders*. Die frequenzabhängige AM des Farbträgers erreicht man in relativ einfacher Weise mit Hilfe eines auf den Farbträger abgestimmten Saugkreises.

Die *Dekodierung* des FBAS-Signals im Empfänger geschieht in reziproker Weise zur Codierung:

1) Ausgangssignal am Videogleichrichter ist das FBAS-Signal. Es erfolgt eine Abtrennung des Synchronimpulsgemisches.

2) Das Y'-Signal wird gewonnen und verzögert.

3) Das Farbartsignal wird über Bandfilter und Begrenzer auf 2 Wegen weiterverarbeitet:
   a) auf direktem Weg über einen elektronischen Schalter,

   b) um eine Zeile (64 µs) verzögert über denselben Schalter. Zur Rückgewinnung der vollen Farbinformation werden nämlich die sequentiell übertragenen Farbdifferenzsignale F'_{B-Y} und F'_{R-Y} gleichzeitig benötigt. Wie diese Aufgabe in dem zeilenfrequent umgepolten Schalter

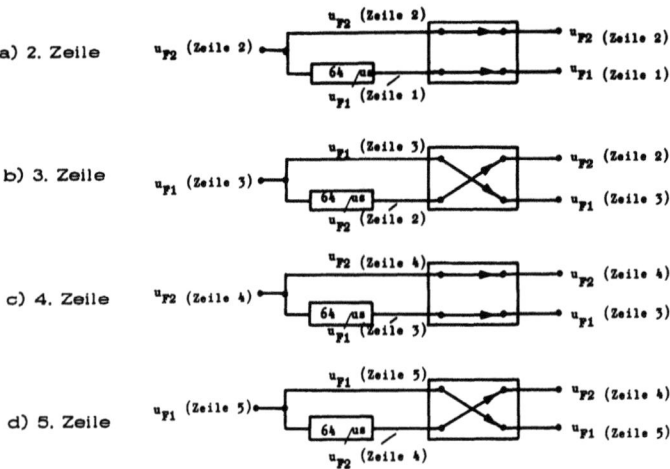

Bild 6.33: SECAM-Zeilenspeicher Signal- und Schaltzustände

gelöst wird, zeigen die Bilder 6.33 a ... d.
u_{F1} ist das trägerfrequente (B-Y)'- und u_{F2} das trägerfrequente (R-Y)'-

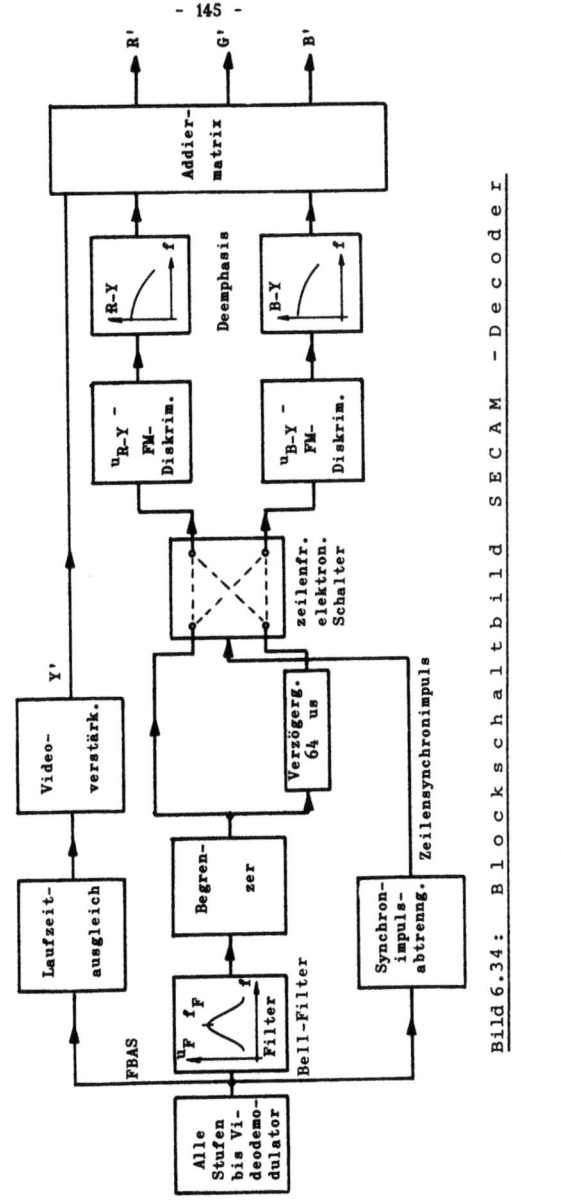

Bild 6.34: Blockschaltbild SECAM-Decoder

Signal. Obwohl u_{F1} und u_{F2} zeilensequentiell angeliefert werden, stehen sie nach dem Schalter parallel zur Verfügung. Durch die Integration über zwei Zeilen muß ein leichter Schärfeverlust in Kauf genommen werden.

5) FM-Demodulation der Signale u_{F1} und u_{F2} in Frequenzdiskriminatoren, wie sie aus der UKW-Technik her bekannt sind: Es entstehen die Farbdifferenzsignale u'_{B-Y} und u'_{R-Y}

6) Gewinnung der Signale u'_R, u'_G und u'_B aus den Signalen u'_Y, u'_{B-Y} und u'_{R-Y}: Die hierfür erforderlichen Matrixstufen bieten prinzipiell gegenüber denen bei NTSC-Empfängern nichts Neues.

Bild 6.34 gibt den Blockschaltplan des SECAM-Empfängers bis zur Gewinnung der Farbsteuersignale R, G und B wieder.

6.12.3. Das PAL-Verfahren

Das *PAL-Verfahren* ist eine Weiterentwicklung des NTSC-Verfahrens, das dessen gravierendsten Nachteil - nämlich die Farbtonverfälschung infolge von Phasenfehlern im Farbartsignal - vermeidet. Phasenfehler im Farbartsignal können sowohl im Coder, das heißt senderseitig, als auch auf der Übertragungsstrecke und im Empfänger auftreten.

Da der Burst immer auf konstantem Grundpegel, nämlich auf der hinteren Schwarzschulter aufgebaut wird, die Farbinformation aber auf dem ständig schwankenden Videosignal, kann sich die Phasenlage des Farbsignals gegen den Burst auf dem Weg über den Coder in den Empfängerdecoder ändern. Solange solche Phasenfehler über längere Zeit konstant sind, werden sie durch das Nachregeln des Referenzoszillators im Empfänger ausgeglichen. Die von Bildinhaltsänderungen kurzfristig erzeugten Phasenfehler (differentielle Phasenfehler) lassen sich damit jedoch nicht kompensieren und führen zu einer sichtbaren Farbtonverfälschung.

Das PAL-Verfahren ist gegen diese Phasenfehler - auch wenn sie Werte von mehr als 60° annehmen - unempfindlich, da sie sich lediglich als Helligkeitsfehler auswirken, gegenüber denen das Auge nicht so kritisch ist.

Grundlage des PAL-Verfahrens sind 2 Voraussetzungen:

- *Zwischen 2 aufeinanderfolgenden Zeilen ändert sich der Phasenfehler nur unwesentlich.*
- *Der Farbinhalt dieser Zeilen ist etwa gleich (diese Annahme wird auch bei SECAM zugrundegelegt).*

Umfangreiche Versuche haben bewiesen, daß diese Bedingungen hinreichend gut erfüllt sind. Wie bei NTSC und SECAM werden auch bei PAL 2 Farbdifferenzsignale, und zwar die reduzierten (R-Y)'- und (B-Y)'- Signale übertragen. Im Gegensatz zu NTSC wählt man nicht die I'- und Q'- Signale, weil sich gezeigt hat, daß der Gewinn an Farbqualität bei der Übertragung von I' und Q' bei PAL in keinem vernünftigen Verhältnis zu dem Aufwand steht, den man im Empfänger treiben muß, um diese Signale zu decodieren. Das hat jedoch nichts mit dem Grundgedanken von PAL zu tun!

Im Bild 6.35 ist das Prinzip von PAL dargestellt: Man kompensiert die Phasenabweichung eines Zeigers von seiner Sollage dadurch, daß man dem nachfolgenden Zeiger eine Phasenlage gibt, die bei Addition beider Zeiger die Phasenabweichung gerade aufhebt. Man erhält dann einen Summenzeiger, dessen Phase ($\hat{=}$ Farbton) richtig ist, dessen Länge ($\hat{=}$ Sättigung) zu klein ist.

Man erreicht das, indem man die *(R-Y)'-Komponente des Farbsignals vor der*

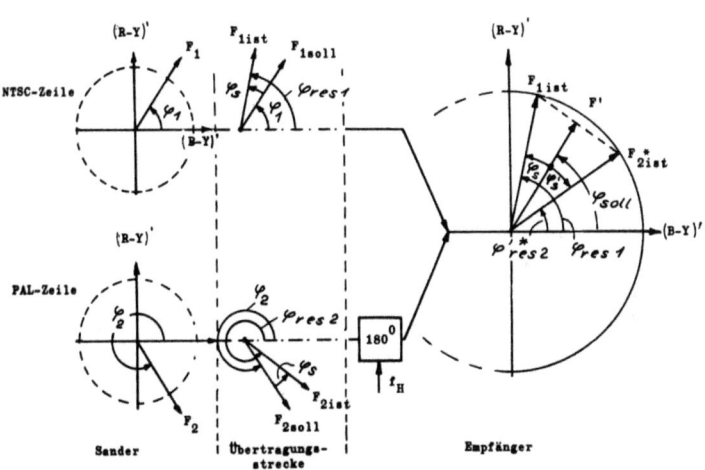

Bild 6.35: Prinzip von PAL

Quadraturmodulation in einer Zeile in seiner Sollage, in der darauffolgenden aber um 180° gedreht verwendet. Im Empfänger wird die zeilenfrequente Polaritätsumkehr durch entsprechende Maßnahmen wieder rückgängig gemacht.

An einem Zahlenbeispiel soll die Fehlerkompensation demonstriert werden (Bild 6.35):
Der zu übertragende Farbzeiger F_1 habe einen Phasenwinkel von $\varphi_1 = 57°$ (Farbe etwa Purpur).
Infolge eines Phasenfehlers von $\varphi_s = 20°$ entsteht im Empfänger in der ersten Zeile ein Farbzeiger F_{1ist} mit dem resultierenden Winkel

$$\varphi_{res1} = \varphi_1 + \varphi_s = 77°$$

In der nächsten Zeile ist das (R-Y)'-Signal umgepolt, so daß ein Sollwinkel φ_{2soll} für den Zeiger F_2 von

$$\varphi_{2soll} = 360° - 57° = 303° \qquad \text{entsteht.}$$

Der Phasenfehler wirkt sich nun aber im gleichen Drehsinn wie bei Zeile 1 aus, das heißt, der resultierende Phasenwinkel für Zeile 2 ist

$$\varphi_{res2} = \varphi_{2soll} + \varphi_s = 323°.$$

Im Empfänger wird die (R-Y)'-Komponente des Zeigers F_2 wieder umgepolt, so daß der entstehende Zeiger F_{2*ist} eine Phasenlage mit dem Wert

$$\varphi_{res*2} = \varphi_1 - \varphi_s = 37° \qquad \text{erhält.}$$

Beide Zeiger F_{1ist} und F_{2*ist} werden vektoriell addiert, dabei entsteht die Zeigerlänge F' als halbe Länge des Gesamtzeigers, und der resultierende Phasenwinkel ist

$$\varphi_{res} = 1/2 \cdot (\varphi_{res1} + \varphi_{res*2}) = 1/2 \cdot (77° + 37°) = 57°.$$

Das ist aber genau der Sollwert $\varphi_1 = \varphi_{res}$!

Mit Hilfe dieses Kunstgriffs sind Winkelfehler in weiten Grenzen zu beseitigen. Lediglich die Länge des Zeigers F_1 wird mit zunehmenden Phasenfehler φ_s immer kleiner. Das bedeutet aber nur eine Entsättigung der Farben.

Wir wollen uns nun der PAL-Norm zuwenden. Da das PAL-Verfahren aus dem NTSC-Verfahren entstanden ist, war die ältere Version (das NTSC-PAL) nur eine Erweiterung des NTSC-Systems. Es hat jedoch keine Bedeutung erlangt und ist nur als Vorstufe zu dem von der EBU (European Broadcasting Union) 1963 eingeführten Standard-PAL zu betrachten.

Das Standard-PAL für Deutschland hat folgende Normwerte:

1) Die Farbkoordinaten der 3 Primärfarben in der DIN-Farbtafel (s. a. Abschnitt 4.6) sind nach Tabelle 6.2 festgelegt.

Farbe	x	y
Rot	0,64	0,33
Grün	0,29	0,60
Blau	0,15	0,06

	x	y
Weißpunkt W	0,330	0,330
Weißpunkt D65	0,313	0,329

Tabelle 6.2: Lage der Primärfarben in der Normfarbtafel

Tabelle 6.3: Lage der Weißpunkte in der Normfarbtafel

Das *Normweiß D65* ist dasjenige Weiß, auf das bei 625-Zeilensystemen das Weiß der Empfängerbildröhre festgelegt ist. Mit Rücksicht auf die technisch realisierbaren Leuchtstoffe ist es nicht identisch mit dem Weißpunkt W, sondern hat im Vergleich dazu die Werte nach Tabelle 6.3. Es entspricht etwa (Mittags-) Tageslicht bei bedecktem Himmel oder einer Farbtemperatur von 6500 K. Die *Farbtemperatur* ist definiert als *Temperatur eines schwarzen Strahlers*, der eine (Licht-)Strahlung der gleichen spektralen Zusammensetzung wie die betreffende Lichtquelle liefert. Als schwarzen Strahler kann man sich eine Hohlkugel mit kreisrundem Loch vorstellen, deren geschwärzte Innenwand die entsprechende Temperatur aufweist.

2) Die Kameraspannungen werden wie bei den anderen Verfahren zunächst einmal γ-korrigiert (γ = 2,8), s.a. Abschnitt 1.3. Es entstehen die Signale u_R, u_G und u_B.

3) Das Leuchtdichtesignal wird nach der bekannten Vorschrift (6.2) gewonnen

$$u_Y = 0,3\, u_R + 0,59\, u_G + 0,11\, u_B \qquad (6.2).$$

4) Die Entstehung der Farbdifferenzsignale und die Notwendigkeit der Reduktion im Zusammenhang mit der Übermodulation sind im Abschnitt 6.8 ausführlich behandelt worden. Hier seien der Vollständigkeit halber noch einmal die Gleichungen für die reduzierten Farbdifferenzsignale angegeben:

$$u'_{B-Y} = 0,493\, u_{B-Y} \qquad (6.51)$$

$$u'_{R-Y} = 0,877\, u_{R-Y} \qquad (6.52).$$

Der Unterschied zwischen den Gleichungen (6.20),(6.21) einerseits und (6.51),(6.52) andererseits (große und kleine Buchstaben) erklärt sich daraus, daß einmal die reinen Primärfarben (konstanter Wert) und zum anderen die (zeitveränderlichen) Farbdifferenzsignale allgemein gemeint sind.

Die *Farbdifferenzsignale werden* - wie schon erwähnt - oft auch als U- und V-Signal bezeichnet. Hier sind dann häufig die trägerfrequenten Farbdifferenzsignale gemeint.
Das *U-Signal* ist dann das trägerfrequente (B-Y)'-Signal und das *V-Signal* ist das trägerfrequente (B-Y)'-Signal. Wir wollen uns der Bequemlichkeit wegen dieser Bezeichnung anschließen. Es sei noch vermerkt, daß man in der Literatur nicht immer diese deutliche Unterscheidung findet (s.a. Abschnitt 6.8).

Im Gegensatz zu NTSC werden das U- und das V-Signal mit gleicher Bandbreite übertragen, und zwar mit b = 1,3 MHz.
Da die Farbträgerfrequenz bei 4,43 MHz liegt, muß bei den Standards B,G und H eine Restseitenbandübertragung angewendet werden.

5) Die *Farbträgerfrequenz* erhält einen *Viertelzeilenoffset* nach der Gleichung (6.10), s. Abschnitt 6.7 und in den meisten Standards einen zusätzlichen Vollbild- (25 Hz-) Offset nach der Gleichung

$$\boxed{f_F = \frac{1135}{4} \cdot f_H + \frac{1}{2} \cdot f_V}$$ mit f_H = 15625 Hz

$$\boxed{f_F = 4\,433\,618{,}75 \pm 5 \text{ Hz}}$$ und f_V = 25 Hz (6.53).

Der Viertelzeilenoffset (ohne den 25 Hz-Versatz) bewirkt, daß sich die Phasenlage des Farbträgers entsprechend Bild 6.36 von Zeile zu Zeile um 90° dreht. Bei Beginn der letzten Zeile des ersten Vollbildes (Zeile 625) ist die Phasenlage also wieder φ_T = 0°. Dies zeigt Bild 6.37.

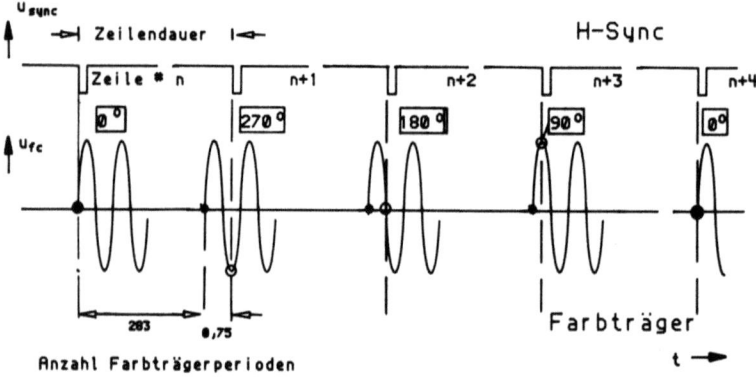

Bild 6.36: Wirkung des Viertelzeilenoffsets auf die Farbträgerphasenlage

Bei Beginn des nächsten Vollbildes (Zeile 1) ist die Farbträgerphase gemäß Bild 6.37 $\varphi_T = 270°$. Nach insgesamt 4 Vollbildern *(Frames)* oder 8 Teilbildern *(Fields)* wird der Anfangszustand wieder erreicht. Diese typische Folge wird als *PAL-8er-Sequenz* bezeichnet.

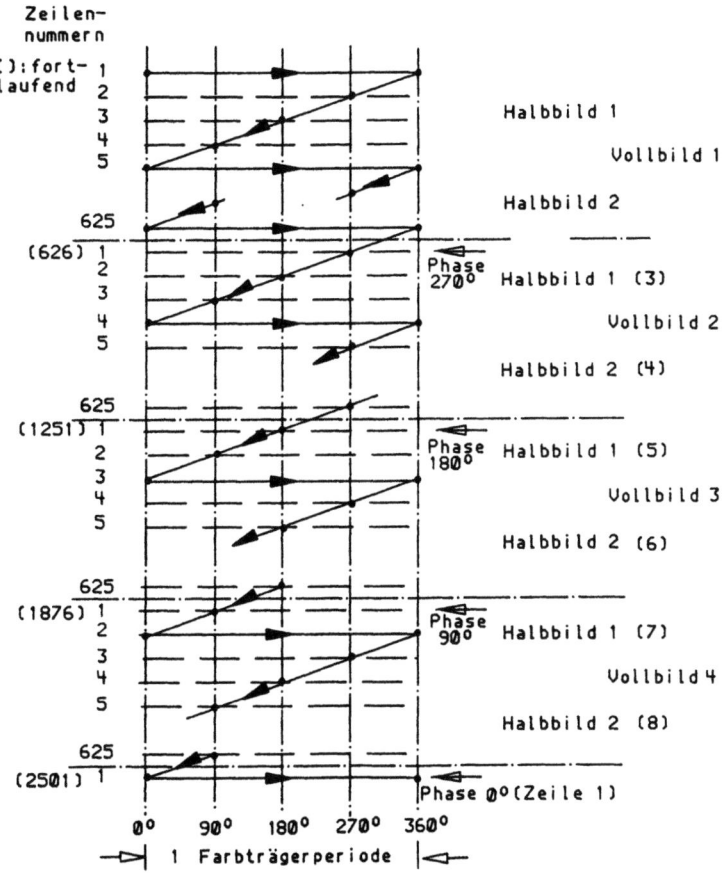

Bild 6.37: Die PAL-8er-Sequenz

Um nun die Moiré entstörung und die Qualität bei der Video-Magnetbandaufzeichnung weiter zu verbessern, wurde zusätzlich der 25Hz-(Vollbild-)Offset eingeführt. Er bedeutet eine Erhöhung der Farbträgerschwingungen um 25 pro Sekunde oder um 1 pro Vollbild. Damit erreicht man, daß jedes Vollbild mit $\varphi_T = 0°$ beginnt (dies ist grafisch nicht dargestellt).

6) Das charakteristische Merkmal von PAL ist die zeilenfrequente Umpolung des V-Signals. So wird z.B. in den Zeilen 7,9,11 .... des ersten Halbbildes die Farbartspannung gewonnen nach der Gleichung

$$u_F = U \sin \omega_F t + V \cos \omega_F t \qquad (6.54),$$

und in den dazwischenliegenden Zeilen 2,4,6 .... ist

$$u_F = U \sin \omega_F t + V \cos (\omega_F t + 180°) \qquad (6.55).$$

Man nennt die Zeilen ohne Vorzeichenumkehr von U *NTSC-Zeilen* und die anderen entsprechend *PAL-Zeilen*.

7) Der *Burst* wird auf der hinteren Schwarzschulter übertragen, die Form haben wir in Abschnitt 6.11 bereits kennengelernt. Ein wesentlicher Unterschied zum Burst bei NTSC ist jedoch noch hervorzuheben:
Bei NTSC liegt der Burst in Richtung der negativen U-Achse. Bei PAL muß jedoch ein Kriterium vorhanden sein, das dem Empfänger die Entscheidung möglich macht, ob die gerade übertragene Zeile eine NTSC- oder eine PAL-Zeile ist. Aus diesem Grunde überträgt man den Burst nach Bild 6.38 in der NTSC-Zeile mit der Phasenlage 180° - 45° und in der PAL-Zeile mit der Phasenlage 180°+ 45° (*AB-Burst*).
Während des Bildrücklaufs findet keine Burstübertragung statt. Zur Erzielung einer einwandfreien Identifikation der NTSC- und PAL-Zeilen ist ein bestimmtes Schema nötig, nach dem der Burst im Bildrücklauf unterdrückt wird. Es erstreckt sich nach Bild 6.39 über ein Raster von 4 Halbbildern (2 volle Bilder). Dieser Zyklus wird auch als Bruch-Sequenz bezeichnet. Er ähnelt der Sequenz der SECAM- Identifikationssignale (s.a. Abschnitt 6.12.2).

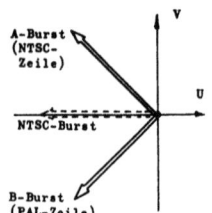

Bild 6.38: Burstphasenlage bei PAL

6.13. Das I-PAL-Verfahren, Q-PAL

Das derzeit verwendete PAL-Verfahren ist zwar der Standard mit den größten Vorzügen im Vergleich zu SECAM und NTSC, es beinhaltet aber noch 3 systembedingte Mängel, nämlich
- das *Cross-Colour*-Übersprechen,
- das *Cross-Luminance*-Übersprechen und
- die Reduktion der Y-Bandbreite im Bereich der Farbträgerfrequenz (vgl. Abschnitt 7.).

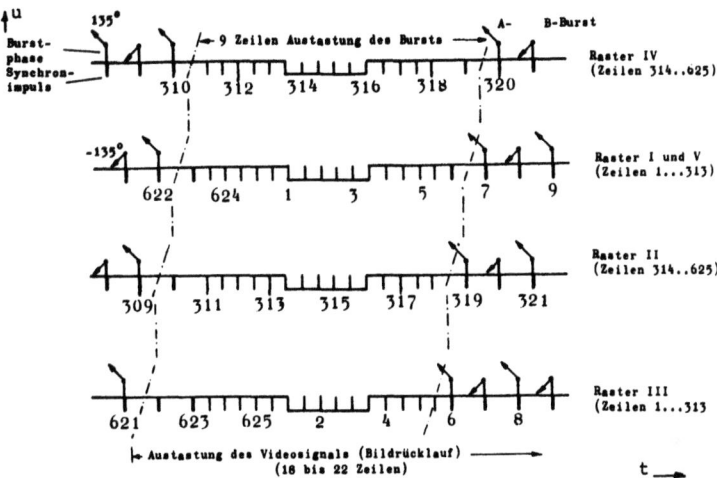

Bild 6.39 : Burstübertragung und Bildrücklauf

Unter Cross-Colour versteht man den Effekt, daß Y-Anteile im Bereich des Trägerfrequenzbandes der Farbinformation (also feine Bilddetails von ca. 3-5 MHz) in den Farbkanal geraten und dort wie Farben verarbeitet werden. Auf dem Bildschirm wirkt sich das beispielsweise so aus, daß fein gemusterte Strukturen (Kleidungstücke) regenbogenfarbig schillern.

Cross-Luminance tritt auf, wenn Reste der Farbträgerfrequenz in den Y-Kanal gelangen und auf dem Bildschirm eine feine Struktur ("Perlenschnureffekt") erzeugen. Um das Cross-Luminance möglichst zu unterdrücken, enthält der Y-Kanal im Empfänger in der Regel eine 4,43 MHz-Farbträgersperre in Form des sog. *Notch-Filters* (notch, engl.: Kerbe), die naturgemäß auch das Y-Signal in dem Bereich dämpft und damit die horizontale Auflösung verschlechtert. Man hat deshalb nach Wegen gesucht, PAL zu verbessern, und ein Systemvorschlag des IRT (Institut für Rundfunktechnik) wurde 1985 unter der Bezeichnung I-PAL (Improved PAL) veröffentlicht.

Folgende Forderungen waren zu erfüllen:
- Volle Kompatibilität zu PAL,
- Beseitigung des Cross-Colour-Übersprechens,
- Beseitigung der Cross-Luminance,
- Verbesserung der horizontalen Auflösung.

Bild 6.40 zeigt das Prinzip von I-PAL

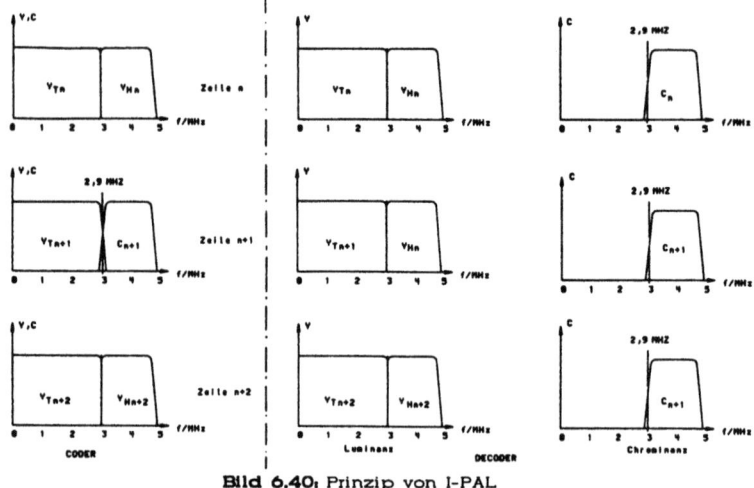

Bild 6.40: Prinzip von I-PAL

Coder (Bild 6.41):
1) Das Y-Signal wird in 2 Spektralanteile Y_T und Y_H zerlegt. Y_T ist der Anteil von 0 - 3 MHz, Y_H der von 3 - 5 MHz.

2) Zeilenfrequent wechselnd wird das Y-Signal einmal mit voller Bandbreite $Y = Y_T + Y_H$ (Zeile n) und einmal mit reduzierter Bandbreite Y_T (Zeile n +1) übertragen.

3) Zeilenfrequent wechselnd wird einmal keine Chromainformation C und einmal das normale C-Signal trägerfrequent übertragen, und zwar fehlt das Farbsignal in den Zeilen n, n + 2, n + 4...

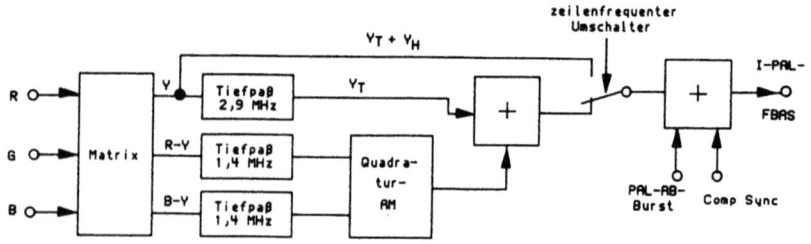

Bild 6.41: I-PAL-Coder

4) Der PAL - AB-Burst wird normal in jeder Zeile übertragen (vgl. Bild 6.38).

Decoder (Bild 6.42):
1) Im Decoder wird Y_H einmal direkt mit Y_T verarbeitet und einmal um 64 μs verzögert mit Y_T der nachfolgenden Zeile. Somit steht in jeder Zeile die volle Y-Bandbreite zur Verfügung, nämlich
in Zeile n : $Y_n = Y_{Tn} + Y_{Hn}$
n+1 : $Y_{n+1} = Y_{Tn+1} + Y_{Hn}$
n+2 : $Y_{n+2} = Y_{Tn+2} + Y_{Hn+2}$
n+3 : $Y_{n+3} = Y_{Tn+2} + Y_{Hn+2}$

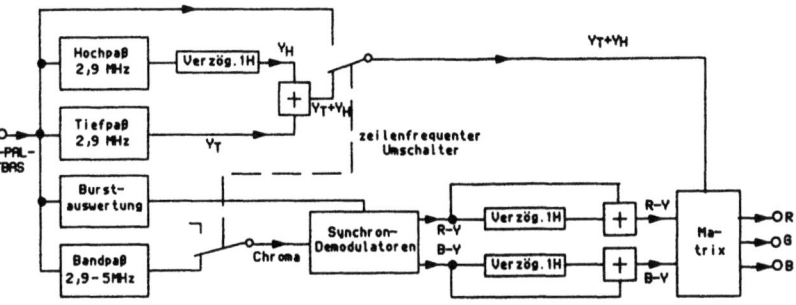

Bild 6.42: I-PAL-Decoder

2) Das Chromasignal wird einmal direkt und in der nächsten Zeile nochmals verzögert ausgewertet. Damit steht in jeder Zeile die Chromainformation zur Verfügung, also in Zeile n : C_{n-1}
n+1 : C_{n+1}
n+2 : C_{n+1}
n+3 : C_{n+3} .

Man erkennt unmittelbar den Vorteil:
Y und C können kein gegenseitiges Übersprechen erzeugen, weil C und Y_T im Frequenzmultiplex und C und Y_H im Zeitmultiplex auftreten und sich sauber trennen lassen. Da C und Y_H nur jede zweite Zeile übertragen werden, ist die Information halbiert und damit die Vertikalauflösung etwas verschlechtert. Man kann I-PAL als ein System bezeichnen, bei dem die Vorteile von PAL mit denen von SECAM kombiniert sind.

Da bei I-Pal in jeder zweiten Zeile kein C-Signal übertragen wird, gibt es nur NTSC-Zeilen (vgl. Abschnitt 6.12). Bezüglich der Anfälligkeit gegenüber differentiellen Phasenfehlern und damit Farbton-Verfälschungen verhält sich I-PAL wie NTSC. Dieser Mangel ist beim heutigen Stand der Technik aber relativ gering, weil die Übertragungssysteme im Vergleich zu der Zeit, als PAL eingeführt wurde (1963) mittlerweile sehr stabil sind.

Es gibt auch Vorschläge, das System so zu erweitern, daß die Phasenfehlerkompensation wieder möglich ist, man kommt dann zum I-PAL-M.

Ein anderer Weg wird beim Q-PAL (Quality PAL) vorgeschlagen. Durch sog. dreidimensionale Filterungstechniken (analog oder digital) im Coder und/ oder Decoder (vgl. sinngemäß auch Abschnitt 1.1.1) und einem Frequenzmultiplex von Luminanz und Chrominanz wird eine übersprechfreie Übertragung erreicht. Ermöglicht wird dies durch hochintegrierte mikroelektronische Schaltungen. Auf Einzelheiten können wir hier nicht eingehen, es sei auf das Quellenverzeichnis verwiesen.

6.12.5. Die MAC-Familie und der D2-MAC-Packet-Standard

Die MAC-Familie ist eine von der europäischen Rundfunkunion (EBU bzw. UER) entwikkelte Gruppe neuartiger Fernsehübertragungssysteme, die für Satellitendirektempfang und Kabelfernsehen geeignet sind. MAC steht für *Multiplexed Analogue Components*. Die wichtigsten Varianten sind:

- C-MAC für breitbandige Satellitenübertragung,
- D-MAC für Kabelübertragung bei 10,5 MHz Kanalbandbreite (Kabelvariante von C-MAC),
- D2-MAC-Packet für Satelliten- und Kabelübertragung, von der Bundesrepublick Deutschland, Frankreich 1985 und Großbritannien 1987 als verbindliche Norm übernommen.
  Die Bezeichnung D2 rührt daher, daß der *Ton* und die *Daten* im *Duobinär-Code* mit halber Datenrate (10,125 Mbit), verglichen mit D, übertragen werden. *Packet* steht für " gepackte Daten".

Untereinander sind die Verfahren in weiten Bereichen kompatibel, nicht jedoch zu den klassischen Normen NTSC, PAL und SECAM.

Charakteristisch für MAC ist die *Übertragung von Luminanz, Chrominanz, Ton und zusätzlichen Daten im Zeitmultiplex*. Das bedeutet, alle Komponenten werden im *Basisband*, also ohne zusätzliche Hilfsträger, verarbeitet. Da sie zeitlich gestaffelt sind, entfallen Übersprecheffekte wie Cross-Colour und Cross-Luminance (s.a. Abschnitt 6.12.3) usw.

Es handelt sich um europäische Normen, folglich sind Horizontal- und Vertikalfrequenzen f_H und f_V unverändert (15 625 bzw. 50 Hz).

Entsprechend Bild 6.43 wird eine Fernsehzeile von 64 µs Dauer bei D2-MAC folgendermaßen unterteilt

- 16% (10,32 µs) für die digitalen *Ton- und Datensignale* im Duobinär-Code,

- 27% (17,23 µs) für die zeilenfrequent alternierende Übertragung der U- und V-Komponente des analogen Chrominanzsignals,
- 53,8% (34,42 µs) für die analoge Übertragung des *Luminanzsignals* (5,6 MHz Bandbreite bei C-MAC, 4 MHz bei 8-MHz-Übertragungskanal und 3,3 MHz bei 7MHz-Kanal)
- 3,2% (2,03 µs) für die *Klemmung* und für *Übergangsbereiche* zwischen den einzelnen Komponenten.

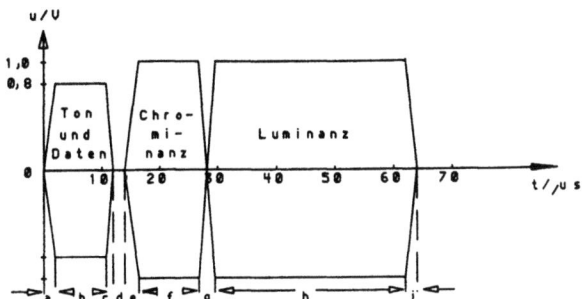

Zeit	Dauer	Funktion	Zeit	Dauer	Funktion
a	0,05 µs	Einschwingen Ton/Daten	f	17,32 µs	Chroma
b	10,32 µs	Daten	g	0,25 µs	Übergang Chromi-
c	0,20 µs	Ausschwingen Daten			nanz/Luminanz
d	0,74 µs	Nullfrequenz Klemmung	h	34,42 µs	Luminanz
e	0,49 µs	Einschwingen Chroma	i	0,30 µs	Ausschw. Lumin.

Bild 6.43: D2-MAC-Zeile

Bei C- und D-MAC sind andere Zeitaufteilungen festgelegt, auf die wir nicht näher eingehen wollen.

Das Zeitmultiplex erfordert, daß die Informationen vor der Synthese einer Zeile *senderseitig komprimiert* und bei der Verarbeitung im *Empfänger* nach der Analyse wieder *expandiert* werden müssen.

Die *Kompression* geschieht generell mittels *Speicherschaltungen*, in die die Informationen in Echtzeit eingelesen und danach mit erhöhter Geschwindigkeit wieder ausgelesen werden. Das ist sowohl mit den analogen als auch mit den digitalen Komponenten möglich. Der Kompressionsfaktor k hängt von den Bandbreiten der Signale ab; bei D2-MAC beträgt er für Y: $k_Y = 1,5$ und für C: $k_C = 3$. Die Expansion erfolgt entsprechend reziprok. Alle MAC-Normen arbeiten mit einer universellen Taktrate von 20,25 MHz, die das Zeitmultiplex steuert. C-MAC benutzt diese Taktrate direkt, D2-MAC die Hälfte davon, also 10,125 MHz.

Die Ton- und Datencodierung erfolgt, wie erwähnt, im Duobinärcode. Kennzeichen für diesen Code ist, daß er *3 Pegelzustände* hat (+ 0,8 V, 0 V und -0,8 V). Dabei entspricht 0 V logisch 0 und ±0,8 V logisch 1. Die Verschlüsselung wird so vorgenommen, daß der zeitliche Mittelwert des Ton- und Datenpakets insgesamt Null ist. Somit entstehen keine Gleichspannungsanteile. Da eine große Vielfalt von Übertragungsmöglichkeiten realisierbar ist, (z.B. normaler Ton, Ton mit reduzierter Qualität, Videotext, Zweiton/Stereo usw.), können wir auf Details nicht weiter eingehen.

Abschließend wollen wir das D2-MAC-Verfahren mit den klassischen Normen vergleichen, um Vor- und Nachteile zu erkennen. Die Kanalbandbreiten sind (mit 8 MHz) gleich.

Vorteile von D2-MAC
- Verarbeitung der Komponenten im Basisband (günstig u.a. für Kabelübertragungen),
- robuste und sehr flexible Ton- und Datencodierung,
- Verwendung von FM anstelle von AM bei der hochfrequenten Satellitenübertragung,
- keine Cross-Effekte zwischen den einzelnen Komponenten,
- sehr flexibel bezüglich der Unterbringung von Zusatzdiensten im Datenteil.

Nachteile
- Verringerte Vertikalauflösung in der Chrominanz, da nur noch halb so viel Farbinformation übertragen wird (zeilenfrequenter U/V-Wechsel)
- etwas niedrigerer Luminanz-Störabstand (ca.- 3 dB).

Insgesamt überwiegen die Vorteile.

6.12.6. Hochauflösendes Fernsehen, HDTV

Weltweit arbeitet man derzeit intensiv an der Realisierung eines Fernsehübertragungssystems, das die Fähigkeiten des menschlichen Auges voll ausschöpft, so wie es in der Kinotechnik mit dem 35 mm-Film und bezüglich des Ohres auf dem Akustiksektor mit Compact-Disc (CD) ja bereits gelungen ist. Die Stichworte hierfür heißen *hochauflösendes* oder *Hochzeilen-Fernsehen* HDTV (High Definition Television), *Telepräsentation* statt Television. Ziel ist ein Fernsehsystem mit etwa dem doppelten der jetzt gebräuchlichen Zeilenzahl, verändertem Seitenformat und erhöhten Bildfolgefrequenzen 50... 100 Hz. Der Bildschirm sollte so groß sein, daß das Gesichtsfeld des Zuschauers bei dem heute üblichen Betrachtungsabstand von ca. 3 m voll ausgefüllt ist (also ca. 1 m Höhe) und eine Helligkeit haben, die die Betrachtung auch in nur schwach abgedunkelten Räumen zuläßt. Als Fernziel steht auch noch 3D, also räumliche Darstellung, zur Diskussion.

HDTV ist grundsätzlich nicht an eine der existierenden Normen gebunden, jede existierende oder eine völlig neue kann als Ausgangsbasis benutzt werden. Das erklärt auch, warum man die vor ca. 10 Jahren einmal formulierte Absicht, möglichst einen weltweiten Standard zu finden, bis heute nicht in die Tat umsetzen konnte. Entscheidend hierfür sind, wie auch sonst häufig, weniger technische als wirtschaftspolitische Gründe.

Solange keine verbindlichen Normen gefunden sind, ist es müßig, viele Details zu behandeln, wir wollen deshalb nur einen groben Überblick über die wichtigsten Parameter geben.
Für die Flimmerfreiheit und viele andere Eckdaten ist die Wahl der Bildfolgefrequenz von zentraler Bedeutung. Hier stehen sich die europäischen 50 Hz- und die amerikanisch-japanischen 60 Hz-Befürworter gegenüber. Die japanische staatliche Fernsehgesellschaft NHK (Nippon Hoso Kyokai) hat bereits 1971 das System MUSE (Multiple Sub-Nyquist Sampling Encording) vorgestellt. Bei einer Videobandbreite von ca. 20 MHz, einer Halbbildfolgefrequenz von f_v = 60 Hz, einer Zeilenzahl von z = 1125 und einem Bildseitenverhältnis von 16:9 wird durch Signalkompression (vgl. a. Abschnitt 6.12.5) mit dem Faktor 3 eine Übertragung im 8 MHz-Kanal ermöglicht. Das System wird am 25.11.89 in Japan versuchsweise eingeführt (11/25 (Monat/Tag)steht für die Zeilenzahl), es hat jedoch voraussichtlich keine Chance auf weltweite Akzeptanz.
Im europäischen Bereich werden zwei Varianten erörtert: Bildfolgefrequenz f_B = 25 Hz mit Zeilensprung wie bisher oder f_B = 50 Hz mit Direktabtastung ohne Zeilensprung. Die Zeilenzahl ist gegenüber der der CCIR-Norm verdoppelt, also z = 1250.
Zentraler Punkt ist, wie erwähnt, die Alternative 50/60Hz. Aus physiologischer Sicht sind 60 Hz speziell wegen des hier praktisch fehlenden Großflächenflimmerns, besonders bei den beabsichtigten Großbildschirmen zu bevorzugen. Außerdem ist der Markt für 60 Hz weltweit größer als der für 50 Hz.
Die Umsetzung von 60 Hz-Produktionen auf 50 Hz ist durch Weglassen von 20% der Information leichter zu erzielen als das Umgekehrte, hier muß zusätzliche Bewegung (z.B durch komplizierte Rechenvorgänge) " dazuerfunden" werden.
Die Produktion von HDTV hat praktisch schon begonnen, und zwar mit 60 Hz. In Europa sind starke Bestrebungen im Gang, 50 Hz verbindlich zu machen. Das würde jedoch die Konvertierung auf 60 Hz sehr erschweren, wäre mit Qualitätsverlust verbunden und würde die Vorzüge von HDTV teilweise wieder aufheben. Während Japan eine evolutionäre Entwicklung von HDTV zugunsten einer zügigen Einführung ablehnt, sind die Europäer mehr an einer längerfristigen, aufwärtskompatiblen Strategie z.B. von PAL über I-/Q-PAL und HD-MAC zum HDTV interessiert.
Es wäre sinnvoll, sich kurzfristig z.B auf einen 60 Hz-Produktionsstandard festzulegen, der dann später durch einen - vielleicht auch 50 Hz - Übertragungsstandard ergänzt würde.

7. Der PAL-Empfänger, Blockschaltbild

Die Aufgabe des Empfängers besteht allgemein darin, das vom Sender gelieferte elektromagnetische Signal in die optische Information "Bild" und die akustische Information "Ton" zurückzuverwandeln.

Das Sendersignal besteht aus 4 Informationen:
- *Leuchtdichtesignal*,
- *Farbartsignal*,
- *Tonsignal*,
- *Synchronsignale*.

Die ersten beiden Informationen liefern das farbige Bild, die dritte den Ton, und die vierte erfüllt Hilfsfunktionen für die beiden ersten.

Die Aufgaben des Empfängers sollen zunächst einmal in einigen großen Blöcken beschrieben werden:

- *Auswahl* des gewünschten Senders, Empfang des ausgestrahlten trägerfrequenten Multiplex-Signals,
- *Verstärkung* des Empfangssignals auf einen Pegel, der die Trennung in die Einzelkomponenten möglich macht,
- *Aufspaltung* und *Demodulation* des Multiplexsignals in die Komponenten E Synchronsignale,
- *Erzeugung des Bildes* (Ansteuerung der Bildröhre, Ablenkung des Elektronenstrahles und Konvergenzkorrektur),
- *Erzeugung des Tones*,
- Bereitstellung der für diese Aufgaben notwendigen Spannungen und Ströme.

Das stark vereinfachte Blockschaltbild 7.1 veranschaulicht noch einmal diesen Ablauf.

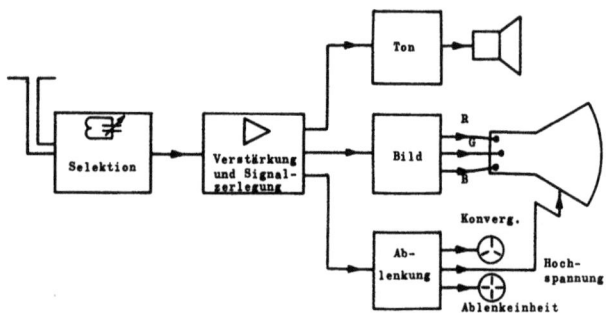

Bild 7.1: Grob vereinfachtes Blockschaltbild eines Farbfernsehempfängers

Die Aufzählung der Aufgaben eines Farbfernsehempfängers ist bis zu diesem Punkte allgemein gültig, also nicht spezifisch für den PAL-Empfänger. An dieser Stelle sei noch einmal hervorgehoben, daß die Grundstruktur einer ganzen Anzahl von Stufen bei allen Systemen identisch ist. Die Hauptunterschiede liegen in dem im Bild 7.1 als "Bild" bezeichneten Block. Wenn also im folgenden die einzelnen Stufen des PAL-Empfängers erläutert werden, so läßt sich vieles auch auf NTSC- , SECAM- und andere Empfänger übertragen.

Die Vielfalt der Empfängerschaltungen ist sehr groß. Die Behandlung der typischen Stufen eines PAL-Empfängers muß deshalb anhand eines möglichst repräsentativen Beispiels geschehen. Bei modernen Empfängern ist das insofern schwierig, weil sie in der Regel mit hochintegrierten Schaltungen (VLSI-Bausteinen, VLSI= Very Large Scale Integration) realisiert werden, deren Innenschaltungen dem Geräteentwickler nur in Funktionsblöcken und nicht im Detail zugänglich sind. Wir wollen aber die einzelnen Schritte der Signalverarbeitung etwas näher untersuchen und werden uns deshalb zunächst mit Konzepten befassen, die auf analoger Technik in diskreter Bauweise basieren. Später gehen wir dann auch auf Integrierte Schaltungen und digitale Lösungen ein. Bevor wir weiter ins Detail einsteigen , sollen kurz die Entwicklungtendenzen aufgezählt werden, die bei allen Industrieschaltungen in den letzten 30 Jahren zu beobachten waren:

a) Ausgehend von der ausschließlichen Verwendung von Elektronenröhren erfolgte ein stufenweiser Übergang zur Verwendung von Halbleitern, lediglich die Bildröhre bleibt vorerst auch heute noch in der gewohnten Technik erhalten. Halbleiter wurden zunächst in der niederfrequenten Kleinsignalverarbeitung eingesetzt, sie drangen dann schrittweise auch in die Hochfrequenz-, in die Leistungs- und in die Hochspannungsstufen vor, und zwar in dem Maße, in dem die Transistortechnologie diese Bereiche erschließen konnte.
Vorteile: Höhere Zuverlässigkeit, kleinere Leistungsaufnahme, kleinere mechanische Abmessungen, niedrigerer Preis.

b) Standardisierung der Schaltungen durch zunehmende Verwendung von integrierten Schaltkreisen (ICs, IC = Integrated Circuit).
Vorteil: Höhere Zuverlässigkeit, besserer Service bei gleichzeitiger Verwendung von steckbaren Baugruppen (Modultechnik).

c) Verzicht auf mechanisch betätigte Schalter, Abstimm- und Bedienungselemente sowie Anzeigen zugunsten mikroprozessorgesteuerter, elektronischer Lösungen bei gleichzeitiger Ausweitung der technischen Möglichkeiten.
Vorteil: Erhöhte Lebensdauer, größere Zuverlässigkeit und höherer Komfort.

d) Übergang zu digitaler Signalverarbeitung überall dort, wo die Forderung nach Erfüllung der Systemnormen dies möglich macht.

e) Weiterentwicklung der Fernseh-, Rundfunk- und anderer Übertragungssysteme zu einem integrierten Medienverbund. Dieser Punkt wird nicht mehr Thema unserer Betrachtungen sein

Bild 7.2 zeigt den detaillierten Blockplan eines Telefunken- PAL-Empfängers (technischer Stand Mitte der 60er Jahre), anhand dessen die einzelnen Stufen näher erläutert werden sollen. Bei diesem Konzept bestehen die Einzelstufen noch aus diskreten Komponenten, in modernen Empfängern werden viele Funktionen, wie oben erläutert, jeweils in einer integrierten Schaltung zusammengefaßt, die prinzipiell dieselben Aufgaben erfüllen. Für das Verständnis ist es aber zweckmäßig, zunächst von diskreten Stufen auszugehen.

7.1. Allbereichtuner (Allbandwähler,Kombituner)

Die Eingangsstufe des Empfängers wird als Tuner (to tune: engl. abstimmen) bezeichnet. Die Industriefirmen verwenden zum Teil unterschiedliche Bezeichnungen, was in der Überschrift zu diesem Abschnitt zum Ausdruck gebracht werden soll.

7.1.1. Aufgabe des Tuners

Die Aufgaben des Tuners lassen sich mit folgenden Stichworten umreißen:
- *Auswahl des gewünschten Senders* aus den vorhandenen Fernsehbändern I , III , IV , V oder den Bändern des Kabelfernsehens.
- *Verstärkung des empfangenen Signals* und *Frequenzumsetzung* ("heruntermischen") in den Bild-Zwischenfrequenzbereich (Bild-ZF),
- *automatischer Ausgleich von Empfangsspannungsschwankungen* am Antenneneingang infolge örtlicher, zeitlicher und witterungsbedingter Feldstärkeschwankungen.

Die Kanalfrequenzen der einzelnen Bänder sind genormt. Die Tabellen 1.2 und 1.3 zeigen das z.B. vereinfacht für die CCIR-Normen B,G,H. In den Bändern I und III beträgt die Kanalbandbreite 7 MHz, in den Bändern IV und V 8 MHz.

7.1.2. Forderungen an den Tuner

Die technischen Anforderungen an den Tuner haben sich mit der Einführung des Farbfernsehens verschärft, sie lassen sich in 4 Punkten spezifizieren:

1) **Frequenzstabilität der Abstimmung:** Da Bildträger und Farbträger jeweils auf den sog. Nyquist- Flanken der ZF-Durchlaßkurve sitzen (s. a. Abschnitt 7.2) , und zwar beide bei 50 % ($\hat{=}$ - 6 dB) der Maximalamplitude, bewirkt eine Frequenzdrift der Tunerabstimmung die relative Verschie-

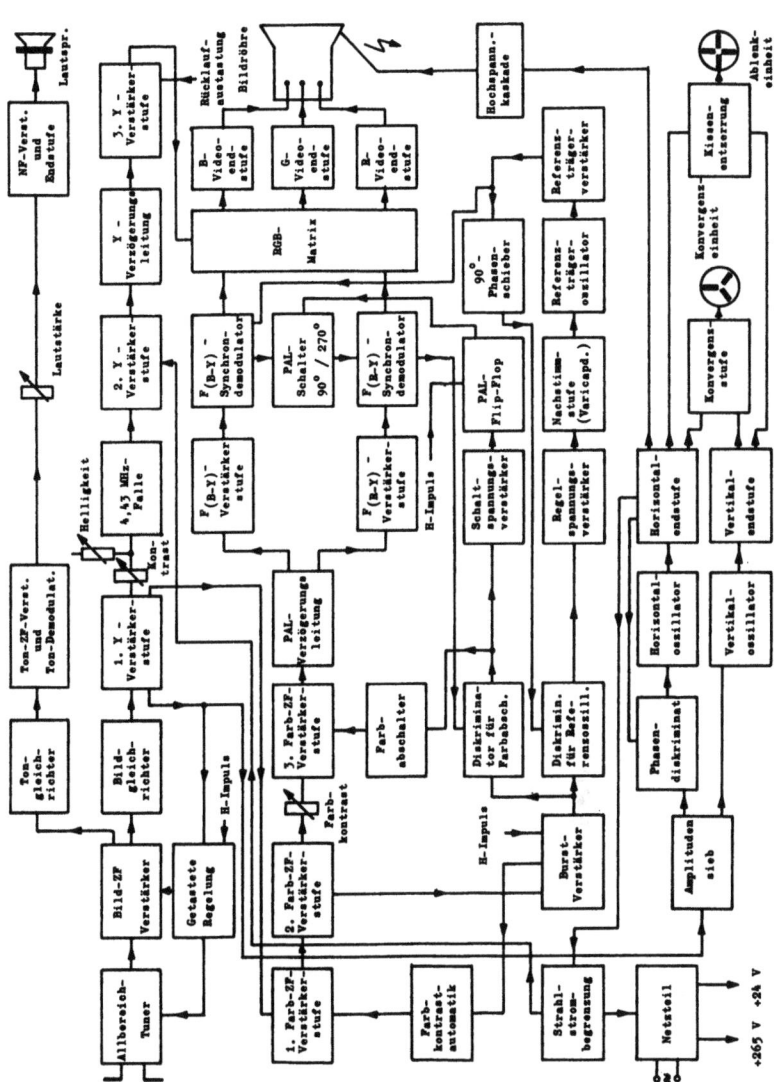

Bild 7.2: Detailliertes Blockschaltbild eines PAL-Farbfernsehempfängers mit Delta-Lochmaskenröhre (Telefunken)

bung der Durchlaßkurven von Tuner und Bild-ZF-Teil gegeneinander und damit nach Bild 7.3 eine Änderung des Verhältnisses Bildträger (BT) zu Farbträger (FT), das normalerweise den Wert BT : FT = 1 haben soll. Die

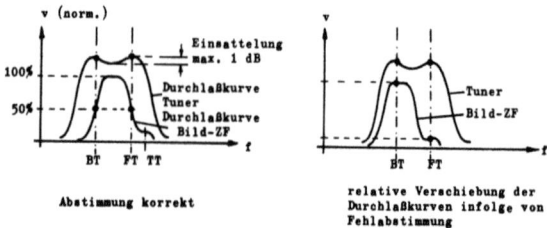

Bild 7.3: Wirkung einer Frequenzdrift der Abstimmung

Folge davon sind Farbsättigungsfehler (Bild 7.3 beinhaltet nicht die Frequenzspiegelung durch den Mischvorgang). Beim Schwarzweißempfänger bewirkt die Drift zwar auch eine Fehlbewertung des Bildträgers, die aber lediglich als Gradationsverzerrung auf dem Bildschirm sichtbar wird. Gegen diesen Fehler (falsche Bewertung der Graustufen) ist das Auge nicht so empfindlich.

2) **Bandbreite des Tuners:** Die Durchlaßkurve des Tuners sollte mindestens so breit sein, daß der gesamte Kanal unbeschnitten durchgelassen wird. Richtwerte: 11 .... 15 MHz (> 7 MHz)

3) **Dachschräge der Durchlaßkurve:** Eine Dachschräge in der Durchlaßkurve des Tuners wirkt sich nach Bild 7.4 ähnlich wie die Frequenzdrift der Abstimmung aus, sie verfälscht nämlich das Verhältnis BT:TT und führt zu Farbsättigungsfehlern (maximal zulässige Dachschräge: ca. 1 dB).

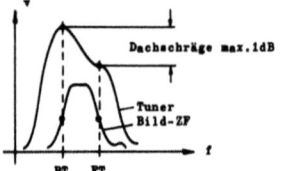

Bild 7.4: Wirkung der Dachschrägen

4) **Einsattelung der Durchlaßkurve:** Eine starke Einsattelung der Durchlaßkurve ergibt entsprechend Bild 7.3 ebenfalls eine Fehlbewertung der Farb- und Leuchtdichteinformationen relativ zueinander und damit Farbsättigungsfehler (maximal zulässiger Wert: ca. 1 dB).

7.1.3. Blockschaltbild des Tuners

In den Anfängen der Schwarzweißtechnik wurde für den Empfang der einzelnen Bänder jeweils ein spezieller Tuner für die Bereiche VHF (Band I und III) und UHF (Bereiche IV und V) eingesetzt, die konstruktiv voneinander getrennt waren. Im Zuge der Entwicklung wurden VHF- und UHF-Tuner zu einer Einheit zusammengefaßt, es entstand der Allbereichtuner. Mit der Einführung des Kabelfernsehen fanden dann noch zusätzliche Erweiterungen im Band V statt.

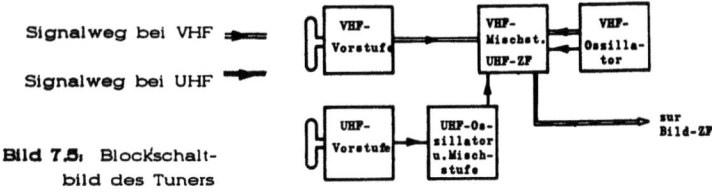

Bild 7.5: Blockschaltbild des Tuners

Wie das Blockschaltbild 7.5 zeigt, wird beim UHF-Empfang die Senderfrequenz nicht direkt in die Bild-ZF umgesetzt, sondern man mischt sie zunächst in den VHF-Bereich herunter und erzeugt dabei eine spezielle UHF-ZF. Diese UHF-ZF wird mit Hilfe des VHF-Oszillators, der bei UHF-Empfang auf einer festen Frequenz arbeitet, in den Bild-ZF-Bereich transponiert. Diese Technik besitzt gegenüber der direkten Erzeugung der Bild-ZF aus dem UHF-Signal einige Vorteile, insbesonders bezüglich der sog. Spiegelfrequenzfestigkeit.

7.1.4. Technische Realisierung

In modernen Tunern erfolgen alle Abstimmungen und Bereichsumschaltungen *elektronisch* mit Hilfe von Gleichspannungen, das heißt ohne mechanisch bewegte Teile in den hochfrequenzführenden Teilen. Man benutzt Mikroprozessorsteuerungen mit sog. PLL-Schaltungen sowie Halbleiterdioden sowohl als Schalter als auch als veränderliche Kondensatoren (Varicap-Dioden).
(PLL = Phase Locked Loop).
Diode als Schalter, Prinzip:

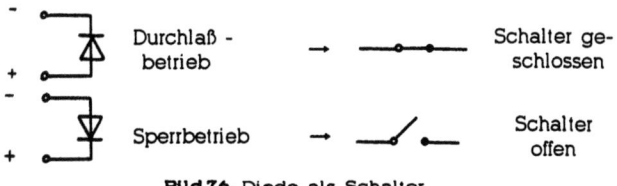

Bild 7.6: Diode als Schalter

Beispiel: Bild 7.7 zeigt die Umschaltung der VHF-Vorstufe eines Tuners von Band I auf Band III und umgekehrt. Die Kombination aus C_1, C_2, C_3, L_1, L_2 und D_1 bildet einen Bandpaß für Band I, entsprechend die Kombination aus C_{11}... D_{11} einen Bandpaß für Band III. Über die Widerstände R_1 und R_{11} wird

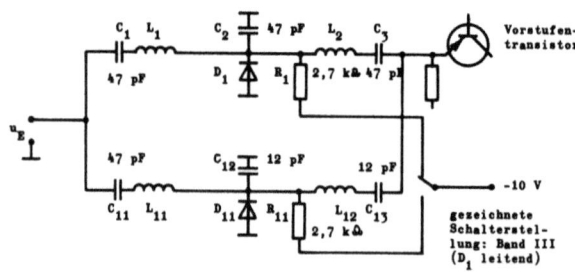

Bild 7.7: Bereichsumschaltung mit Dioden

den Dioden wahlweise eine Spannung zugeführt, die sie in Flußrichtung polt. Bleiben sie jedoch ohne Vorspannung, so sind sie gesperrt. Die jeweils durchgeschaltete Diode schließt den ihr zugeordneten Bandpaß gegen Masse kurz, der Signalfluß wird verhindert. Im gezeichneten Beispiel ist die Diode D_1 durchgeschaltet, der Bandpaß für Band I kurzgeschlossen. D_{11} ist gesperrt, damit wird der Signalweg für Band III frei. Die Widerstände R_1 und R_{11} entkoppeln den Signalweg vom Gleichstromweg und begrenzen gleichzeitig den Diodenflußstrom.

Diode als variable Kapazität (Varicap-Diode), Prinzip:

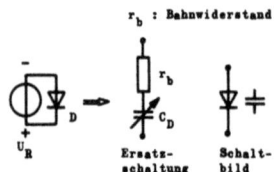

Bild 7.8: Diode als Kapazität

Eine in Sperrichtung gepolte Diode läßt sich ersatzweise als verlustbehafteter Kondensator betrachten (Bild 7.8), dessen Kapazität von der angelegten Sperrspannung abhängt.
Die Sperrschichtkapazität C_D und die Sperrspannung U_R sind über einen nichtlinearen Ausdruck miteinander verknüpft:

$$C_D = \frac{k}{U_R^n} \qquad (7.1).$$

Der Exponent n im Nenner ist von der Dotierung des Halbleitermaterials abhängig. Er liegt bei linear diffundierten Siliziumdioden in der Größenordnung von n = 3. Bild 7.9 zeigt die Kapazitätskennlinien zweier Silizium-Varicapdioden.

Bild 7.9:
Abhängigkeit der Diodenkapazität C_D von der Sperrspannung U_R für die Silizium-Varicap-Dioden BA 149 und BB 102

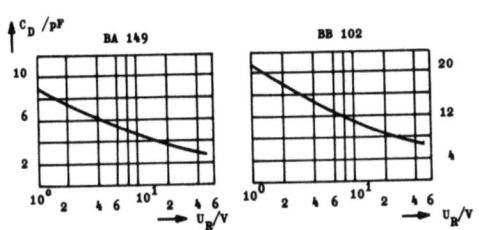

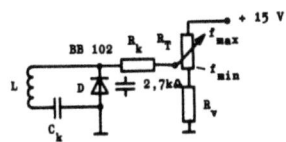

Bild 7.10: Diodenabstimmung

Beispiel: Abstimmung eines Schwingkreises mit der Varicapdiode BB 102 (Bild 7.10): Das Potentiometer R_T zur Abstimmung des Kreises hat einen Widerstandsverlauf, der den nichtlinearen Kapazitätsgang der Diode derart kompensiert, daß die Abstimmungseinstellung etwa linear verläuft. Der Kondensator C_k dient zur Gleichstromtrennung, weil die Diode sonst über die Kreisinduktivität kurzgeschlossen würde. R_v muß so bemessen sein, daß der gewünschte Frequenzbereich zwischen f_{min} und f_{max} überstrichen wird.

7.2. Bild-Zwischenfrequenz-Verstärker (Bild-ZF)

Der Bild-ZF-Verstärker ist ein mehrstufiger selektiver Verstärker mit genau definiertem Amplituden- und Phasengang. Der Amplitudengang wird mit einer Anzahl von Resonanzkreisen erreicht, die zum Teil gegeneinander versetzt abgestimmt sind. Hinsichtlich der Verarbeitung von Bild- und Tonsignal existieren 2 Konzepte, das *Intercarrier*- oder *Differenztonverfahren* und das *Paralleltonverfahren*. Wir beschränken uns hier auf die Behandlung des Intercarrierverfahrens, bei dem Bild und Ton denselben ZF-Kanal durchlaufen und behandeln in Abschnitt 8.4.1 kurz das sog. *Quasi-Paralleltonverfahren*.

7.2.1. Aufgaben des Bild-ZF-Verstärkers

Die Aufgaben des Bild-ZF-Verstärkers lassen sich in 3 Punkte fassen:
1) Verstärkung des vom Tuner gelieferten Signals auf einen Wert, der die Zerlegung in die einzelnen Komponenten : Videosignal, Farbartsignal, Ton und Synchronsignale und deren weitere Verarbeitung möglich macht (Verstärkung von einigen mV auf einige V).

2) Elimination von Schwankungen des Eingangssignals (z. B. verursacht

durch Feldstärkeschwankungen am Empfangsort), so daß am Ausgang des ZF-Verstärkers immer ein konstanter Pegel vorhanden ist (Automatische Verstärkungs-Regelung, AVR oder Automatic Volume Control, AVC). Diese Aufgabe teilt sich die Bild -ZF mit dem Tuner (s. dort).

3) Unterdrückung von Signalen aus benachbarten Senderkanälen.

7.2.2. Anforderungen an den Bild-ZF-Verstärker

Der Bild-ZF-Verstärker muß bezüglich *Verstärkung, Amplituden-, Phasen-* und *Frequenzgang* eine Reihe von Forderungen erfüllen:

1) **Amplitudenlinearität:** Für einen eingestellten Arbeitspunkt (bestimmter Wert der Gesamtverstärkung) muß der Zusammenhang zwischen Eingangsspannung u_E und verstärkter Ausgangsspannung u_A streng linear sein, weil sonst für die einzelnen Farben unterschiedliche Farbsättigungsfehler auftreten. Wir wollen uns das an einem Beispiel verdeutlichen. Bild 7.11 zeigt ein Farbbalkensignal mit den Informationen Weiß (100 % gesättigt), den

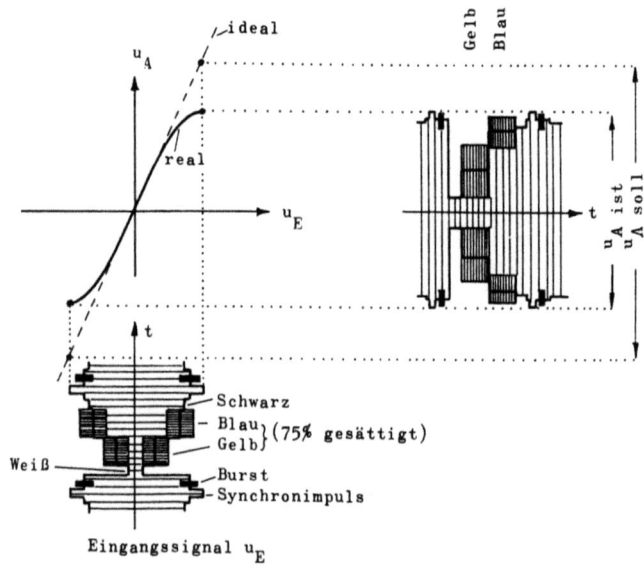

Bild 7.11: Einfluß der Amplitudenlinearität auf die Farbsättigung

Farben Gelb und Blau (jeweils zu 75 % gesättigt) und dem Wert Schwarz. Gelb und Blau wurden gewählt, weil sie sich im Grauwert besonders stark unterscheiden. Die Übertragungskennlinie $u_A = f(u_E)$ verfälscht durch ihre Nichtlinearität das Videosignal derart, daß die Farbinformation von Blau relativ zu der von Gelb reduziert, Blau also entsättigt wird. Gleichzeitig werden auch die Synchronsignale verzerrt.

2) *Durchlaßkurve:* Da Bild-, Ton- und Farbträger in genau definierten Verhältnissen zueinander stehen müssen, werden an die Durchlaßkurve hinsichtlich der Amplitudencharakteristik strengere Forderungen als beim Schwarzweißempfänger gestellt.
Insbesondere muß vermieden werden, daß sich aus Bild-, Ton- und Farbträger zusätzliche Kombinationsfrequenzen bilden. Dafür sorgen u. a. sog. Fallen, deren Selektionseigenschaften besser als bei Schwarzweiß sein müssen.
Abstände der einzelnen Frequenzen voneinander (CCIR):

Bildträger - Tonträger 5,5 MHz
Bildträger - Farbträger 4,43 MHz
Tonträger - Farbträger 1,07 MHz.

Das 1,07 MHz-Moiré macht sich auf dem Bildschirm besonders störend bemerkbar. Die Soll-Durchlaßkurve des ZF-Verstärkers zeigen im linearen und logarithmischen Maßstab die Bilder 7.12 und 7.13.

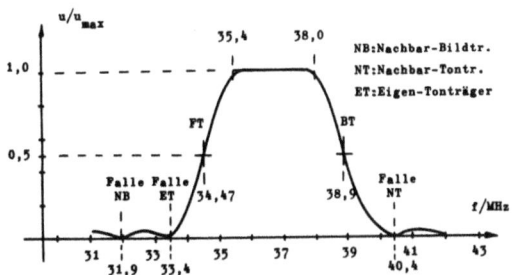

Bild 7.12: Normdurchlaßkurve (Amplitudenverlauf der normierten Verstärkung) des Bild-ZF-Verstärkers nach CCIR im linearen Spannungsmaßstab

Sowohl Bildträger als auch Farbträger liegen auf den Flanken der Gesamtdurchlaßkurve, und zwar bei 50 % (-6dB) des Maximalwertes in Bandmitte. Wegen der Restseitenbandübertragung und des schrägen Verlaufs der Flanken (auch Nyquistflanken genannt) ergänzen sich die beiderseits des Bild- bzw. Farbträgers liegenden Energieanteile zu jeweils 100 %, so daß sich

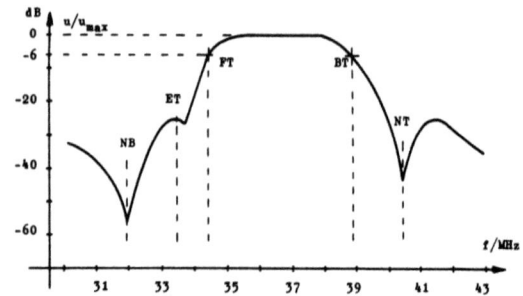

Bild 7.13: Normdurchlaßkurve nach CCIR im logarithmischen Spannungsmaßstab

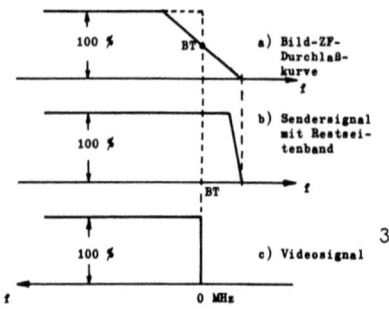

Bild 7.14: Prinzip der Restseitenbandübertragung

auch in diesen Bereichen Spektralanteile mit konstantem Verlauf ergeben. Bild 7.14 zeigt diese Zusammenhänge am Beispiel für das Videosignal.

3) **Phasengang des Verstärkers, Gruppenlaufzeit:**

Durchläuft ein Signal mit der Kreisfrequenz ω einen Verstärker, so erfährt es eine Phasenverschiebung φ zwischen dem Eingang und dem Ausgang, d. h., es benötigt eine bestimmte Laufzeit τ_{ph} Sie beträgt

$$\tau_{ph} = \frac{\varphi(\omega)}{\omega} \qquad (7.2).$$

und heißt Phasenlaufzeit. Die Gleichung (7.2) zeigt, daß bei konstantem φ die Laufzeit umso kleiner wird, je höher die Frequenz ω ist, bzw. daß bei gegebener Phasenlaufzeit τ_{ph} der Phasenwinkel mit steigender Frequenz kleiner wird.

Durchläuft also ein Signalgemisch mit der unteren Grenzfrequenz ω_u und der oberen Grenzfrequenz ω_o den gleichen Verstärker, so treten in der Praxis immer unterschiedliche Laufzeiten zwischen allen Frequenzen auf. Sie liegen zwischen dem Maximalwert τ_{phu} bei der tiefsten Frequenz und dem Minimalwert τ_{pho} bei der höchsten Frequenz.

Für breitbandige Übertragungssysteme ist deshalb weniger die Phasenlaufzeit τ_{ph} als vielmehr die Signalgruppenlaufzeit τ_{gr} von Interesse. Sie ist definiert

$$\tau_{gr} = \frac{d\varphi(\omega)}{d\omega} \qquad (7.3),$$

mathematisch gesehen also die Ableitung des Phasenwinkels φ nach der Kreisfrequenz ω.

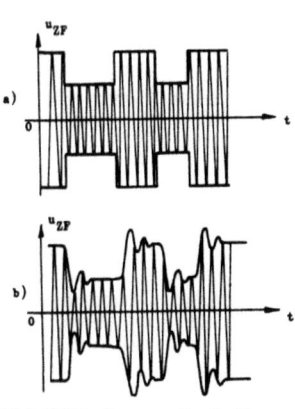

Bild 7.15: Gruppenlaufzeitverzerrungen in der Bild-ZF

Eine zu große Gruppenlaufzeit führt bei Schwarzweißbildern zu Verschiebungen der Helligkeitswerte entlang der Zeile und bei Farbe zu einer Verschiebung zwischen dem Schwarzweißbild und der sie "colorierenden" Information. Um die Gruppenlaufzeit möglichst klein zu halten, wird bei der deutschen Norm senderseitig eine Laufzeitvorentzerrung vorgenommen. Damit diese Kompensation voll wirksam wird, muß die Gruppenlaufzeit im Empfänger innerhalb bestimmter Toleranzen liegen.

Das Problem der Laufzeitverzerrungen tritt in jedem Breitbandverstärker auf, zusätzlich hierzu ergeben sich beim Fernsehen wegen der Restseitenbandübertragung und wegen der Verwendung von Fallen weitere Impulsverzerrungen. Sie äußern sich in einem schrägen Anstieg und Abfall der Impulsflanken und in einem Überschwingen. Auf dem Bildschirm tritt das Überschwingen dadurch in Erscheinung, daß ein sprungförmiger Schwarzweiß-Übergang nicht sofort erreicht wird, sondern eine Reihe von hellen und dunklen Linien hinter sich herzieht (Fahnenbildung). Bild 7.15 zeigt einen ZF-Impuls in seiner Ursprungsform a) und nach Durchlaufen eines schlecht dimensionierten ZF-Verstärkers b).

7.2.3. Technische Realisierung des Bild-ZF-Verstärkers

7.2.3.1. Resonanzverstärker mit LC-Schwingkreisen

Den gewünschten Amplituden- und Verstärkungsgang (mit dem auch ein bestimmter Laufzeitverlauf verknüpft ist) erreicht man bei Verwendung diskret aufgebauter Schaltungen mit einem 3- bis 4-stufigen Resonanzverstärker. Eine Durchlaßkurve mit so großer Bandbreite (ca. 7 MHz) läßt sich auf zwei verschiedene Arten erzielen:

1) Verwendung von *Einzelkreisen unterschiedlicher Dämpfung und gegeneinander versetzten Resonanzfrequenzen*: Bild 7.16 zeigt, wie die Durchlaßkurve aus in ihren Resonanzfrequenzen gegeneinander versetzten Einzelkreisen Kr_1 .... Kr_4 und einem (relativ breitbandigen) Bandfilter in Bandmitte resultiert. Der Einfluß der zusätzlich erforderlichen Fallen ist nicht mit eingezeichnet.

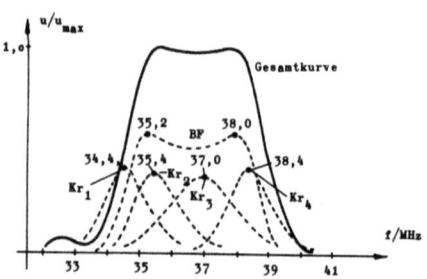

Bild 7.16: Resultierende Durchlaß-kurve bei Verwendung unterschiedlich abgestimmter Resonanzkreise

2) Verwendung von *Bandfiltern unterschiedlicher Kopplung k bzw. Bandbreite b*: Das Verhältnis (Kopplung : Dämpfung) k/d beeinflußt allgemein wesentlich den Amplitudenverlauf eines Bandfilters (Bild 7.17). Für k/d < 1 (unterkritische Kopplung) verläuft die Durchlaßkurve sehr spitz, ihr Maximum nimmt mit wachsendem k/d zu. Bei k/d = 1 wird die kritische Kopplung erreicht. Gleichzeitig hat das Maximum in Bandmitte seinen größten Wert. Für k/d > 1 bilden sich 2 zusätzliche Resonanzfrequenzen f_{H1} und f_{H2}, und es entstehen 2 Höcker. Das Maximum bei den

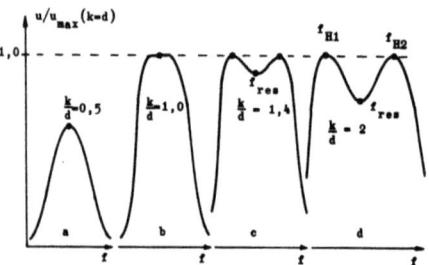

Bild 7.17: Durchlaßkurven von unterkritisch (a), kritisch (b) und überkritisch (c,d) gekoppelten Bandfiltern

Bild 7.18: Resultierende Durchlaßkurve eines Bild-ZF-Verstärkers bei Verwenwendung von 4 Bandfiltern mit unterschiedlicher Kopplung

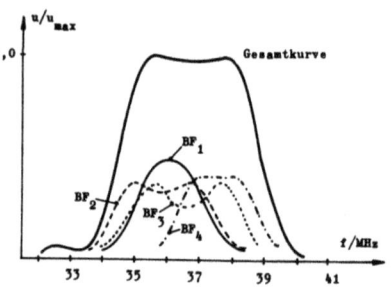

Höckerfrequenzen ist gleich dem Wert bei kritischer Kopplung. In Bandmitte entsteht eine Einsattelung, deren Tiefe mit k/d zunimmt. Bild 7.18 zeigt die Durchlaßkurve eines ZF-Verstärkers bei Verwendung von 4 Bandfiltern $BF_1 ... BF_4$ unterschiedlicher Kopplung.

Fallen: Auf die Notwendigkeit besonders wirksamer Fallen ist bereits hingewiesen worden. Gut bewährt haben sich Schaltungen mit Brückenfiltern, bei denen die jeweilige Falle in einer Wechselstrombrücke liegt. Man erreicht hierbei Dämpfungswerte bis zu 60 dB.

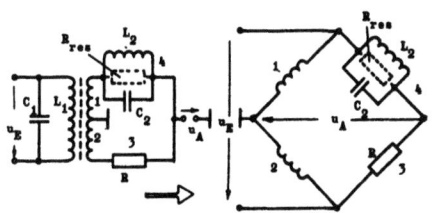

Bild 7.19: Falle in Form einer Brückenschaltung

In dem Schaltungsbeispiel nach Bild 7.19 werden die Brückenzweige 1 und 2 durch die Sekundärwicklung des Schwingkreises C_1, L_1 gebildet. Im Zweig 3 liegt der Fallenkreis L_2, C_2 und im Zweig 4 ein Ohmscher Widerstand R, der den Resonanzwiderstand R_{res} der Falle nachbildet. Für die Fallenfrequenz ist die Brücke abgeglichen, am Ausgang erscheint die Spannung Null.

Im Bild 7.20 ist ein ZF-Verstärker im Wechselspannungs-Prinzipschaltbild dargestellt (es sind also alle Bauelemente zur Gleichstrom-Arbeitspunkteinstellung der Transistoren der Einfachheit halber weggelassen). Es ist gezeigt, wie die einzelnen Kreise die Durchlaßkurve in Bild 7.21 beeinflussen.

Der ZF-Verstärker ist 3-stufig mit Transistoren aufgebaut. Im Eingang sitzt ein Bandfilter, das auf Bandmitte abgestimmt ist. Ihm folgt eine Brückenschaltung, die 2 Fallenkreise (für den Nachbar-Tonträger des nächsttieferen Kanals und den Nachbar-Bildträger des nächsthöheren Kanals) enthält. Der Saugkreis im Eingang von T_1 dient zur Einstellung des Verhältnisses Bildträger : Tonträger BT:TT. Im Ausgang von T_1 liegt ein auf Bandmitte abgestimmtes Bandfilter, ebenso ist der Ausgangskreis von T_2 auf Bandmitte abgeglichen . Im Eingang von T_3 ist ein Saugkreis angeordnet, mit dem der Verlauf der Farbträgerflanke justiert wird. Im Ausgang von T_3 teilen sich die Wege für die Bild- und die Toninformation auf. Parallel zu dem Einzelkreis, mit dem der Verlauf der Nyquistflanke eingestellt wird und der eine Koppelwicklung für die Toninformation trägt, liegt eine Brückenschaltung, deren Fallenkreis auf den Eigentonträger abgestimmt ist. Die Notwendigkeit der getrennten Demodulation für Bild und Ton wird im nächsten Abschnitt noch ausführlicher behandelt.

In den Empfängerkonzepten der siebziger Jahre wurden integrierte Verstärker verwendet, bei denen die einzelnen Resonanzkreise nicht mehr durch die Verstärkerstufen gegeneinander entkoppelt werden konnten. Das führte dazu, daß man die Selektionskurve mit Hilfe eines einzigen Kompaktfilters (meistens zwischen Tuner und ZF-IC) realisierte (s.a. Abschnitt 7.15).

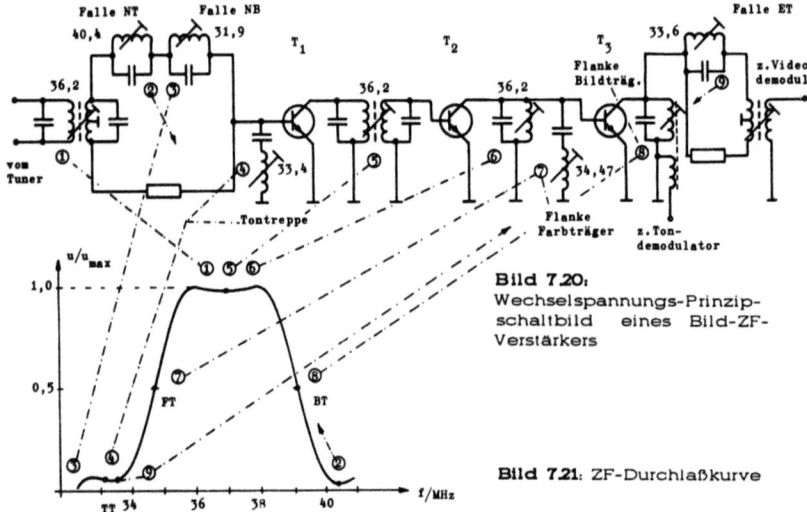

Bild 7.20: Wechselspannungs-Prinzipschaltbild eines Bild-ZF-Verstärkers

Bild 7.21: ZF-Durchlaßkurve

7.2.3.2. Bild-ZF-Verstärker mit Oberflächen-Wellen- (OWF)-Filtern

Seit etwa 1978 werden *Oberflächenwellen-(OWF-)Filter* als frequenzgangbestimmende Komponenten im Bild-ZF-Teil verwendet. Die englische Bezeichnung SAW-(Surface Acoustic Wave)-Filter läßt erkennen, daß hier nichtelektrische Wellen ausgenutzt werden. OWF-Filter sind Festkörperfilter, bei denen das elektrische Signal über einen Piezowandler in mechanische *Oberflächen-Ultraschallwellen* umgewandelt wird. Sie durchlaufen eine bestimmte Strecke, werden dabei in ihrer spektralen Zusammensetzung durch kammartig angeordnete Strukturen (*Interdigitalfilter)* beeinflußt und mittels eines reziproken Piezowandlers wieder in ein elektrisches Signal transformiert. Im Gegensatz zu den oben besprochenen LC-Filtern werden keine Resonanzerscheinungen ausgenutzt, sondern die Gesamtübertragungsfunktion ergibt sich aus der Überlagerung vieler Teilwellenfronten. Filter dieser Art eignen sich für Frequenzen von ca. 10 ..... 1000 MHz und sind in der Radartechnik schon länger im Einsatz.

Bild 7.22 zeigt den Aufbau eines OWF-Filters schematisch. Auf einem dünnen Lithium-Niobat-(LiNbO$_3$)Chip von ca. 5x12 mm^2 werden die Wandlerstrukturen aus aufgedampftem Aluminium herausgeätzt. Dabei sind die Anforderungen an die Genauigkeit ähnlich groß wie in der Mikroelektronik hochintegrierter Schaltungen. Eingangswandler, Multistrip-Koppler und Ausgangswandler haben kammförmige Leiterbahnen, deren Längen und gegenseitige Überlap-

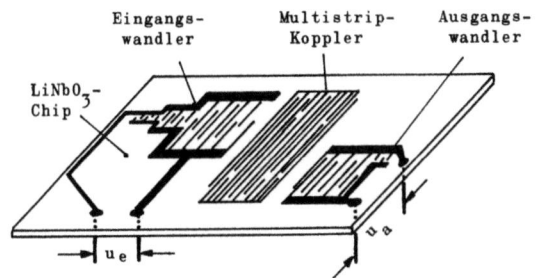

Bild 7.22: Oberflächenwellenfilter, schematischer Aufbau

pungen die Durchlaßcharakteristik bestimmen. Der Eingangswandler erzeugt Oberflächenwellen, die sich in alle Richtungen ausbreiten. Der Multistrip-Koppler erfaßt davon den Teil, der für die Weiterverarbeitung von Interesse ist und leitet ihn dem breitbandigen Ausgangswandler zu. Die Signallaufzeit der Ultraschallwelle liegt im Bereich von 1 ..... 2 µs. Wie bei der SECAM- und PAL-Ultraschallverzögerungsleitung (s.a. Abschnitte 6.13.2 und 7.11.2) können Störechos (3τ- Echos) nachteilige Folgen haben. Bei OWF-Filtern ist deshalb eine sorgfältige Wellenwiderstands-Anpassung der Verstärkerschaltungen vor und hinter dem Filter unerläßlich. Verglichen mit konventionellen LC-Filtern haben OWF-Filter wesentliche Vorteile:

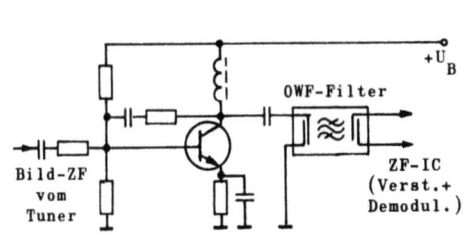

- fest eingestellte, nachträglich nicht mehr beeinflußbare Filtercharakteristik mit geringen Toleranzen,

- verbesserte Nachbarkanalselektion,

- minimale räumliche Abmessungen,

Bild 7.23: Bild-ZF-Verstärker mit OWF-Filter, vereinfachte Prinzipschaltung

- kleine Durchgangsdämpfung (ca. 20 dB),
- hohe Langzeitkonstanz der Parameter gegenüber elektrischen, mechanischen und klimatischen Einflüssen.

Für die Berechnung der OWF-Filter haben die Hersteller entsprechende Computerprogramme entwickelt, die es gestatten, die Filterstrukturen im Amplituden- und Phasengang allen wichtigen Fernsehnormen optimal anzupassen. Bild 7.23 zeigt in vereinfachter Form das Schaltbild eines OWF-ZF-Verstärkers, der eingangsseitig mit einem HF- Transistor als Vorverstärker und ausgangsseitig mit einem integrierten ZF-Verstärker/Demodulator arbeitet. An den Vorverstärker werden hohe Anforderungen hinsichtlich Verstärkung, Rauschverhalten und Kreuzmodulationsfestigkeit gestellt.

7.3. Bild-und Ton-Demodulatorstufen

7.3.1. Aufgabe der Demodulatorstufen

Das trägerfrequente FBAS + Tonsignal soll demoduliert und dabei in 3 Komponenten zerlegt werden:

- *Ton-ZF* (5,5 MHZ), die die NF frequenzmoduliert enthält,

- *Video-Signal* (0 - 5 MHz) + Synchrongemisch (Zeile, Bild, Burst),

- *trägerfrequentes Farbartsignal* (4,43 MHz), das die Farbdifferenzsignale enthält.

7.3.2. Anforderungen an die Demodulatoren

Prinzipiell entstehen bei der Gleichrichtung eines Frequenzgemisches an einer Diode oder einer ähnlichen Nichtlinearität außer den gewünschten Einzelfrequenzen jeweils noch die Kombinationsfrequenzen aus jeder mit den anderen (Prinzip des Diodenmischers, Bild 7.24). Würde also das Bild-ZF-Signal, wie früher einmal in der Schwarzweiß -Technik üblich, an einer

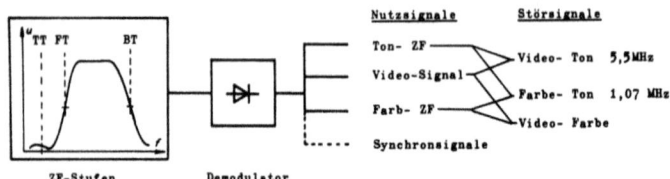

Bild 7.24: Entstehung verschiedener Frequenzen bei der ZF-Gleichrichtung

einzigen Diode gleichgerichtet, so entstünden zusätzliche Kombinationsfrequenzen aus Video-, Ton- und Farbartsignal. Im wesentlichen interessieren 3 störende Mischfrequenzen:

- 1,07 MHz als *Differenz aus Farb- und Tonträger*: Sie zeigt sich im Bild als kräftige Helligkeitsmodulation.

- *Kombinationsfrequenzen aus dem Videoband und der 5,5 MHz-Ton-ZF*, die in den Bereich um etwa 1,1 MHz fallen, liefern ein Signal, das eine falsche Farbinformation vortäuscht.

- *Leuchtdichtesignalanteile, die in den Farbkanal gelangen*, führen zu sog. Cross-Colour-Störungen, die sich als farbiges Rauschen zeigen.

Zur Vermeidung dieser Nachteile werden für die Gleichrichtung der Einzelbestandteile des ZF-Multiplexsignals getrennte Wege verwendet, d. h. die Signale werden vor der Gleichrichtung aufgespalten.

7.3.3. Technische Realisierung

Es müssen 3 Signale gewonnen werden, von denen 2 jeweils als Differenz zum Bildträger entstehen, nämlich die Ton-ZF und die Farb-ZF. Es genügen demnach 2 Demodulatoren. Prinzipiell sind 2 Konzepte denkbar:

1) Die ZF gelangt über ein Filter Fi_1 mit allen Komponenten auf einen Gleichrichter Gr_1 (Bild 7.25).
Es entsteht unter anderem die Ton-ZF, die über ein Filter Fi_2 (5,5 MHz) herausgesiebt und weiterverarbeitet wird. Hierbei ist der Amplitudenverlauf von Fi_1 vor dem Gleichrichter Gr_1 relativ unkritisch, weil es lediglich auf die Bildung der Ton-ZF ankommt.
Über ein weiteres Filter Fi_3, das an der Stelle des Eigentonträgers ET

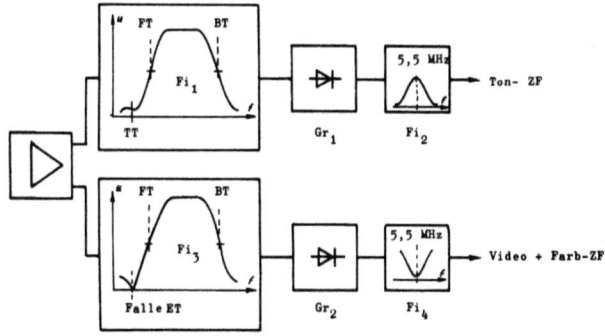

Bild 7.25: Getrennte Gewinnung des FBAS- und und des Ton-ZF-Signals

eine starke Dämpfung besitzt, werden das Videosignal und das Farb-ZF-Signal am Gleichrichter Gr_2 gewonnen. Die Polstelle der Durchlaßkurve beim Eigentonträger wird mit einer entsprechenden Falle erzeugt. 5,5 MHz-Reste im Videokanal werden durch eine Sperre Fi_4 weiter gedämpft.
2) Das Video-(BAS–) Signal wird getrennt gleichgerichtet (Bild 7.26).
Das vor dem Gleichrichter Gr_1 liegende Filter Fi_1 läßt also nur den Bereich von etwa 0 - 4 MHz, bezogen auf den Bild-ZF-Träger, durch und hat somit eine verminderte Bandbreite. Für Farbe ist das einigermaßen tolerabel.

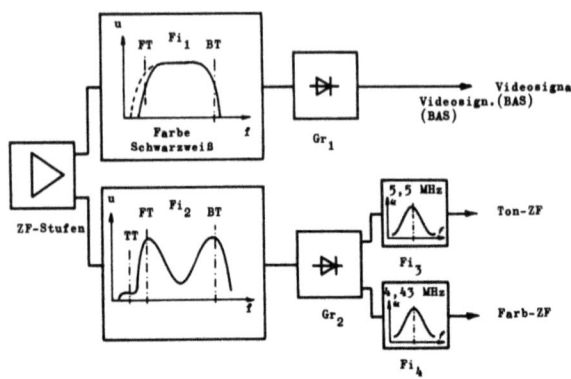

Bild 7.26: Getrennte Gewinnung des BAS-Signals sowie der Farb- und Ton-ZF

Das Filter Fi_2 ist im Bereich des Videosignals stark gedämpft. Lediglich die Gebiete um den Bild- und den Farbträger werden angehoben. Am Gleichrichter Gr_2 entstehen aus dem Bildträger und dem Tonträger die Ton-ZF und aus dem Bildträger und dem Farbträger die Farb-ZF, die über entsprechende Filterkreise Fi_3 und Fi_4 auf getrennten Wegen weiterverarbeitet werden.

Gebräuchlicher ist das erste Konzept. Als Beispiel seien hier im Bild 7.27 die Demodulatoren eines Transistor-ZF-Teils in diskreter Bauweise dargestellt (Telefunken).
Im Kollektorkreis des Transistors T_{103} liegt das Filter L_{110}/L_{111}. Über L_{111} wird die Tongleichrichterdiode Gr_{102} angekoppelt. Über C_{134} liegt eine Brückenschaltung mit der Eigentonfalle L_{112} ebenfalls am Kollektorkreis von T_{103}. Das Symmetrierfilter L_{114}/L_{115} treibt den Bildgleichrichter Gr_{101}. Eine

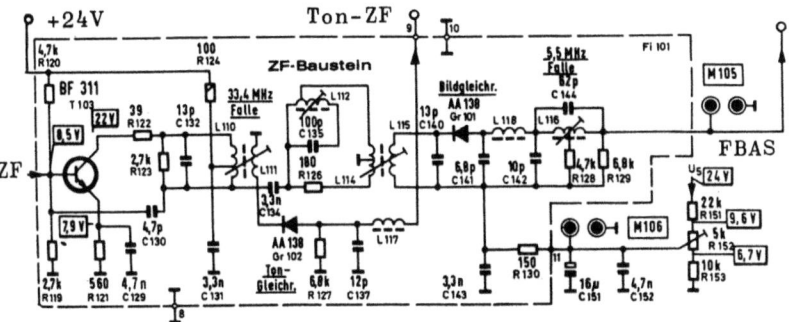

Bild 7.27: Schaltbeispiel für Bild- und Tongleichrichter

Bild 7.27: Schaltbeispiel für Bild- und Tongleichrichter

5,5 MHz-Falle mit L_{116} sorgt für die Unterdrückung noch vorhandener Ton-ZF-Reste im Videokanal.

Bei der Verwendung von integrierten ZF-Verstärkern wird die Demodulation mit einem gesteuerten Gleichrichter (Produktdemodulator) durchgeführt, dessen Prinzip im Abschnitt 6.10.1 behandelt wird.

7.4. Automatische HF-und ZF-Verstärkungsregelung (getastete Regelung)

Die an den Bild- und Tondemodulatoren abgegebenen Pegel dürfen keinen Schwankungen unterliegen, die auf Feldstärkeänderungen an der Antenne oder andere unbeeinflußbare Größen, die keinen Informationsgehalt haben, zurückzuführen sind. Die Verstärkungsfaktoren von HF- und ZF-Teil müssen daher automatisch geregelt werden (Automatische Verstärkungs-Regelung, AVR bzw Automatic Volume Control, AVC).

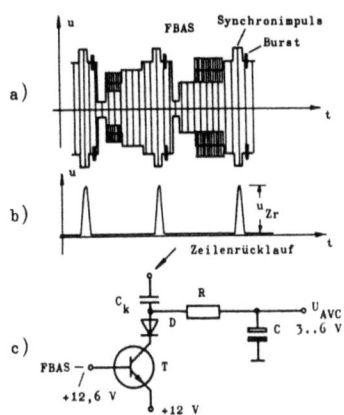

Bild 7.28: Prinzip der getasteten Regelung

Im Gegensatz zum Rundfunk, wo man den Istwert direkt aus dem ZF-Signal gewinnt, kann das FBAS-Signal nicht vollständig zur Istwertgewinnung herangezogen werden, weil der zeitliche Spannungsmittelwert (während der Dauer der aktiven Zeilen) vom Bildinhalt abhängig ist. Lediglich die Synchronimpulse sind ein Maß für die Empfangsfeldstärke, weil hier der Sender 100% seiner Leistung abstrahlt (Bild 7.28 a) Zur Gewinnung der Stellgröße sind deshalb nur die Synchronimpulse brauchbar. Die Stufe, in der die Regelspannung gewonnen wird, darf nur während der Dauer des Zeilenrücklaufs arbeiten (Bild 7.28 b) Sie wird während dieser Zeit "aufgetastet", und man spricht deshalb von getasteter Regelung.

7.4.1. Technische Realisierung

Bild 7.28 c zeigt ein Schaltungsbeispiel für die Regelspannungserzeugung mit einer Transistorstufe. Der Emitter von T liegt auf +12 V, auf die Basis wird das FBAS-Signal gegeben. Der Kollektor liegt in Reihe mit einer Diode D, an deren Anode eine RC-Kombination und der Koppelkondensator C_k für die Zeilenrücklaufimpulse angeschlossen sind.

Normalerweise ist T gesperrt. Durch die Zeilenrücklaufspannung u_{zr} (z.B. 40 V) wird die Kollektorspannung impulsartig positiv, es fließt ein Kollektorstrom, der dem Spannungswert des Zeilensynchronimpulses proportional ist. Nach Abklingen des Zeilenrücklaufs ist T wieder gesperrt. Die RC-Kombination sorgt für die Glättung des Stromimpulses, und D verhindert einen rückwärtigen Stromfluß während der Sperrzeiten von T.

7.4.2. Verzögerte Regelung

Die automatische Verstärkungsregelung des Tuners soll erst bei höheren Eingangsfeldstärken einsetzen (verzögerte AVR). Die Regelspannung wird dem Tuner deshalb nicht direkt, sondern über eine Schwellwertdiode (Z-Diode o. ä.) zugeführt (Bild 7.29)

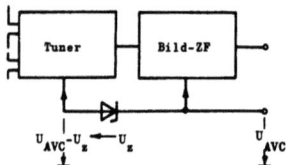

Bild 7.29: Verzögerte Regelung des Tuners

7.5. Leuchtdichteverstärker (Luminanz-, Video- oder Y-Verstärker)

So wie alle bisher besprochenen Empfängerstufen ist auch der *Video-* oder *Luminanzverstärker* ein wesentlicher Bestandteil sowohl des Schwarzweiß- als auch des Farbfernsehempfängers. Zusätzlich zu den Funktionen, die er in der Scharzweißtechnik erfüllt, kommen ihm im Farbfernsehen einige weitere

Aufgaben zu.

7.5.1. Aufgaben des Videoverstärkers

Der Videoverstärker erfüllt folgende Funktionen:

1) **Verstärkung des Y-Signals** von dem Pegel, den der Videogleichrichter liefert (u_{ss} = 1...4 V) auf einen Wert, der die Ansteuerung der Bildröhre ermöglicht (u_{ss} = 60...120 V).

2) **Einstellung von Helligkeit und Kontrast** des Bildes: Die Helligkeitseinstellung legt die Grundhelligkeit des Bildes fest, während die Kontrasteinstellung den Unterschied in den Helligkeitswerten zwischen "hellstem Weiß" und "dunkelstem Schwarz" beeinflußt. Die Helligkeitseinstellung bestimmt demnach den Arbeitspunkt des Videoverstärkers und die Kontrasteinstellung die Verstärkung. Die Kontrasteinstellung ist mit der Lautstärkeeinstellung im Hörrundfunkempfänger vergleichbar.

Die Bilder 7.30 und 7.31 sollen diese Zusammenhänge erläutern.

Die Einstellung des Arbeitspunktes und damit des mittleren Bildröhren-Strahlstromes I_m bewirkt unterschiedliche Helligkeitseinstellungen (Bild 7.30). Zur Wehneltspannung -U_{w1} gehört der Arbeitspunkt A_1 mit der Grundhelligkeit I_{m1}. Die Steuerwechselspannung u erzeugt wegen der unterschiedlichen Steilheiten in A_1 und A_2 unterschiedliche Strahlwechselströme i_1 und i_2, ein Effekt, der an sich unerwünscht ist, denn er führt zu einer zusätzlichen Kontraständerung.

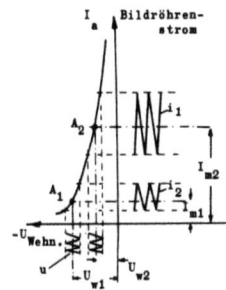

Bild 7.30: Wirkung der Helligkeitseinstellung

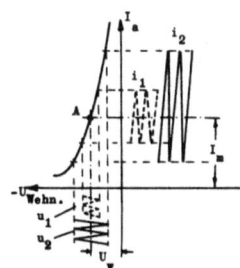

Bild 7.31: Wirkung der Kontrasteinstellung

Im Bild 7.31 sind für eine eingestellte Grundhelligkeit I_m die Strahlströme i_1 und i_2 für 2 verschiedene Kontrasteinstellungen (Steuerwechselspannungen u_1 und u_2) dargestellt. Kontrast- und Helligkeitseinstellung sind dann optimal, wenn die Bildröhre möglichst über den gesamten Bereich so ausgesteuert wird, daß die Gradationsverzerrungen minimal sind. In diesem Zusammenhang sei noch einmal auf die senderseitig vorgenommene γ- Vorentzerrung (Abschnitt 1.3) hingewiesen.

3) *Aussiebung eventuell noch vorhandener Farbdifferenzanteile* aus dem Videosignal, die sonst zu einer Moirèstörung führen würden.

4) *Verzögerung des Y-Signals* um ca. 0,5 .... 0,8 µs zur Laufzeitanpassung an das langsamere Farbsignal, damit beide Informationen gleichzeitig an der Bildröhre verfügbar sind (s. a. Bild 6.35).

5) *Austastung* (Dunkelsteuerung des Elektronenstrahls) während des Zeilen- und Bildrücklaufs.

7.5.2. Anforderungen an den Y-Verstärker

Der Y-Verstärker hat eine Reihe von Anforderungen zu erfüllen, die wir nachfolgend diskutieren wollen.

1) Das Videosignal hat eine Bandbreite von 0..... 5 MHz. Die Anforderungen an die Amplitudenlinearität der Kennlinie $u_A = f(u_E)$ sind die gleichen wie beim ZF-Verstärker (s. a. Abschnitt 7.2.) und damit höher als beim einfachen Monochromempfänger. Entsprechendes gilt für die Gruppenlaufzeit und das Einschwingverhalten. Eine sorgfältige Dimensionierung ist deshalb unerläßlich.

2) Die Einstellungen von Kontrast und Helligkeit sollen möglichst unabhängig voneinander sein, d. h. bei der Kontrasteinstellung soll keine Veränderung des Schwarzwertes eintreten (vgl. a. Bilder 7.30 und 7.31).

3) Eventuell vorhandene Farbdifferenzsignale im Videokanal müssen von der Bildröhre ferngehalten werden, weil sie sonst ein Moiré erzeugen. Einerseits möchte man bei Schwarzweißsendungen die volle Y-Bandbreite von 5 MHz übertragen, andererseits sollen bei Farbe die Frequenzen um 4,43 MHz im Videokanal mittels des sog. Notch-Filters (notch, engl.:Kerbe) unterdrückt werden, um eine unerwünschte Aussteuerung der Bildröhre durch Farb-ZF (sog. Cross-Luminanz- Störungen) zu vermeiden. In manchen älteren Schaltungskonzepten ist daher eine Umschaltung des Video-Frequenzgangs bei Farbe und Schwarzweiß vorgesehen. Heute verzichtet man auf diese Maßnahme, weil praktisch keine Monochromsendungen mehr ausgestrahlt werden. Im Zuge der Diskussion zur kompati-

blen Verbesserung von PAL (Wiederherstellung der vollen Videobandbreite von 5 MHz durch Einführung von I- oder Q-PAL) könnte das Problem Cross-Luminance künftig als gelöst gelten.

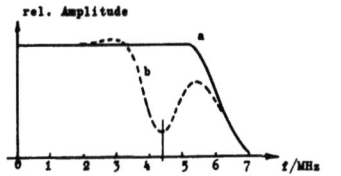

Bild 7.32: Absenkung des Videofrequenzgangs in der Umgebung des Farbträgers mittels Notch-Filter

Im Bild 7.32 sind die Frequenzgänge eines Y-Verstärkers für Schwarzweiß (a) und Farbe (b) dargestellt. Die Frequenzbandbeschneidung bei Farbe ist mit einem gewissen Bildschärfeverlust verbunden, den man aber in Kauf nehmen muß.

4) Die Laufzeitdifferenz zwischen Y- und Farbinformation hängt vom Empfängerkonzept ab und ist damit individuell verschieden. Die dem Videoverstärker eigene Laufzeit liegt in der Größenordnung zwischen 0,1...0,125 µs, je nachdem, wieviele Stufen enthalten sind. Die im Farbkanal auftretenden Laufzeiten (Signalbandbreite ca. 1,3 MHz) kann man mit etwa 1 µs ansetzen. Das Farbartsignal ist demnach um etwa 0,9 µs langsamer. Bei der Diskussion der Gruppenlaufzeit war darauf hingewiesen worden, daß senderseitig eine Laufzeitvorentzerrung vorgenommen wird (s.a. Abschnitt 7.2). Sie beträgt 0,175 µs. Um diesen Wert vermindert sich deshalb die im Empfänger erforderliche Verzögerung des Y-Signals, so daß sich Zeiten um 0,75 µs ergeben. Innerhalb des Videobandes sollen möglichst keine weiteren Verzerrungen entstehen. Das erreicht man mit Laufzeitleitungen entsprechender Bandbreite und durch sorgfältige Anpassung der Laufzeitleitung an die Schaltung (Abschluß der Leitung im Eingang und im Ausgang mit dem Wellenwiderstand Z zur Vermeidung von Signalreflexionen). 3% Reflexion sind auf dem Bildschirm bereits sichtbar, und 5% wirken schon störend!

7.5.3. Schaltungstechnik im Video-(Y-) Verstärker

Wegen der unteren Video-Grenzfrequenz Null müssen Gleichstromkomponenten im Fernsehbild erhalten bleiben. Da die Übertragung in der Regel hochfrequent geträgert erfolgt braucht man im Empfänger spezielle Stufen, die den Gleichstrompegel (vorzugsweise für Schwarz) restaurieren. Man bezeichnet sie als Klemmschaltung oder Schwarzwertgewinnungsstufe.

Entsprechend gibt es 2 Schaltungskonzepte: Direkte (galvanische) Kopplung der einzelnen Videostufen und der Bildröhre sowie kapazitive Kopplung.

Die Bilder 7.33 und 7.34 zeigen die prinzipiellen Unterschiede beider

Schaltungen. Bei der direkten Kopplung bleibt der mit dem Helligkeitssteller einmal gewählte Wert für die Helligkeit (Arbeitspunkt der Bildröhre) erhalten, und das Videosignal baut sich auf diesem Grundpegel auf. Angenommen ist Katodensteuerung der Bildröhre durch das Videosignal (s. a. Abschnitt 7.14.2.). Bei der kapazitiven Kopplung ordnet sich das Videosignal so um

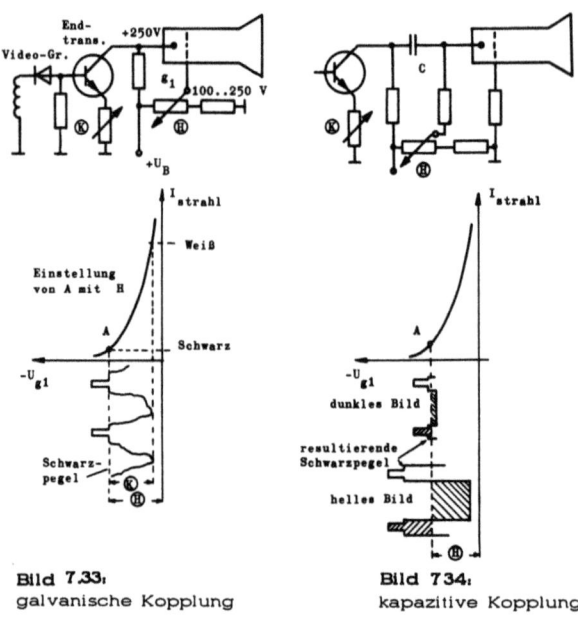

Bild 7.33:
galvanische Kopplung

Bild 7.34:
kapazitive Kopplung

den einmal eingestellten Arbeitspunkt U_{g1} an, daß der zeitliche Mittelwert des Videosignals der Spannung U_{g1} im Arbeitspunkt entspricht. Der Schwarzwert des Bildes ist vom Bildinhalt abhängig.

Auch bei der galvanischen Kopplung ist der Schwarzwert vom Videosignal abhängig, nämlich dann, wenn die ZF-Spitzenamplitude des (F)BAS-Signals am Videogleichrichter aufgrund wechselnder Empfangsbedingungen Schwankungen unterliegt. Da dieser Effekt wegen der AVC im HF- und ZF-Verstärker jedoch vernachlässigbar ist, kann man von einem konstanten Videopegel ausgehen.

Die bei kapazitiver Kopplung erforderliche Schwarzwertgewinnung kann beispielsweise mit einer Diode erreicht werden, indem man das Videosignal gleichrichtet und die Richtspannung u_v, die der mittleren Bildhelligkeit proportional ist, zur Grundhelligkeitseinstellung u_{g1} am Wehneltzylinder zuaddiert (Bild 7.35).

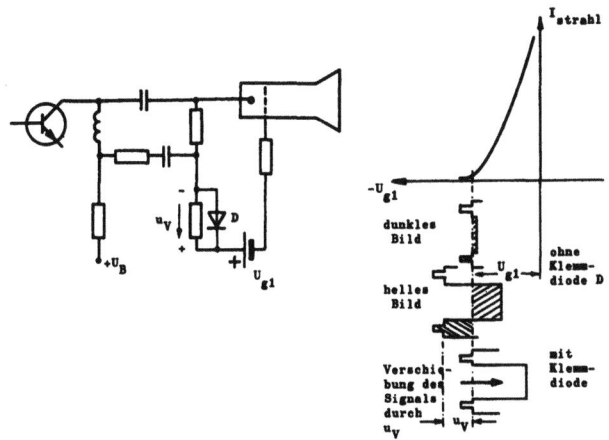

Bild 7.35: Klemmschaltung mit Schwarzwertdiode

Schaltbare 4,43 MHz-Sperre:
Die für Farbe erwünschte Absenkung der Videofrequenzen im Bereich des Farbträgers erreicht man auf einfache Weise mit einem abschaltbaren 4,43 MHz-Sperrkreis, für den Bild 7.36 ein Beispiel zeigt.

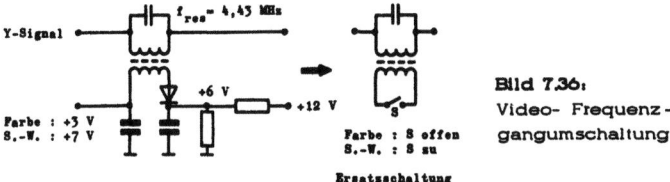

Bild 7.36: Video-Frequenzgangumschaltung

Die Sekundärwicklung des Sperrkreises wird wahlweise im Leerlauf (Farbe) oder im Kurzschluß (Schwarzweiß) betrieben. Bei Kurzschluß ist die Dämpfung des Kreises so groß, daß er unwirksam wird.

Y-Verzögerungsstufe
Die Y-Verzögerungsleitung muß eingangs- und ausgangsseitig mit ihrem Wellenwiderstand Z abgeschlossen sein. Der Wellenwiderstand ist von der Konstruktion der Leitung abhängig. In dem in Bild 7.37 skizzierten Schaltungsbeispiel ist $Z = 1{,}8$ kΩ.

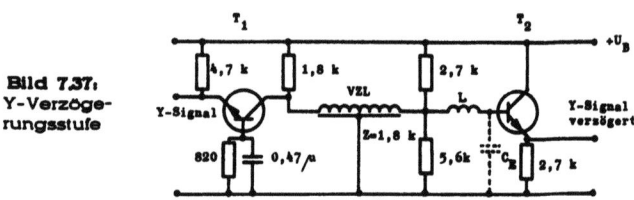

Bild 7.37: Y-Verzögerungsstufe

Der Abschluß im Eingang der Verzögerungsleitung VZL geschieht durch den Kollektorwiderstand von T_1. Transistor T_1 wird in Basisschaltung betrieben, d. h. sein Ausgangswiderstand r_{CE} ist hoch (einige hundert kΩ), so daß der Kollektorwiderstand allein die Belastung von VZL bestimmt. Im Ausgang von VZL liegt der Basisspannungsteiler von T2. Die Parallelschaltung aus den Teilerwiderständen (2,7 kΩ und 5,6 kΩ) ergibt gerade 1,8 kΩ , also Z. Der Eingangswiderstand des Emitterfolgers T_2 ist so groß , daß er gegen den Basisspannungsteiler vernachlässigbar ist. Die Serienspule L im Eingang von T_2 dient zur Kompensation der Eingangskapazität von T_2.

7.6. Farbartverstärker (Farb-ZF- oder Chrominanzverstärker)

Der Farbartverstärker ist die erste Stufe im Farbfernseher, für die wir aus dem Schwarzweißempfänger kein Äquivalent kennen.

7.6.1. Aufgaben des Farbartverstärkers

Die Aufgaben des Farbartverstärkers lassen sich im wesentlichen in 3 Punkten zusammenfassen:

1) Das trägerfrequente Farbartsignal muß weiter verstärkt werden, damit es einen Pegel erlangt, der die Trennung in die einzelnen Komponenten ermöglicht.

2) In den Frequenzgang müssen Korrekturen derart eingebracht werden, daß die einwandfreie Rückgewinnung der Farbdifferenzsignale ermöglicht wird. (Der Farbträger ist bei der Übertragung um 6 dB gegenüber dem Videosignal abgesenkt, wie wir im Abschnitt 7.2.2 gelernt haben).

3) Konstanthaltung der Farbsignalamplitude zur Vermeidung von Farbsättigungsfehlern: Hierzu ist eine automatische Verstärkungsregelung ähnlich der AVC im Bild-ZF-Teil notwendig, sie wird als ACC (Automatic Chrominance Control) bezeichnet.

7.6.2. Anforderungen an den Farbartverstärker

Beim Entwurf des Farbartverstärkers sind folgende Punkte von Wichtigkeit:

1) **Durchlaßkurve:**
An die Durchlaßkurve des Farb-ZF-Verstärkers werden zum Teil ganz andere Forderungen wie im Falle der Bild-ZF gestellt. Zunächst muß erreicht werden, daß die mit relativ starker Amplitude vertretenen Frequenzanteile des Y-Signals im Bereich unterhalb von 2 MHz ferngehalten werden.
Im Bereich von 3....5 MHz soll die Durchlaßkurve einen genau definierten Verlauf haben, denn er geht sehr stark in die Gesamtfunktion des Gerätes ein. Die Y-Verzögerungsleitung ist für eine bestimmte Laufzeit des Signals im Farbteil dimensioniert. Ein Fehlabgleich der Farb-ZF-Durchlaßkurve verändert jedoch die Laufzeit. Ein Laufzeitfehler von 0,1 µs führt z. B. bei einer Bildröhre vom Typ A 66 - 140 X zu einem Deckungsfehler zwischen Luminanz und Chrominanz von ca. 1 mm. Die Sollkurve des Farbartverstärkers ist deshalb immer zusammen mit der Durchlaßkurve des Bild-ZF-Verstärkers und den Videostufen zu betrachten, weil deren Charakteristiken direkt in die Farb-ZF-Kurve mit eingehen. Das Bild 7.38 zeigt den Videofrequenzgang eines Farbempfängers bei Farbempfang (verminderte Bandbreite) in der Kurve (a) und die Farb-ZF- Kurve gestrichelt (c) als Sollkurve, über den gesamten Empfänger gemessen. Die für den geforderten Frequenzgang des Farbsignals notwendige Anhebung der Frequenzen oberhalb der Farbträgerfrequenz geschieht im Farb-ZF-Verstärker, der eine extrem schiefe Durchlaßkurve (b) besitzen muß . Mit dieser Durchlaßkurve wird gleichzeitig die Unterdrückung der Frequenzen unterhalb 2 MHz erreicht.

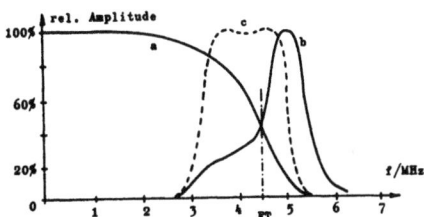

Bild 7.38:
Video-Frequenzgang (a)
Farb-ZF-Durchlaßkurve (b)
und resultierender
Chrominanzsignal—Frequenzgang (c)

2) *Automatische Farbkontrastregelung (ACC):*
Da der Farbträger auf der schrägen Flanke der ZF-Durchlaßkurve liegt (s. a. Bilder 7.12 und 7.13) verursachen geringe Verstimmungen des Tuners bereits sichtbare Farbkontraständerungen (Änderungen des Verhältnisses BT/FT). Durch eine Verstärkungsregelung ähnlich der AVC im Bild-ZF-Verstärker muß man dafür sorgen, daß der Farb-ZF-Pegel am Ausgang konstant gehalten wird (ACC = **A**utomatic **C**hrominance **C**ontrol).
So wie beim Bild-ZF- Verstärker die Zeilensynchronimpulse zur Istwertgewinnung herangezogen werden, so dient die *Burstamplitude* bei der Re-

gelung der Farb-ZF als Bezugsgröße, denn im Farbsignal hat der Burst als einzige Information eine definierte Amplitude (25% des Bildträgers).

3) *Farbkontrasteinstellung von Hand*:
Die Amplitude des Farb-ZF-Signals muß relativ zum Videosignal auch von Hand einstellbar sein, damit eine individuelle Wahl der Farbsättigung möglich ist. Die automatische Farbkontrastregelung hält die Farbsättigung dann auf dem von Hand eingestellten Wert konstant. Zusätzlich zu dem vom Schwarzweiß-Empfänger her bekannten Einstellern für Helligkeit und Kontrast kommt beim Farbfernseher noch der Einsteller für den Farbkontrast.
Speziell die NTSC-Empfänger haben noch einen weiteren Steller für den Farbton, der bei PAL und NTSC entfallen kann, weil entweder keine Farbtonfehler infolge von Phasenfehlern bei bei Übertragung auftreten können (SECAM) oder weil sie automatisch eliminiert werden (PAL).

7.6.3. Schaltungstechnik im Farbartverstärker

Im Wechselspannungs-Prinzipschaltbild 7.39 ist ein Farb-ZF- Verstärker mit 2 Transistorstufen dargestellt.

Im Eingang von T_1 liegt ein Hochpaß, bestehend aus dem Sperrkreis L_1, C_1

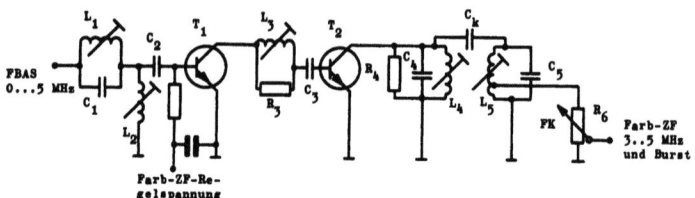

Bild 7.39: Prinzipschaltung eines Farbartverstärkers

und dem Hochpaß L_2, C_2. Er hält die niederfrequenten Anteile des Y-Signals aus der Farb-ZF fern. Am Kollektor von T_1 liegt der Kreis L_3, C_3, R_3, dessen Resonanzfrequenz bei etwa 6 ..... 7 MHz liegt. Die Resonanzfrequenz richtet sich nach dem Regelzustand von T_1. Transistor T_1 dient nämlich gleichzeitig als Regeltransistor für die Farbkontrastautomatik. Etwa 1/3 der notwendigen Entzerrung des Frequenzgangs geschieht in dieser Stufe. Im Ausgang von T_2 liegt das Bandfilter L_4, C_4, L_4 - L_5, C_5 mit dem Koppelkondensator C_k. Der Primärkreis hat eine Resonanzfrequenz von etwa 4,8 MHz und der Sekundärkreis von 3,5 MHz. Dieses Filter bewirkt die restliche Entzerrung. An R_6, dem Farbkontrasteinsteller FK, kann die Farb-ZF-Amplitude von Hand eingestellt werden.

7.7. Getasteter Burstverstärker

Aus dem Burst werden eine Reihe von wichtigen Informationen gewonnen. Er muß deshalb aus dem FBAS-Signal herausgelöst und getrennt weiterverarbeitet werden. Zunächst sollen erst einmal die Aufgaben erläutert werden, die der Burst im Farbfernseher zu erfüllen hat.

7.7.1. Aufgaben des Burst

Dem *Burst* sind im wesentlichen 4 Aufgaben zuzuordnen:

1) Das **Vorhandensein** des Burst ist ein Kriterium dafür, ob es sich um eine Farbsendung handelt oder nicht.
Bei Vorhandensein des Burst gibt der Farbabschalter (color killer) den Farbkanal frei, wenn einige Nebenbedingungen erfüllt sind, die wir noch besprechen.

2) Die **Amplitude** des Burst ist ein Maß für die Amplitude der Farb-ZF. Sie dient deshalb zur Gewinnung der Regelspannung für die Farbkontrastautomatik ACC.

3) Die **Polung** des Burst (45° vor- oder nacheilend gegenüber der -U-Achse) ist ein Kriterium dafür, ob das V-Signal in Normallage (NTSC-Zeile) oder mit negativem Vorzeichen (PAL-Zeile) übertragen wird.
Sie dient also zur Steuerung des PAL-Schalters.

4) Die **Phasenlage** des Burst liefert die Bezugsphase für den Referenzoszillator.

7.7.2. Aufgabe des getasteten Burstverstärkers

Der getastete Burstverstärker hat die Aufgabe, das Farbdifferenzsignal vom Burst zu trennen, so daß beide Signalkomponenten einzeln weiterverarbeitet werden können. Wie der Name schon andeutet, wird ähnlich wie bei der getasteten Regelung der Verstärker periodisch aktiviert, und zwar wird auch hier der Zeilenrücklaufimpuls zur Steuerung des Verstärkers benutzt. Es müssen besondere Vorkehrungen getroffen werden, damit der Burstverstärker genau dann aktiv ist, wenn der Burst im Signal (auf der hinteren Schwarzschulter) erscheint. Das bedeutet einen kleinen Zeitverzug gegenüber dem Beginn des Zeilenrücklaufs.
Andererseits darf das Farb-ZF-Signal keine Burstinformation mehr enthalten, wenn es zu den Synchrondemodulatoren gelangt. Die hintere Schwarzschulter wird nämlich zur Klemmung benutzt, und nur ohne Burst hat sie das richtige Potential.

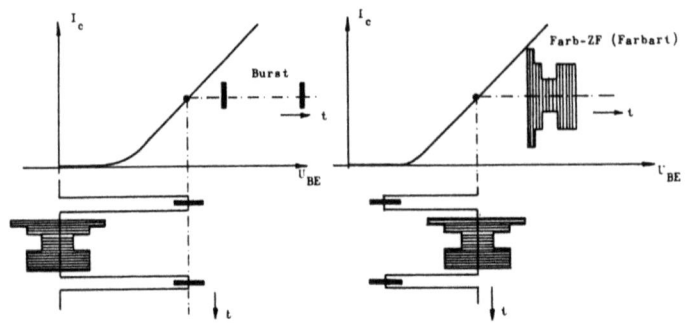

a) Abtrennung des Burst   b) Abtrennung der Farb-ZF

Bild 7.40: Prinzip der Trennung von Farb-ZF und Burst mit zwei unterschiedlich getasteten Transistoren

Das Prinzip der Trennung von Burst und Farbartsignal ist im Bild 7.40 an den idealisierten Steuerkennlinien zweier Transistoren dargestellt. Im linken Teil wird die Vorspannung eines Transistors durch den Zeilenrücklauf während der Dauer des Bursts so weit ins Positive verschoben, daß der normalerweise gesperrte Transistor leitet. Damit wird nur der Burst durchgelassen. Im rechten Teil wird der Arbeitspunkt für den normalerweise im Durchlaß betriebenen Transistor während der Burstdauer soweit ins Negative verlagert, daß der Transistor sperrt. Am Ausgang steht nur das Farbartsignal.

7.7.3. Schaltungstechnik im Burstverstärker, Regelspannungsgewinnung

Bild 7.41 zeigt an einem Beispiel die Prinzipschaltung eines getasteten Burstverstärkers mit nachfolgender Stufe für die Farb-ZF-Regelspannungserzeugung.

Kennzeichnend für dieses Schaltungskonzept ist der polarisierte Schwingkreis im Eingang von T_1. Er hat eine Eigenresonanz von etwa der 3-fachen Zeilenfrequenz. Durch den Zeilenrücklaufimpuls wird der Kreis L_1, C_1, D_1 angestoßen. Er versucht auf seiner Eigenfrequenz zu schwingen, die Diode verhindert jedoch die Ausbildung der negativen Halbwelle. Es entsteht ein Halbsinus, der den Transistor kurzzeitig leitend macht, und zwar wegen der Phasenverschiebung gegen den erregenden Zeilenrücklaufimpuls genau zu der Zeit, wo bei dem ebenfalls auf T_1 gegebenen Farbsignal (ZF + Burst) der Burst anliegt. Am Kollektor von T_1 erscheint dann lediglich der verstärkte Burst. Über die Sekundärwicklung des 4,43 MHz-Resonanzkreises L_3, C_3 wird der Burst den Phasendiskriminatoren zugeführt. Gleichzeitig wird ein Teil des Signals über R_5 auf die Basis-Emitter-Strecke von T_2 gegeben, wo es

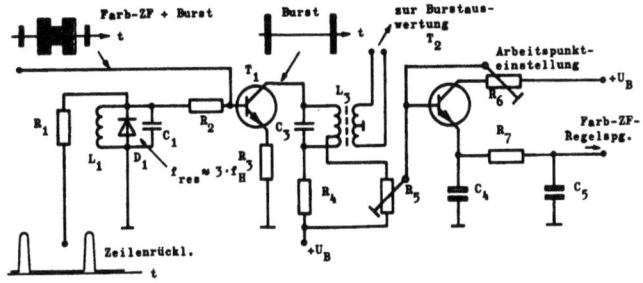

Bild 7.41: Burstverstärker

gleichgerichtet wird. Die Stromimpulse, deren Höhe proportional zur Burstamplitude ist, werden über das Siebglied C_4, R_7, C_5 geglättet und als Regelspannung verwendet.

7.8. Farbabschalter (Color Killer)

7.8.1. Aufgabe des Farbabschalters

Der *Farbabschalter* soll den Farbkanal sperren, wenn eine einwandfreie Farbbildwiedergabe nicht möglich ist. Drei Fälle sind hierfür denkbar:

1) Es handelt sich um eine *Schwarzweißsendung*.
2) Es handelt sich um eine *stark verrauschte Farbsendung* (geringe Empfangsfeldstärke).
3) Im Farbkanal liegt eine *Störung* vor.

Würde der Farbkanal nicht gesperrt, so gelangten Videoanteile mit Frequenzen oberhalb 3,5 MHz an die Synchrondemodulatoren und würden bei Schwarzweißsendungen eine das Auge sehr stark störende Farbinformation vortäuschen. Bei Farbsendungen mit kleiner Empfangsfeldstärke wäre eine einwandfreie Synchronisation des Referenzoszillators und damit die richtige Wiedergabe der Farbtöne nicht möglich.

7.8.2. Anforderungen an den Farbabschalter

Das Kriterium: Colorkiller leitend oder gesperrt soll unabhängig von der Burstamplitude sein. Lediglich ein bestimmter Schwellwert soll darüber ent-

scheiden, welchen Schaltzustand der Killer einnimmt.
Als zweites Kriterium dient der Synchronisationszustand des Referenzoszillators. Ist der Oszillator phasensynchron mit dem Burst, aktiviert der Killer den Farbkanal, sonst nicht.
Der Colorkiller muß auch unterscheiden können, ob der vom Sender gelieferte Burst alterniert, d. h. ob es sich um eine PAL-Sendung handelt. Im anderen Falle darf der Farbkanal nicht durchgeschaltet werden.

7.8.3. Schaltungstechnik im Farbabschalter

Wie der Name Farbabschalter schon ausdrückt, soll es sich um eine Schaltstufe, d. h. eine Stufe mit Kippverhalten handeln. Es gibt eine Vielzahl von Möglichkeiten zur Realisierung solcher Stufen. Im Bild 7.42 ist ein Colorkiller mit zwei emittergekoppelten Transistoren dargestellt.
Im Falle einer einwandfreien Farbsendung (alle oben erwähnten Kriterien sind erfüllt) steht an der Basis von T_1 eine negative Schaltspannung U_s. Dann ist T_1 gesperrt, und T_2 arbeitet als normale Verstärkerstufe. Das auf die Basis von T_2 gekoppelte Farb-ZF-Signal wird verstärkt durchgelassen.
Liegt eine Schwarzweißsendung vor oder ist irgendeine Störung gegeben, so hat die Schaltspannung U_s positive Polarität. T_1 führt dann Strom, und wegen der Rückkopplung über den gemeinsamen Emitterwiderstand wird T_2 gesperrt. Das Farbsignal wird nicht mehr durchgelassen. Die Stufe zeigt Schmitt-Trigger-Verhalten; sobald U_s einen Schwellwert über- oder unterschritten hat, ändert sich an dem jeweiligen Schaltzustand nichts.

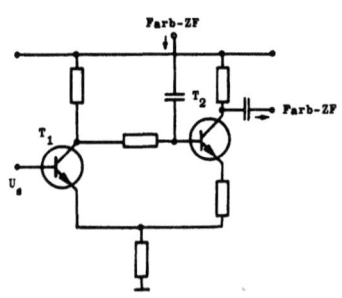

Bild 7.42: Color-Killer

Die für den Betrieb des Schalters erforderliche Spannung wird in einem speziellen Phasendiskriminator gewonnen (s. nächsten Abschnitt).

7.9. Phasendiskriminator für Farbabschalter und PAL-Schalter

7.9.1. Aufgabe des Phasendiskriminators für den Farbabschalter

Der Phasendiskriminator soll entscheiden können, ob der Referenzoszillator im Empfänger (der dauernd in Betrieb ist, auch während einer Schwarzweißsendung) phasensynchron mit dem Farbträger des Senders ist. Je nachdem, ob diese Bedingung erfüllt ist oder nicht, soll er Spannungen unterschiedlicher Polarität abgeben. Bei einem Colorkiller nach dem oben beschriebenen Konzept muß die Ausgangsspannung des Diskriminators bei richtiger Phasenlage negativ sein und bei falscher Phasenlage positiv. Falsche Phasenlage ist auch dann gegeben, wenn der Sender keinen Burst abstrahlt (Schwarzweiß). Prinzipiell ist auch jeweils die entgegengesetzte Polarität der Schaltspannung denkbar.

7.9.2. Schaltungstechnik

Bild 7.43 zeigt die klassische Prinzipschaltung eines Phasendiskriminators. Der Burst gelangt über einen Gegentakttransformator auf 2 Dioden D_1 und D_2. Über die Kondensatoren C_1 und C_2 wird das Referenzsignal u_R den anderen Polen der Dioden zugeführt. Die Widerstände R_1 und R_2 führen auf einen gemeinsamen Mittelpunkt, von dem aus die Diskriminatorspannung U_s über das Siebglied R_3, C_3 an den Ausgang gelangt.

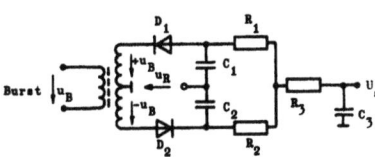

Schaltungen in integrierter Technik verzichten auf Lösungen mit Spulen und Transformatoren, die Wirkungsweise ist aber ähnlich. Sie läßt sich jedoch an diskreten Schaltungen wie der in Bild 7.43 einfacher erklären.

Bild 7.43: Prinzipschaltung des Phasendiskriminators

7.9.3. Wirkungsweise des Diskriminators

In der Grundschaltung nach Bild 7.43 gilt allgemein : Die positive Halbwelle des Referenzoszillators u_R schaltet die Diode D_1 durch und die negative Halbwelle die Diode D_2. Zum besseren Verständnis ist in den folgenden Bildern jeweils nur der Teil der Schaltung dargestellt, der zum Zeitpunkt der Betrachtung aktiv ist. Es werden weiterhin die Fälle "synchronisierter Zustand" und "asynchroner Zustand" untersucht.

1) **Richtige Phasenlage zwischen Burst und Referenzoszillator:**
   a) NTSC-Zeilen
   Positive Halbwelle des Burst, Bild 7.44: Die positive Halbwelle des Referenzträgers schaltet D_1 durch, an der Anode entsteht eine negative Richtspannung. Ihr überlagert sich die Umhüllende des Burst als negativer Impuls, es entsteht u_{D1}.
   Negative Halbwelle des Burst, Bild 7.45: Die negative Halbwelle des Referenzoszillators schaltet D_2 durch, an der Katode entsteht eine positive Richtspannung. Ihr überlagert sich die Umhüllende des Burst

als negativer Impuls, es entsteht u_{D2}.

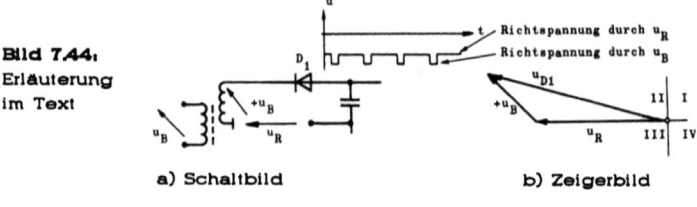

Bild 7.44: Erläuterung im Text

a) Schaltbild   b) Zeigerbild

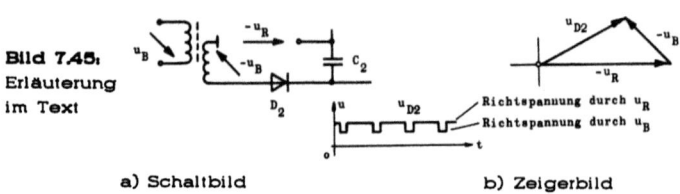

Bild 7.45: Erläuterung im Text

a) Schaltbild   b) Zeigerbild

Die Richtspannungen u_{D1} und u_{D2} werden über die Widerstände R_1 und R_2 addiert, es entsteht die Summenspannung u'_s. Sie besteht aus Impulsen mit negativer Polarität. Die Siebschaltung R_3, C_3 glättet die Impulse (Bild 7.46).

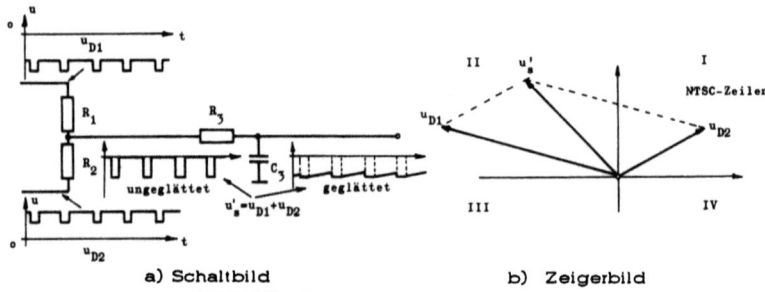

a) Schaltbild   b) Zeigerbild
Bild 7.46: Erläuterung im Text

b) PAL-Zeilen:
Positive Halbwelle des Burst, Bild 7.47: Die positive Halbwelle des Referenzträgers schaltet D_1 durch, an der Anode entsteht eine negative Richtspannung. Ihr überlagert sich der Burst als negativer Impuls, es entsteht u'_{D1}. Im Zeigerbild erkennt man, daß u'_{D1} gegenüber u_{D1} der NTSC- Zeile an der waagerechten Achse gespiegelt erscheint.

Bild 7.47:
Erläuterung im Text

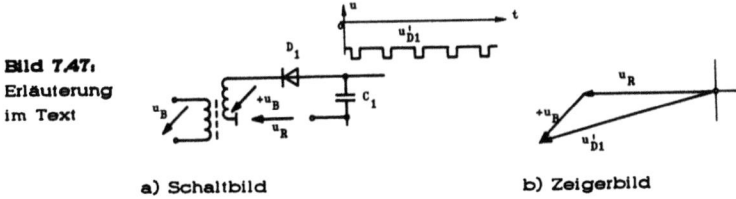

a) Schaltbild b) Zeigerbild

Negative Halbwelle des Burst, Bild 7.48: Die negative Halbwelle des Referenzträgers schaltet D_2 durch, an der Diode steht die Richtspannung u'_{D2}. Auch u'_{D2} ist gegenüber u_{D2} an der waagerechten Achse gespiegelt.

Bild 7.48:
Erläuterung im Text

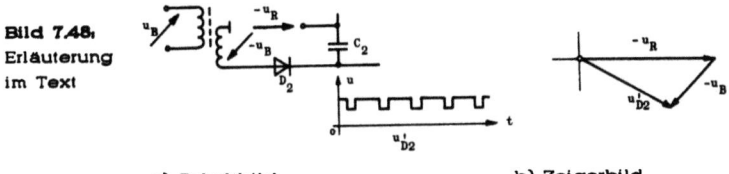

a) Schaltbild b) Zeigerbild

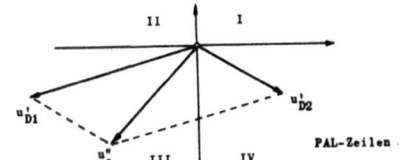

Bild 7.49: (s. Text)

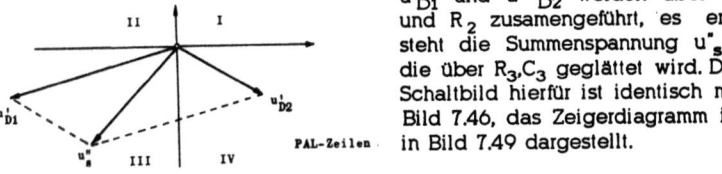

Bild 7.50: (s. Text)

u'_{D1} und u'_{D2} werden über R_1 und R_2 zusammengeführt, es entsteht die Summenspannung u'_s, die über R_3, C_3 geglättet wird. Das Schaltbild hierfür ist identisch mit Bild 7.46, das Zeigerdiagramm ist in Bild 7.49 dargestellt.

NTSC- und PAL-Zeilen wechseln einander ab, d. h. die Spannungen u'_s und u''_s entstehen im zeilenfrequenten Wechsel. u'_s liegt im Quadranten II und u''_s im Quadranten III. Setzt man die entsprechenden Zeigerbilder 7.46b und 7.49 zusammen (elektrisch geschieht das am Siebglied $R_3 C_3$), so entsteht eine Summenspannung u_s, die genau in die 180°-Achse zeigt (Bild 7.50). Bild 7.51 gibt noch einmal sämtliche Spannungen wieder, die bei Phasengleichlauf zwischen dem Burst und dem Referenzoszillator in den einzelnen Zeilen entstehen, sowie die daraus resultierende Diskriminatorspannung u_s.

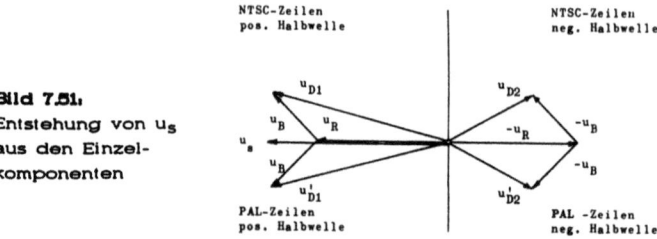

Bild 7.51:
Entstehung von u_s
aus den Einzel-
komponenten

2) **Falsche Phasenlage zwischen Burst und Referenzoszillator:**
Aus Gründen der einfachen Darstellung sei ein Phasenfehler von 180° angenommen. Im Prinzip ist jeder andere Phasenfehler denkbar und führt zu entsprechenden Ergebnissen.
a) NTSC - Zeilen:
Positive Halbwelle des Referenzträgers, Bild 7.52: D_1 wird leitend, an der Anode entsteht eine negative Richtspannung. Ihr überlagert sich der Burst als positiver Impuls. u_{D1} liegt im Quadranten III.

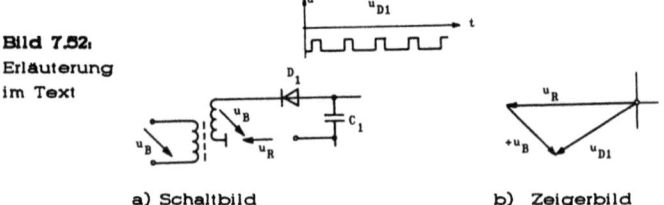

Bild 7.52:
Erläuterung
im Text

a) Schaltbild   b) Zeigerbild

Negative Halbwelle des Referenzträgers, Bild 7.53: D_2 wird leitend, es entsteht die Richtspannung u_{D2} im IV. Quadranten.

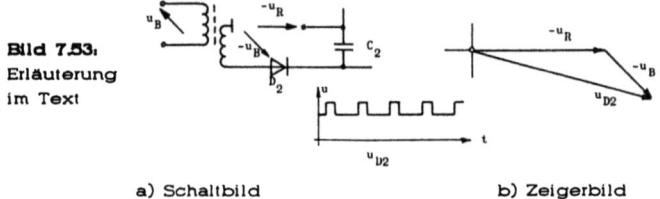

Bild 7.53:
Erläuterung
im Text

a) Schaltbild   b) Zeigerbild

u_{D1} und u_{D2} werden zusammengesetzt, die resultierende Spannung liegt im Quaten IV (Bild 7.54).

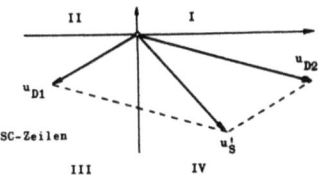

Bild 7.54: Erläuterung im Text

b) PAL - Zeilen:
Positive Halbwelle des Referenzträgers, Bild 7.55: D_1 ist leitend, u'_{D1} liegt im Quadranten II.

Bild 7.55: Erläuterung im Text

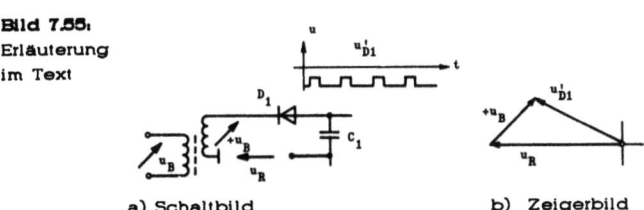

a) Schaltbild   b) Zeigerbild

Negative Halbwelle des Referenzträgers, Bild 7.56: D_2 ist leitend, u'_{D2} liegt im Quadranten I.

Bild 7.56: Erläuterung im Text

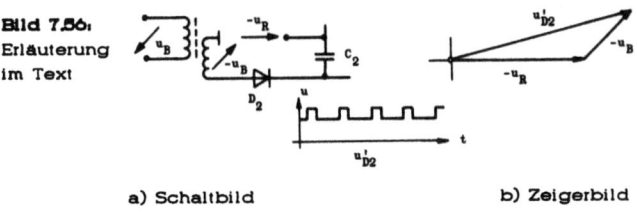

a) Schaltbild   b) Zeigerbild

Die Summe aus u'_{D1} und u'_{D2} liefert u''_s. u_s'' liegt im Quadranten I (Bild 7.57).

Bild 7.57: Erläuterung im Text

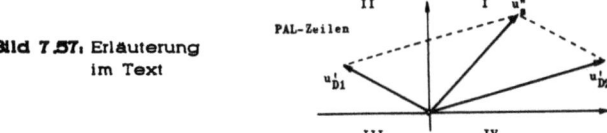

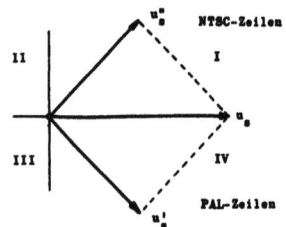

Bild 7.58: Erläuterung im Text

u'_s und u''_s zusammen ergeben die Diskriminatorspannung u_s. Sie liegt in Richtung der positiven Achse (Bild 6.58). Für Phasenwinkel von 90° zwischen Referenzträger und Burst (vor- oder nacheilend) nimmt u_s jeweils den Wert Null an. Dazwischen sind je nach Phasenwinkel positive und negative Werte von u_s möglich.

7.10. 4,43 MHz-Referenzoszillator

7.10.1. Aufgabe des Referenzoszillators

Die Farbdifferenzsignale (R-Y)' und (B-Y)' werden als U- und V-Signale in Quadraturmodulation mit unterdrücktem Träger übertragen. Zur Rückgewinnung der Signale im Empfänger ist es nötig, den Farbträger neu zu erzeugen und dem U- und dem V- Signal phasenrichtig wieder zuzusetzen, damit es demoduliert werden kann. Der Referenzoszillator liefert hierfür das Trägersignal.

7.10.2. Anforderungen an den Referenzoszillator

Die Farbträgerfrequenz bei PAL beträgt 4,43361875 MHz ± 5 Hz. Man benötigt deshalb einen sehr stabilen Oszillator, und es hat sich allgemein eingebürgert, Quarzoszillatoren zu verwenden. Ein Problem bei der Synchronisation ergibt sich jedoch wegen des zeilenfrequent alternierenden Burst. Der Oszillator darf diesen 90°-Phasensprüngen nicht folgen. Eine direkte Synchronisation scheidet deshalb aus.
Der Oszillator wird allgemein über eine Varicapdiode mittels einer Gleichspannung nachgezogen. Die Gleichspannung muß wiederum aus der Phasenabweichung zwischen Oszillator-Sollwert und Istwert in einem Phasendiskriminator gewonnen werden. Im Gegensatz zum Diskriminator für die Schaltspannungen (s. Abschnitt 7.9) soll der hier verwendete Diskriminator keine Ausgangsspannung liefern, wenn Phasengleichlauf herrscht, und die Polarität der Regelspannung soll bei asynchronem Betrieb ein solches Vorzeichen haben, daß die Abweichung kompensiert wird.

7.10.3. Schaltungstechnik beim Referenzoszillator und Diskriminator für die Nachstimmspannung

Im folgenden Beispiel ist die Schaltung eines Referenzträgeroszillators mit einem Transistor und einer Varicapdiode dargestellt (Telefunken).

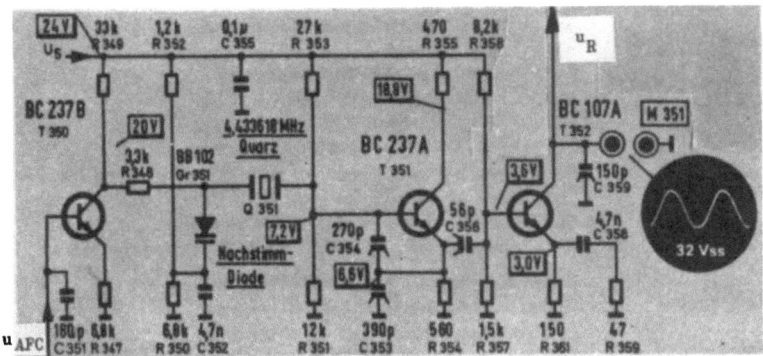

Bild 7.59: Beispiel für einen geregelten Referenzoszillator

T_{351} arbeitet als Colpitts-Oszillator (kapazitive Rückkopplungsschaltung), wobei die Kondensatoren C_{354} und C_{353} den Spannungsteiler für die Rückkopplung bilden. Über den Transistor T_{350} wird die Nachstimmdiode (Varicapdiode) vorgespannt, und gleichzeitig wird über die Basis von T_{350} die Nachstimmspannung zugeführt. T_{352} dient als Trennverstärker für die nachfolgenden Synchrondemodulatoren, die wir noch kennenlernen werden.

Der Fangbereich der Schaltung beträgt etwa ± 500 Hz und der Mitnahmebereich ± 1000 Hz. Die Zeitkonstante der Regelung muß groß sein gegen die Zeilendauer, aber auch wiederum nicht so groß, daß störende Zieherscheinungen z. B. bei Senderwechsel oder bei Abstimmung eintreten.

Der Diskriminator zur Erzeugung der Abstimmspannung arbeitet im Prinzip

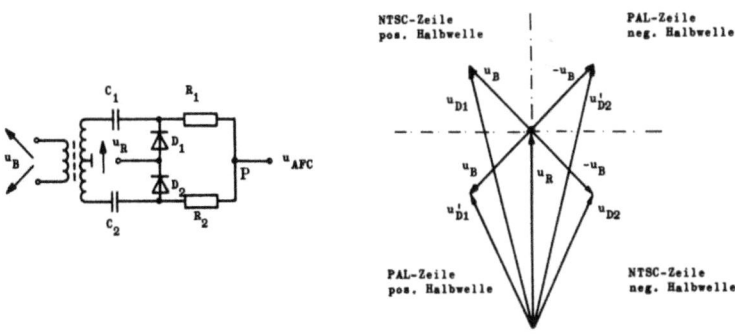

a) Schaltbild   b) Zeigerbild
Bild 7.60: Diskriminator für Nachstimmspannung (synchronisiert)

wie der zur Erzeugung der Killerspannung, nur daß hier der Referenzträger mit einer Phasenlage von 90° (gegenüber 0° beim Schaltspannungsdiskriminator) eingekoppelt wird. Außerdem sind die Dioden und die Kondensatoren miteinander vertauscht. Die Wirkungsweise läßt sich analog zum Abschnitt 7.9 erklären. Sie ist im Bild 7.60 in geraffter Form dargestellt, hier der synchronisierte Zustand.

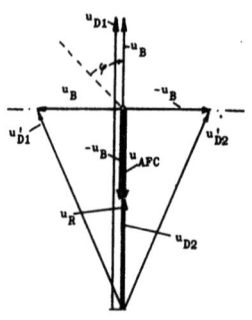

Die positiven Halbwellen des Burst in den NTSC-Zeilen liefern die Richtspannung u_{D1}, die negativen Halbwellen die Richtspannung u_{D2}. In den PAL-Zeilen entstehen analog dazu die Spannungen u'_{D1} und u'_{D2}. Die Addition der Teilspannungen im Punkt P ergibt keine Zusatzspannung zu der bereits vorhandenen Trägerspannung u_R.

Tritt jedoch ein Phasenfehler zwischen u_R und dem Burst auf, so dreht sich das "Vierbein" der u_B- Spannungen gegenüber u_R. Die Folge ist eine Ausgangsspannung u_{AFC} am Punkt P, deren Polarität von der Richtung der Phasendrehung abhängt.

Bild 7.61: Zeigerbild zu Bild 7.60 a für einen Phasenfehler von +45°

Im Zeigerbild 7.61 ist ein Phasenfehler von $\varphi = 45°$ angenommen. Die Teilspannungen setzen sich jetzt so zusammen, daß die nach unten gerichtete (negative) Summenspannung u_{AFC} entsteht. Bei entgegengesetzter Phasendrehung wechselt auch die Polarität von u_{AFC}.

7.11. PAL-Laufzeitdecoder (PAL-Laufzeitdemodulator, PAL-Laufzeitaufspalter)

7.11.1. Aufgabe des PAL-Laufzeitdecoders

Der Sender liefert das quadraturmodulierte Signal mit den beiden Farbdifferenzsignalen U und V, wobei die V-Komponente zeilenfrequent umgepolt ist. Aufgabe des Laufzeitdecoders ist es nun, die Informationen U und V wieder voneinander zu trennen und dabei gleichzeitig die Umschaltung des V-Signals rückgängig zu machen. Wie wir im Abschnitt 6.13.3 gesehen haben, geschieht hierbei die Kompensation von Phasenfehlern auf der Übertragungsstrecke, ein wesentliches Merkmal von PAL.
Der häufig verwendete Ausdruck "PAL-Laufzeitdemodulator" ist irreführend, hier wird keine Demodulation, sondern eine Signalaufspaltung vorgenommen. Die Farbdifferenzsignale sind am Ausgang nach wie vor trägerfrequent.

Das Prinzip der Signalaufspaltung besteht darin, daß man in **jeder Zeile** die **Summe** und die **Differenz zweier aufeinanderfolgender Zeilen** mit den Farbartspannungen F und F* bildet. Da die Farbartspannungen jedoch immer nur für die Dauer einer Zeile vorhanden sind, müssen sie um eine Zeile (64 μs) verzögert und gespeichert werden, damit sie in der folgenden Zeile noch zur Verfügung stehen. Die Summen- und Differenzbildung geschieht in Brückenschaltungen (s.a. Abschnitt 7.11.4).

7.11.2. Die PAL-Laufzeitleitung

Die PAL-Laufzeitleitung, also die Verzögerungsleitung für das Farbartsignal ist nicht zu verwechseln mit der Y-Verzögerungsleitung! Sie benötigt außer der Verzögerungszeit von 64 μs auch eine entsprechende Bandbreite. Im Bereich von 3,4 - 5,2 MHz soll die Durchlaßkurve der Leitung ein flaches "Dach" besitzen (Bild 7.62). Eine elektrische Verzögerungsleitung mit einer Bandbreite von ca. 2,4 MHz und einer Verögerungszeit von 64 μs läßt sich mit vertretbarem Aufwand nicht realisieren. Man wandelt deshalb das elektrische Signal

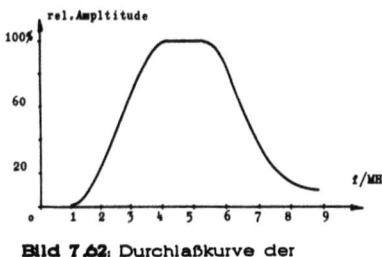

Bild 7.62: Durchlaßkurve der PAL-Verzögerungsleitung

in eine *Ultraschallwelle* um und läßt diese über eine Quarz- Verzögerungsleitung laufen. Wegen der wesentlich niedrigeren Fortpflanzungsgeschwindigkeit von Schallwellen gegenüber elektrischen Wellen werden die mechanischen Abmessungen der Quarzleitung sehr viel kleiner und die Leitung erheblich billiger.
Am Ende der Laufzeitstrecke muß das Ultraschallsignal wieder in ein elektrisches Signal zurückverwandelt werden. Als Signalwandler verwendet man piezoelektrische Elemente, wie sie vom Prinzip her z. B. aus Tonabnehmern für Plattenspieler und Kristallmikrofone (Bariumtitanatwandler) oder vom OWF-Filter (s. Abschnitt 7.2.3.2) bekannt sind.

Bild 7.63: Prinzip einer Quarz-Verzögerungsleitung

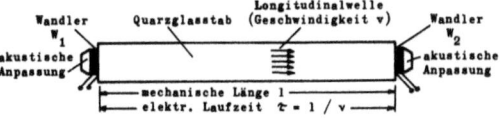

Die ersten Ultraschallverzögerungsleitungen, deren Aufbau im Bild 7.63 schematisch dargestellt ist, waren stabförmig. Zwischen der Frequenz f, der Fortpflanzungsgeschwindigkeit v und der erforderlichen Weglänge l besteht die bekannte Beziehung $v = f \cdot l$ (7.4).

Drückt man f durch die Verzögerungszeit τ aus, so gilt $f = 1/\tau$ oder

$$\boxed{v = l / \tau} \qquad (7.5).$$

Bei einer Fortpflanzungsgeschwindigkeit der Ultraschallwellen in Quarz von $v = 2,5$ km/s und der geforderten Verzögerungszeit von $\tau = 64$ µs ergeben sich Stablängen von etwa 160 mm.
Da die Laufzeit des Signals direkt von der Länge abhängt, ist ein Feinabgleich der Leitung während der Herstellung nicht möglich, ohne daß dabei die stirnseitigen Wandler entfernt werden müssen. Die Toleranzen der Lötschicht zur Befestigung der Wandler bringen jedoch unvermeidliche Streuungen. Um diesen Nachteil zu umgehen, wurden die Ultraschalleitungen prinzipiell um ca. 100 ns zu kurz ausgelegt, und die restliche Verzögerung wurde mit einer elektrischen Verzögerungsleitung eingestellt.
Moderne Ausführungen mit *Mehrfachreflexion* benötigen die Zusatzleitung nicht mehr. Hier wird die Laufzeit bei bereits fest montierten Wandlern während des Fabrikationsvorganges durch Abschleifen von Reflexionsflächen auf etwa ± 3 ns genau eingestellt.
Wie das Bild 7.64 zeigt, gibt es verschiedene Ausführungsformen, bei denen der Ultraschall einmal, dreimal oder fünfmal reflektiert wird. Die sog. V-Leitung und die M-Leitung tragen ihren Namen von der V- bzw. M-förmigen Führung der Signalwelle. Die Reihenfolge der Teilbilder a...d zeigt die technische Fortentwicklung.

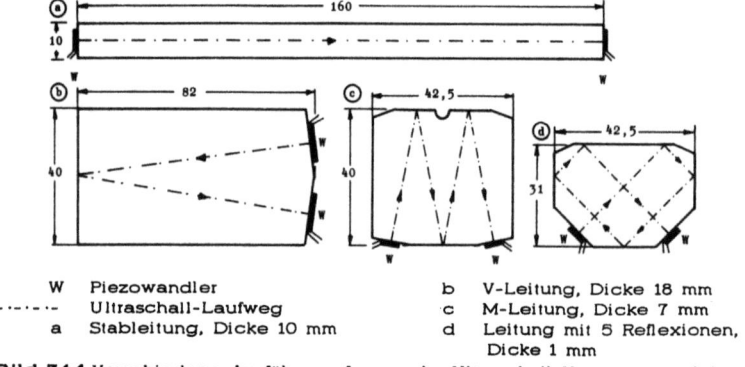

W	Piezowandler	b	V-Leitung, Dicke 18 mm
--·--·--	Ultraschall-Laufweg	c	M-Leitung, Dicke 7 mm
a	Stableitung, Dicke 10 mm	d	Leitung mit 5 Reflexionen, Dicke 1 mm

Bild 7.64: Verschiedene Ausführungsformen der Ultraschall-Verzögerungsleitung

7.11.3. Anforderungen an die PAL-Laufzeitleitung

An die Leitung werden eine Reihe von Anforderungen hinsichtlich der Konstanz ihrer Daten und der Störsicherheit gestellt. Ein wichtiges Kriterium sind die sog. *3τ-Echos*. Durchläuft eine Signalwelle die Leitung, so wird ein Teil der Energie im Ausgangswandler nicht wieder in elektrische Energie zurückverwandelt, sondern sie wird reflektiert, gelangt an den Eingang zurück, wird dort wieder teilweise reflektiert und kommt nun mit einer Laufzeit von 3τ auf den Ausgang (Bild 7.65). Diese Echos führen zu Störungen, und man muß deshalb für einen richtigen akustischen Abschluß der Leitung sorgen (in Bild 7.63 angedeutet, Abschluß der Leitung mit ihrem akustischen Wellenwiderstand). Die Bauform der Leitung hat ebenfalls einen großen Einfluß auf die Echostärke. So betragen die 3τ-Echos bei der Stableitung noch ca. 10 %, während sie bei der M-Leitung auf 3 % zurückgehen.

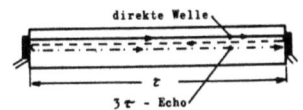

Bild 7.65: Zustandekommen der 3 τ-Echos

In den Diagrammen 7.66 bis 7.68 ist am Beispiel der 5 fachReflexionsleitung SDL 112 (Sylvania) gezeigt, welche Toleranzen in der Laufzeit gegenüber der Betriebszeit t (in Tagen), der Temperatur ϑ (in °C) und der relativen Luftfeuchtigkeit F (%) für moderne Verzögerungs leitungen typisch sind.

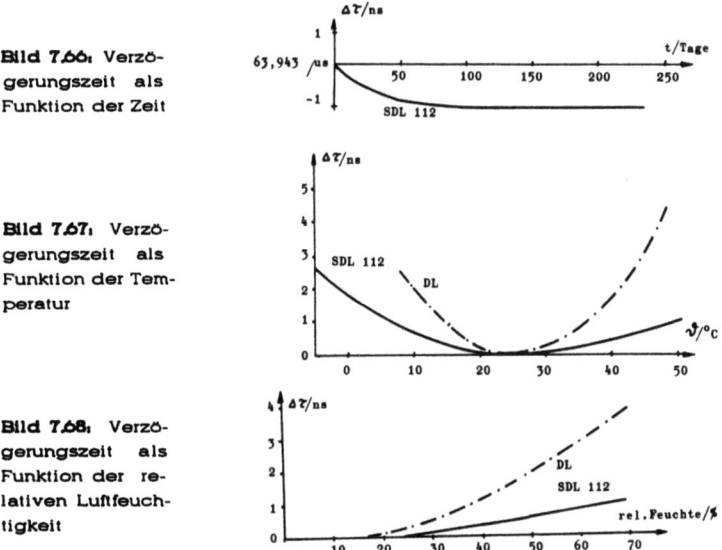

Bild 7.66: Verzögerungszeit als Funktion der Zeit

Bild 7.67: Verzögerungszeit als Funktion der Temperatur

Bild 7.68: Verzögerungszeit als Funktion der relativen Luftfeuchtigkeit

Im Vergleich dazu sind in die Bilder 7.67 und 7.68 die mit elektrischen

Verzögerungsleitungen (DL) erzielbaren Werte eingetragen. Das Verzögerungsmedium besteht aus einem speziellen ZTC-Quarzglas (ZTC = Zero Temperature Coefficient), bei dem die Oberfläche durch eine gesonderte Behandlung feuchtigkeitsgeschützt ist.

7.11.4. Prinzip des PAL-Laufzeitdecoders

Im *Laufzeitdecoder*, dessen Prinzip in Bild 7.69 dargestellt ist, findet die *Summen- und Differenzbildung* zweier zeilenfrequent aufeinanderfolgender Farbartsignale F und F* statt.

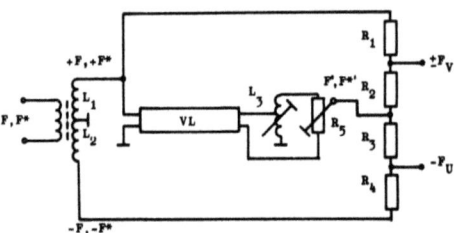

Bild 7.69: Prinzipschaltung des Laufzeitdecoders

Das Farbartsignal gelangt über einen symmetrischen Übertrager auf zwei Kanäle. Der obere Kanal (+F bzw. +F*) gabelt sich und führt einmal an eine Widerstandskombination R_1, R_2 und zum anderen an die Verzögerungsleitung VL, der eine Spule L_3 und ein Potentiometer R_5 für den Phasen- und Amplitudenabgleich nachgeschaltet sind. Der untere Weg (-F bzw. -F*) führt lediglich an die Widerstandskombination R_3, R_4. F' bzw. F*' sei das verzögerte Signal. Es entstehen 2 Brückenschaltungen, die im Bild 7.70 unter Weglassen des Korrekturgliedes L_3, R_5 noch einmal getrennt dargestellt sind.

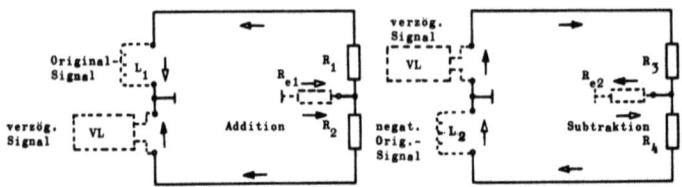

Bild 7.70: Aufteilung der Schaltung nach Bild 7.69 in 2 Teilschaltungen

Die erste Brücke besteht aus der oberen Hälfte L_1 des Eingangsübertragers, dem Ausgang der Verzögerungsleitung VL und den Widerständen R_1 und R_2. L_1 und VL arbeiten über R_1 und R_2 auf den Eingangswiderstand R_{e1} der nachfolgenden Stufe.

Die zweite Brücke wird aus der unteren Hälfte L_2 des Eingangstransformators, dem Ausgang von VL und den Widerständen R_3 und R_4 gebildet.

Die Summenbildung ergibt sich in R_{e1}, weil das Originalsignal F bzw. F* und das verzögerte Signal F*' bzw. F' auf R_{e1} gleichsinnig wirken.

Die Differenz entsteht in R_{e2} aus -F bzw. -F* und dem verzögerten Signal F*' bzw. F'.

Wie wir gleich bei der detaillierten Behandlung der Signalaufspaltung noch sehen werden, ist es erforderlich, daß das verzögerte Signal am Ausgang von VL mit umgekehrtem Vorzeichen erscheint.
Um diese Phasendrehung auf einfache Weise zu erreichen, wird die Länge der Verzögerungsleitung so bemessen, daß sich nicht 284 Schwingungen der Farbträgerfrequenz (entsprechend 64 µs), sondern nur 283,5 Schwingungen ausbilden können. Die genaue Verzögerungszeit beträgt deshalb

$$\boxed{\tau' = 63{,}943 \pm 0{,}005 \ \mu s} \qquad (7.6).$$

Das auf die Verzögerungsleitung mit beliebiger Phase φ gegebene Farbartsignal erscheint somit nach einer Zeilendauer τ' um 180° phasenverschoben im Ausgang (Bild 7.71).

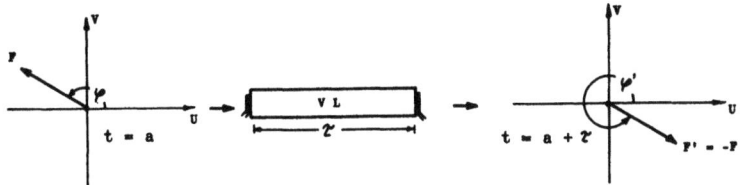

a) Originalsignal b) Verzögerungsleitung c) verzögertes Signal
Bild 7.71: Polaritätsumkehr durch die Laufzeitleitung

Wir wollen uns nun die Wirkungsweise der Schaltung an 3 aufeinanderfolgenden Zeilen mit den Signalen F, F*, F... im Detail klarmachen. Wir lassen der Einfachheit halber wieder das Phasen- und Amplitudenkorrekturglied L_3, R_5 aus Bild 7.69 fort. Das Bild 7.72 zeigt die Referenzträgerschwingung im synchronisierten Zustand als Oszillogramm und in Zeigerdarstellung. Der Zeiger zeigt in die positive U-Richtung (0°).

Bild 7.72: Referenzträger, synchronisiert

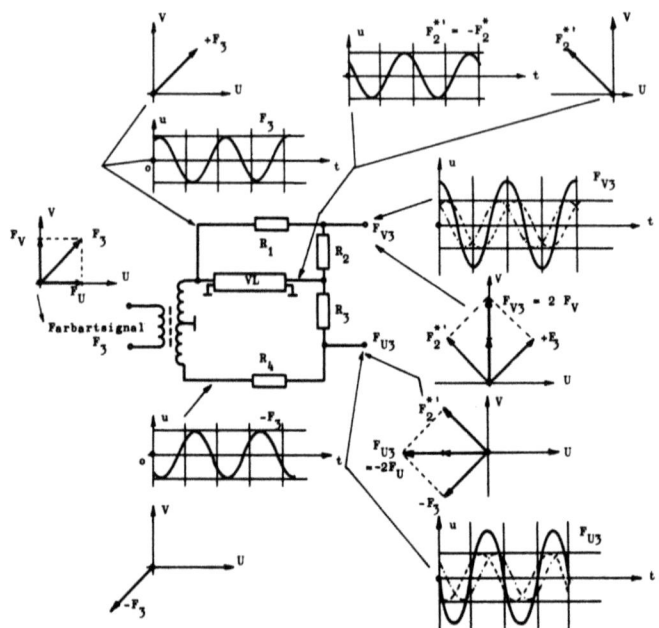

Bild 7.73: Laufzeitdecoder, Erläuterung im Text

Zeile 3 (Bild 7.73), Numerierung ist willkürlich gewählt:
Das Bild zeigt die einzelnen Signale in Zeitlinien- und in Zeigerdarstellung. Es werde angenommen, daß die Farbartspannung F_3 in der Zeile 3 (NTSC-Zeile) einen Phasenwinkel von +45° habe. In der darauffolgenden PAL-Zeile 4 hat F_4^* dann den Phasenwinkel - 45°.

Die Farbartspannung F_3 gelangt über den Transformator auf die Sekundärseite und hat hier die Polaritäten +F_3 und -F_3. +F_3 geht auf VL und den Brückenwiderstand R_1. -F3 läuft über R_4. Am Ausgang von VL steht die Farbträgerspannung -F_2^* = $F_2^{*'}$ der PAL-Zeile 2. Über R_2 und R_3 wird dieses Signal den Ausgängen F_V und F_U zugeführt. Die Zeigerbilder lassen erkennen, wie durch gegenseitige Auslöschung der U-Komponenten im oberen Zweig die Farbdifferenzspannung F_{V3} = 2 F_U und im unteren Zweig durch Auslöschung der U-Komponenten die Farbdifferenzspannung F_{U3} = 2 F_U entstehen.

Zeile 4 (Bild 7.74):
Jetzt liegt F_4^* an der Primärseite des Trafos, und die Spannungen +F4* und

$-F_4^*$ der Zeile 4 werden mit der Spannung $-F_3$ aus der Zeile 3 verknüpft. Am Ausgang des Decoders entstehen die Spannungen $F_{U4} = -2 F_U$ und $F_{V4} = -2 F_V$. Das Rotdifferenzsignal F_{V4} ist also mit der entgegengesetzten Polarität gegenüber dem von Zeile 3 versehen!

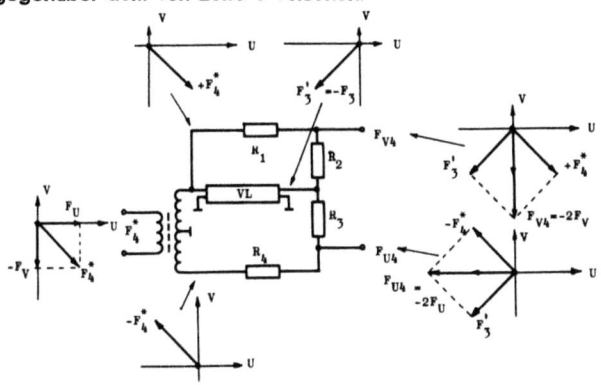

Bild 7.74: Erläuterung im Text

Zeile 5 (Bild 7.75):
Zeile 5 ist wieder eine NTSC-Zeile mit der Farbartspannung F_5. Hinter dem Trafo werden die Komponenten $+F_5$ und $-F_5$ mit der Spannung $F_4^{*'} = -F_4^*$ aus der vorhergehenden Zeile verknüpft. Es entstehen die Farbdifferenzspannungen $F_{U5} = -2 F_U$ und $F_{V5} = 2 F_V$.

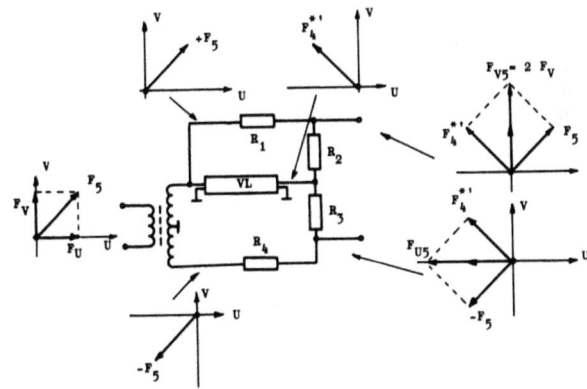

Bild 7.75: Erläuterung im Text

Fazit: Die Ausgänge des Laufzeitdecoders liefern in zeilenfrequenter Folge die trägerfrequenten Farbdifferenzsignale

$$- F_{U'}, - F_{U'}, - F_{U'}, \ldots$$
$$- F_{V'}, + F_{V'}, - F_{V'}, + \ldots - \ldots$$

(Der nicht berücksichtigte Faktor Faktor 2 ist in diesem Falle ohne größere Bedeutung). Das Rotdifferenzsignal ist also mit einem zeilenfrequenten Polaritätswechsel versehen, der bei der Demodulation rückgängig gemacht werden muß.

Im PAL-Laufzeitdecoder wird zusätzlich zur Signalaufspaltung die für das PAL-Verfahren typische Kompensation der Phasenfehler des Übertragungsweges erreicht (s. a. Abschnitt 6.13.3).

7.12. Synchrondemodulatoren und Hilfsstufen

7.12.1. Aufgabe der Synchrondemodulatoren

Die trägerfrequenten Farbdifferenzsignale F_U und $\pm F_V$ müssen demoduliert werden, damit man die videofrequenten Signale (B-Y)' und (R-Y)' zurückerhält. Hierbei sind eine Reihe von Nebenbedingungen zu beachten:

1) Die *senderseitige Reduktion* der (B-Y)- und (R-Y)-Signale nach den Gleichungen (6.20), (6.21), (6.24) und (6.25)

$$u'_{B-Y} = 0,493 \, u_{B-Y} \tag{7.7}$$

und

$$u'_{R-Y} = 0,877 \, u_{R-Y} \tag{7.8}$$

muß rückgängig gemacht werden. Dabei ist es prinzipiell gleichgültig, ob die Reduktion träger- oder videofrequent geschieht. Zweckmäßig ist die Entzerrung jedoch nach dem Laufzeitdecoder vorzunehmen, weil hier ohnehin noch eine Verstärkung erfolgt.

2) Der *zeilenfrequente Polaritätswechsel* des V-Signals muß aufgehoben werden. Dazu ist eine besondere Hilfsstufe, der PAL-Umschalter, nötig.

3) Die Farbdifferenzsignale werden mit unterdrücktem Träger übertragen. Die *Demodulation* erfolgt, indem den Signalen zunächst einmal der Träger wieder zugesetzt wird. Dabei existieren eine Amplituden- und eine Phasenbedingung. Die Amplitudenbedingung besagt, daß der zugesetzte Farbhilfsträger mindestens die 3-fache Amplitude des Farbdifferenzsignales haben soll. Die Phasenbedingung verlangt, daß der Referenzträger des (B-Y)-Signals gegen den des (R-Y)-Signals um 90° phasenver-

schoben ist und daß das gesamte Farbträgerachsenkreuz mit dem des Senders phasensynchron ist.

7.12.2. U-V-Entzerrung

Gegenüber dem U-Signal ist das V-Signal um den Faktor 0,877/0,493 = 1,78 größer. Die Entzerrung erfolgt zum Beispiel in sehr einfacher Weise, indem man nach Bild 7.76 die Verstärkungen von F_U und $\pm F_V$ unterschiedlich macht, und zwar für das F_V-Signal um den Faktor 1/1,78 = 0,562 kleiner. Am Arbeitswiderstand von T_2 wird deshalb nur der Anteil 0,562·v abgegriffen. (v Verstärkung der beiden Stufen mit T1 und T2).

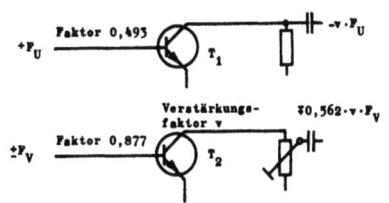

Bild 7.76: Prinzip der U-V-Entzerrung

7.12.3. PAL-Synchronisation und PAL-Schalter (Flipflop)

7.12.3.1. Aufgabe des PAL-Schalters

Der PAL-Laufzeitdecoder liefert das V-Signal mit zeilenfrequentem Polaritätswechsel, wie wir im Abschnitt 7.11.4 gesehen haben. Der PAL-Schalter macht diesen Polaritätswechsel rückgängig, und zwar muß er dabei vom alternierenden Burst synchronisiert werden. Das Bild 7.77 erläutert diese Zusammenhänge.

Die Umschaltfrequenz ist gleich der halben Zeilenfrequenz (7,8 kHz). Frequenzteiler lassen sich sehr einfach mit Flipflops realisieren. Entscheidend beim PAL-Flip-Flop (PAL-Schalter) ist die richtige Polarität für jede Zeile. Es gibt eine Reihe von Schaltungsvarianten für die Synchronisierung, z. B. mit Hilfe eines 7,8 kHz-Sinussignals, das aus dem alternierenden Burst hergeleitet wird. Eine andere Möglichkeit bietet sich unter Verwendung des in Abschnitt 7.9. behandelten Phasendiskriminators an. Dieser Diskriminator liefert eine negative Ausgangsspannung bei richtiger und eine positive Ausgangsspannung bei falscher Phasenlage zwischen Burst und Referenzoszillator.

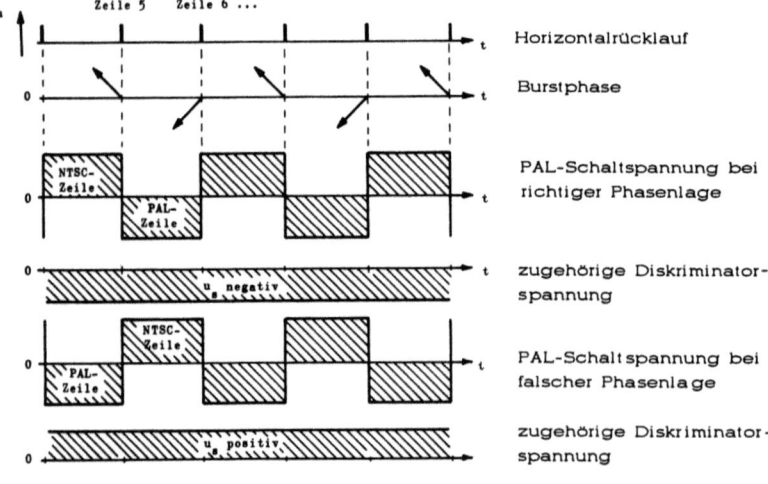

Bild 7.77: Wirkung des PAL-Schalters

7.12.3.2. Schaltungstechnik beim PAL-Schalter

Bild 7.78 zeigt ein Beispiel für den PAL-Schalter, in dem ein Flipflop die Zeilenfrequenz herunterteilt bei zusätzlichem Vergleich mit der Diskriminator spannung u_s. Der Vergleich läßt sich mit sehr geringem Schaltungsaufwand durchführen. Das Flipflop besteht aus den Transistoren T1 und T2, die durch den Zeilenrücklauf getriggert werden. An der Basis von T2 liegt zusätzlich der Transistor T_1 mit seinem Kollektor. Der Emitter von T_1 liegt auf Masse, und die Basis führt über einen Widerstand an die Diskriminatorspannung u_s. Solange u_s negativ ist, sperrt T_1, das Flipflop arbeitet normal (synchroner Zustand). Bei positivem u_s wird T_1 leitend und wirkt als Kurzschluß an der

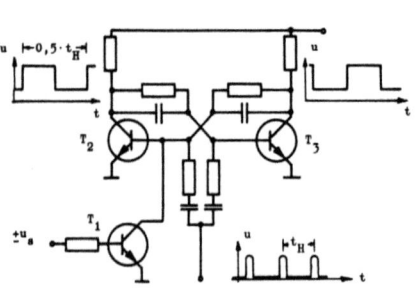

Bild 7.78: Schaltungsbeispiel für einen PAL-Schalter

Basis von T_2. In diesem Falle sind die Zählimpulse kurzgeschlossen und damit unwirksam.

Im Bild 7.79 ist die Arbeitsweise der Schaltung bei einer Störung dargestellt. Es sei angenommen, der PAL-Schalter sei aus irgendeinem Grunde frühzeitig gekippt. Die Diskriminatorspannung wird infolgedessen positiv und verhindert beim nächsten Zeilenrücklauf das Umschalten des Flipflops. In der übernächsten Zeile ist die Phasenlage wieder korrekt, und das Flipflop arbeitet normal. Die Störung wirkt sich also nur auf eine Zeile aus.

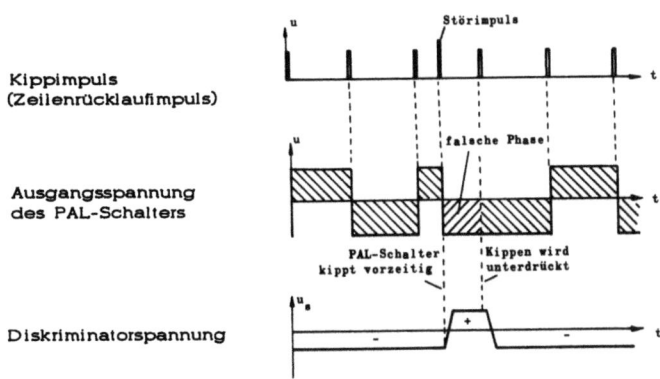

Bild 7.79: Reaktion des PAL-Schalters auf eine Störung

7.12.4. Prinzipschaltung des Synchrondemodulators

Die Demodulation des U- und des V-Signals geschieht, indem man dem Signal den Träger *synchron* wieder zuführt und das entstehende Signalgemisch gleichrichtet. Im Prinzip ist dieses Verfahren also mit einer Mischung identisch. Wir kennen additive und multiplikative Mischstufen. Hier sollen lediglich additive Lösungen behandelt werden.

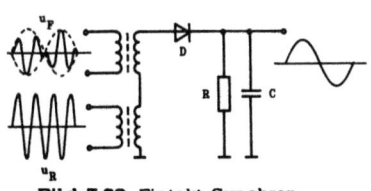

Bild 7.80: Eintakt-Synchrondemodulator

Eine einfache Schaltung für einen Synchrondemodulator zeigt Bild 7.80. Die Farbartspannung u_F und die Referenzträgerspannung u_R werden über zwei Transformatoren gemeinsam auf die Diode D geführt. Im

Ausgang erscheint das demodulierte Farbartsignal, wobei der Kondensator C die Trägerfrequenzreste glättet.
Nachteil dieser Schaltung ist die Abhängigkeit der Ausgangsspannung von der Referenzträgeramplitude und die fehlende Gleichspannungskomponente des demodulierten Signals. Die eben erwähnten Nachteile werden im *Gegentakt-Synchrondemodulator* aufgehoben. Hier sind 2 Konzepte gebräuchlich, entweder mit Seriendioden nach Bild 7.81 oder mit Paralleldioden nach Bild 7.82. Ihre Wirkungsweise ist im Prinzip gleich. Bei der Parallelschaltung ist lediglich die Belastung des Referenzspannungsgenerators größer, weil die Schaltung niederohmiger ist.

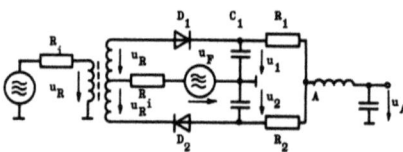

Bild 7.81: Gegentakt-Serienschaltung

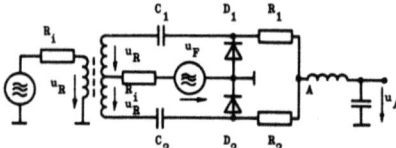

Bild 7.82: Gegentakt-Parallelschaltung

Der bifilar gewickelte Gegentaktübertrager wird primärseitig mit der Referenzträgerspannung u_R gespeist. Am Mittelanzapf der Sekundärseite wird das Farbdifferenzsignal zugeführt. Die an der Diode D_1 stehende Spannung u_{D1} ist gleich der Summe aus u_R und u_F. An D_2 bildet sich die Differenz aus u_R und u_F.

An den Dioden findet eine Spitzengleichrichtung statt, die Kondensatoren werden etwa auf den Spitzenwert aufgeladen. Bei fehlendem u_F ist die am Punkt A stehende Spannung Null, weil die Teilspannungen an den Kondensatoren C_1 und C_2 gleich groß sind. Hat u_F einen von Null verschiedenen Wert, so entsteht am Punkte A eine Brückenspannung, weil die Teilspannungen u_1 und u_2 nicht mehr gleich sind. Die Ausgangsspannung hat den Wert

$$u_A = \tfrac{1}{2}(u_1 + u_2) \tag{7.9}$$

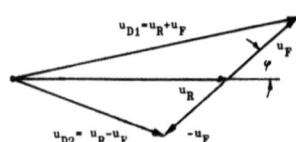

Bild 7.83: Zeigerbild des Gegentakt-Synchrondemodulators

und gleichzeitig das Vorzeichen von u_F. Im Zeigerbild 7.83 ist dieser Zusammenhang noch einmal grafisch dargestellt.
Zwischen dem Referenzträgersignal u_R und dem Farbdifferenzsignal u_F bestehe ein Phasenwinkel φ. Wie man dem Zeigerbild entnimmt, ist

die Ausgangsspannung am Synchrondemodulator unabhängig von der Amplitude von u_R und nur von der Amplitude von u_F bestimmt. Außerdem geht der Phasenwinkel φ in u_A ein, und zwar ist u_A etwa proportional zu cos φ. Wir wollen dieses Prinzip nun auf den (B-Y)- und den (R-Y)-Synchrondemodulator anwenden (Bild 7.84) :

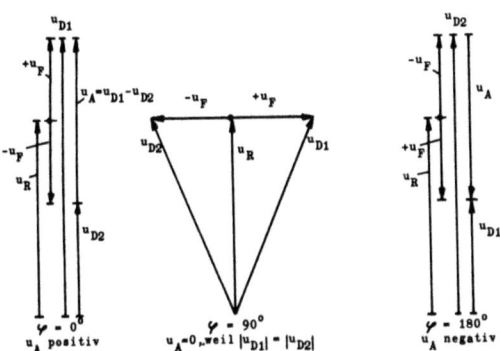

Bild 7.84: Ausgangsspannung des Synchrondemodulators bei verschiedenen Phasenwinkeln

Für das Nutzsignal sollen u_R und u_F in Phase sein (φ= 0°) und für das Störsignal um 90° verschoben. Unter dem Störsignal für die (B-Y)-Information ist im betrachteten Fall das (R-Y)-Signal zu verstehen und umgekehrt.

7.12.4.1. (B-Y)-Synchrondemodulator

Für das trägerfrequente (B-Y)-Signal (U-Signal) hat der Referenzträger, abgesehen vom Vorzeichen, bereits die richtige Phasenlage. Anhand des Prinzipschaltbildes in Bild 7.85 wird die Wirkungsweise erklärt. Der Referenzträger $u_{R(B-Y)}$ wird über den Resonanzübertrager L_1, L_2, C_3 auf den Synchrondemodulator gekoppelt, während die U-Information auf die Kondensatoren C_1 und C_2 gelangt. Am Ausgang erhält man die (B-Y)- Information.

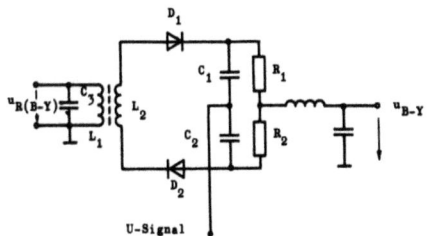

Bild 7.85: Prinzip des (B-Y)-Synchrondemodulators

7.12.4.2. (R-Y)-Synchrondemodulator

Für den (R-Y)-Demodulator muß der Referenzträger gegenüber dem beim (B-Y)-Demodulator um 90° phasenverschoben sein. Außerdem hat das V-Signal einen zeilenfrequenten Polaritätswechsel, der rückgängig gemacht werden muß. Es ist im Prinzip gleichgültig, an welcher Stelle des Signalweges man die Rückpolung vornimmt, ob im videofrequenten oder im trägerfrequenten Teil. Vom technischen Aufwand her gesehen ist es jedoch einfacher, wenn die Rückpolung trägerfrequent geschieht, und zwar dadurch, daß man den Referenzträger von Zeile zu Zeile umpolt, weil es ja lediglich auf die relative Phasenlage zwischen Träger und Signal ankommt.

Die 90°-Phasendrehung wird nach Bild 7.86 allgemein aus der (B-Y)-Phasenlage hergeleitet, und zwar dadurch, daß man den Resonanzkreis $L_1 C_3$, der den (B-Y)-Synchrondemodulator treibt (s. Bild 7.85), über einen Kondensator C_k mit dem (R-Y)-Treiberkreis L_5, C_7 koppelt, so daß ein Bandfilter entsteht. Durch entsprechenden Abgleich des Kreises L_5, C_7 läßt sich der Phasenwinkel zwischen $u_{R(B-Y)}$ und $u_{R(R-Y)}$ auf 90° einstellen.

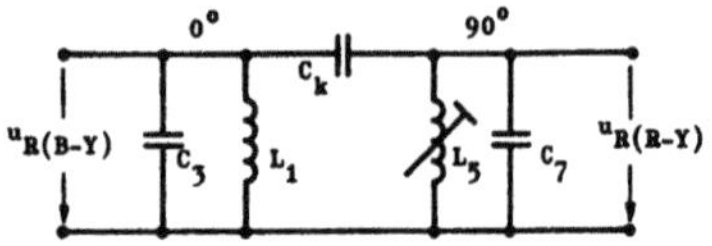

Bild 7.86: Erzeugung der 90°-Phasendrehung

Die zeilenfrequente Umpolung der Referenzspannung $u_{R\,(R-Y)}$ kann in einfacher Weise dadurch geschehen, daß man der Treiberspule 2 Primärwicklungen gibt, über die im Wechsel der Träger mit alternierender Polarität eingekoppelt wird. Die Umschaltung der Primärwicklungen erfolgt über Dioden, die vom PAL-Flip-Flop (s. Abschnitt 7.12.3) gesteuert werden. Im Bild 7.87 ist ein vereinfachtes Schaltungsbeispiel für einen kompletten Synchrondemodulator dargestellt. Im oberen Teil erkennen wir den bereits besprochenen (B-Y)-Synchrondemodulator. Am Punkt 1 des Sekundärkreises (L_2) wird über C_k der Primärkreis des (R-Y)-Demodulators mit den symmetrischen Teilwicklungen L_3 und L_4 über die Dioden D_5 und D_6 angekoppelt. D_5 und D_6 beziehen ihre Vorspannungen aus dem Mäander, den das PAL-Flip-Flop liefert, so daß während einer Zeile $u_{R\,(R-Y)}$ über L_3 und in der darauf folgenden über L_4 (und damit gegenphasig zur vorhergehenden) eingekoppelt wird.

7.13. Dematrizierung, Gewinnung der Farbsignale

Die Synchrondemodulatoren liefern die Farbdifferenzsignale (B-Y) und (R-Y). Für die Weiterverarbeitung ist nun entscheidend, nach welchem Verfahren die Farbbildröhre angesteuert werden soll:

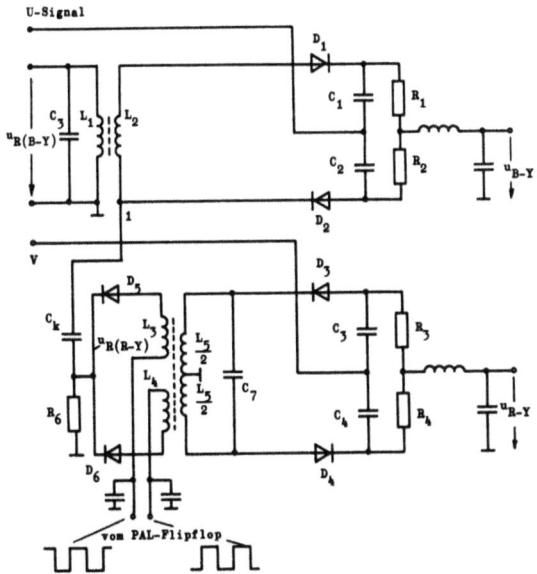

Bild 7.87: Schaltungsbeispiel für einen kompletten Farb-Synchrondemodulator

- nach dem *Farbdifferenzverfahren*, oder
- nach dem *RGB-Verfahren*   (s.. a. Abschnitt 7.14).

Beim Farbdifferenzverfahren werden die 3 Farbdifferenzsignale (R-Y), (B-Y) und (G-Y) benötigt. Hier lautet die Aufgabe also: Erzeugung des (G-Y)-Signals aus den 3 Informationen Y, (B-Y) und (R-Y).

Beim RGB-Verfahren benötigt man die 3 Farbinformationen R, G und B. Sie müssen aus den 3 Signalen Y, (B-Y) und (R-Y) hergeleitet werden (s. a. Abschnitt 6.6, Entstehung der Farbdifferenzsignale).

7.13.1. Erzeugung der Farbdifferenzsignale (R-Y),(G-Y) und (B-Y)

Der Weg zur Gewinnung des *Gründifferenzsignals* (G-Y) ist sehr leicht zu finden, wenn man sich an die Entstehung des Sendersignals erinnert. Die beiden anderen Differenzsignale sind bereits vorhanden, so daß sich ein einfaches Blockschaltbild angeben läßt (Bild 7.88).

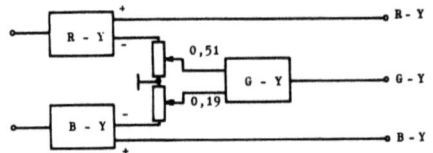

Bild 7.88: Erzeugung von (G-Y) aus (R-Y) und (B-Y), Prinzip

Als Grundlage dient Gleichung (6.8). Bild 7.89 zeigt die Prinzipschaltung einer Farbdifferenzmatrix mit Transistoren. Dem Transistor T_1 wird die Rotdifferenzspannung $-u_{R-Y}$ auf die Basis gegeben. Am Kollektor erscheint sie um den Verstärkungsfaktor v vergrößert mit umgekehrten Vorzeichen. Ein Teil dieses Signals steuert über den Spannungsteiler R_1, R_2 die Basis von T_2 an.

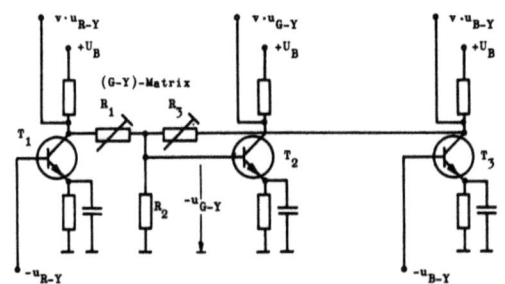

Bild 7.89: Prinzipschaltung einer Farbdifferenzmatrix mit Transistoren

Die Blaudifferenzspannung $-u_{B-Y}$ liegt an der Basis des Transistors T3 und steht an dessen Kollektor mit dem Faktor v verstärkt und im Vorzeichen gedreht zur Verfügung. Ein Teil wird über den Teiler R_3, R_2 als zweite Steuerspannung an der Basis von T_2 wirksam. Bei richtiger Dimensionierung von R_1 und R_3 wird Gleichung (6.8) erfüllt, und am Kollektor von T_2 kann das Gründifferenzsignal abgegriffen werden.

7.13.2. Erzeugung der Farbsignale R, G und B

Bei der Gewinnung der *Farbsignale R, G und B* geht man den reziproken Weg zur senderseitigen Synthese. Auf der Basis von Gleichung (6.8) wird wie im Abschnitt 7.13.1 zunächst das Gründifferenzsignal erzeugt. Zu den 3 Farbdifferenzsignalen braucht man dann nur noch das Y-Signal hinzuzuaddieren, und die Farbsignale R, G und B stehen zur Verfügung. Das Blockschaltbild 7.90 erläutert diese Zusammenhänge grafisch.

Am Beispiel des *EBU-Farbbalkentestbildes* für 100 % gesättigte Farben sind die an den Ausgängen Y, (R-Y), (G-Y), (B-Y), R, G und B stehenden Signale dargestellt. Die jeweiligen relativen Pegel sind in das Blockschaltbild eingezeichnet und in Tabelle 7.2 zusammengetragen

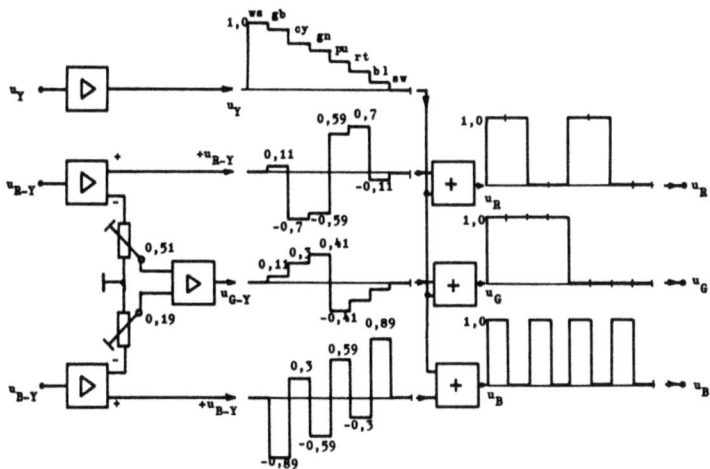

Bild 7.90: Erzeugung von R, G und B aus (R-Y), (B-Y) und Y

Information	Relativer Pegel						
(Farbe)	U_Y	U_{R-Y}	U_{G-Y}	U_{B-Y}	U_R	U_G	U_B
Weiß ws	1,0	-	-	-	1,0	1,0	1,0
Gelb gb	0,89	0,11	0,11	-0,89	1,0	1,0	-
Cyan cy	0,70	-0,70	0,30	0,30	-	1,0	1,0
Grün gn	0,59	-0,59	0,41	-0,59	-	1,0	-
Purpur pu	0,41	0,59	-0,41	0,59	1,0	-	1,0
Rot rt	0,30	0,70	-0,30	-0,30	1,0	-	-
Blau bl	0,11	-0,11	-0,11	0,89	-	-	1,0
Schwarz sw	-	-	-	-	-	-	-

Tabelle 7.2: Relative Spannungspegel für den EBU - Farbbalken

Das Testbild hat folgende wichtige Eigenschaften:

1) *Die Y-Information hat einen treppenförmigen Spannungsverlauf.*
2) *Es ist jeweils ein Balken mit den Primärfarben vorhanden: (R, G, B).*
3) *Es ist jeweils ein Balken mit der Kombination aus 2 Primärfarben vorhanden:*
                   Gelb = Rot + Grün
                   Cyan = Grün + Blau
                   Purpur = Rot + Blau

4) Es ist ein Streifen mit allen 3 Primärfarben vorhanden: (Weiß) und
5) ein Streifen ohne jede Information: (Schwarz).

Im Bild 7.91 ist die Wechselspannungsschaltung einer RGB-Matrix mit Transistoren dargestellt.

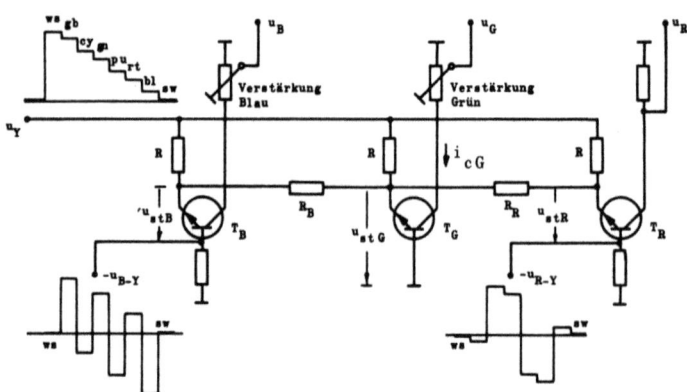

Bild 7.91: Einfache RGB-Matrix mit Transistoren

Den Transistoren T_B, T_G und T_R werden die Steuerspannungen u_Y, $-u_{R-Y}$ und $-u_{B-Y}$ zugeführt, und zwar liegt u_Y über je einen Widerstand R an jedem Emitter. Die Basis von T_B wird mit $-u_{B-Y}$ angesteuert. Die für den Transistor T_B wirksame Steuerspannung ist die Differenz aus den an Emitter und Basis liegenden Spannungen, also

$$u_{stB} = u_Y - (-u_{B-Y}) = u_Y + u_B - u_Y = u_B \qquad (7.10).$$

Die für T_R wirksame Steuerspannung ergibt sich analog:

$$u_{stR} = u_Y - (u_{R-Y}) = u_Y + u_R - u_Y = u_R \qquad (7.11).$$

An den Kollektoren von T_B und T_R stehen also jeweils die verstärkten R- bzw. B-Signale.

Der Transistor TG wird lediglich am Emitter angesteuert, und
zwar von insgesamt 3 Strömen

    1) u_Y/R 2) $-u_{B-Y}/R$ 3) $-u_{R-Y}/R$.

Der Kollektorstrom ist praktisch gleich dem Emitterstrom, also gilt

$$i_{cG} = \frac{u_Y}{R} - \frac{u_{B-Y}}{R_B} - \frac{u_{R-Y}}{R_R} \qquad (7.12).$$

Das Bildungsgesetz für u_{G-Y} (Gleichung 6.8) lautet

$$u_{G-Y} = u_G - u_Y = -0.51\, u_{R-Y} - 0.19\, u_{B-Y} \qquad (6.8)$$

Hieraus gewinnt man die Vorschrift für u_G

$$u_G = 1.7\, u_Y - 0.51\, u_R + 0.19\, u_B \qquad (7.13).$$

Vergleicht man (7.12) mit (7.13), so erkennt man die Dimensionierungsvorschrift für die Matrixwiderstände R_R und R_B :

$$\frac{R}{R+R_R} = 0.51 \quad \rightarrow \quad R_R = 0.96\, R \qquad (7.14).$$

und

$$\frac{R}{R_B+R} = 0.19 \quad \rightarrow \quad R_B = 4.26\, R \qquad (7.15).$$

Um Exemplarstreuungen und Alterungserscheinungen der Transistoren und der Bildröhre ausgleichen zu können, werden im allgemeinen mindestens 2 Transistoren (z. B. T_G und T_B) mit Einstellern für die Verstärkung versehen.

7.14. Ansteuerung der Farbbildröhre

7.14.1. Kenndaten von Farbbildröhren

Die Strahlströme der Farbbildröhren sind für die Erzielung der Information Weiß nicht gleich groß, sondern ihr Verhältnis zueinander hängt von den verwendeten Leuchtstoffen und deren Wirkungsgrad ab. Hierzu ist ein Vergleich einer 90°-Deltaröhre aus den Anfängen der Farbfernsehtechnik in der Bundesrepublik mit dem etwa 10 Jahre jüngeren Typ A 67-140 X in 110°-Deltatechnik, dem nochmals 10 Jahre jüngeren Typ A 67-540 X (110°-In-Lineröhre, 1983) und der 66 EAK ... X (1987) in Tabelle 6.3 gemacht. Bei der *Einstellung der Arbeitspunkte* der Bildröhre und der Videostufen sind deshalb vor allem 3 Kriterien wichtig:

1) Für eine einwandfreie *Schwarzeinstellung* müssen alle 3 Systeme bei der Aussteuerung Null gleichzeitig die Sperrspannung erreichen.

2) Der *Grauabgleich* muß so erfolgen, daß das Verhältnis der Strahlströme zueinander für jeden Grauton konstant ist, damit bei bestimmten Grautönen kein Farbstich entsteht (s. a. Abschnitt 5.3.1).

3) Der unterschiedliche Steuerspannungsbedarf für die einzelnen Systeme muß durch entsprechende *Verstärkungseinstellung* der Matrixstufen berücksichtigt werden (s. a. Abschnitte 7.13.1 und 7.13.2).

Röhrentyp		A 63 - 11 X	A 67 - 140 X	A 66 - 540 X	A 66EAK...X
Leuchtdichte bei I_k =0,8 mA		5,5 $\frac{mcd}{cm^2}$	9,5 $\frac{mcd}{cm^2}$	17 $\frac{mcd}{cm^2}$	16 $\frac{mcd}{cm^2}$
Verwendete Leuchtstoffe	Rot	Europium aktiviert	Gadoliniumoxid mit Europium aktiviert	seltene Erden mit Europium aktiviert	seltene Erden mit Europium aktiviert u. pigmentiert
	Grün	Sulfide	Zinksulfid mit Silber aktiviert	Sulfide	Sulfide
	Blau	Sulfide	Zinksulfid u. Cadmium mit Kupfer aktiviert	Sulfide pigmentiert	Sulfide pigmentiert
Verhältnis der Strahlströme	Rot	42 %	37 %	42 %	38,3 %
	Grün	30 %	38 %	32 %	35,8 %
	Blau	28 %	25 %	27 %	25,9 %

Tabelle 7.3: Vergleich der Leuchteigenschaften von Farbbildröhren

7.14.2. Ansteuerungsarten für die Farbbildröhre

Aus der Schwarzweißtechnik kennen wir 2 Konzepte für die Ansteuerung der Bildröhre:

1) Die *Katodensteuerung* (Bild 7.92): Das *positiv* gerichtete Videosignal steuert die Katode der Bildröhre, während der Wehneltzylinder videofrequent an Masse liegt (vergleichbar mit Gitterbasisstufe bei Elektronenröhren bzw. Basis- oder Gateschaltung bei Transistoren).

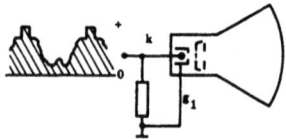
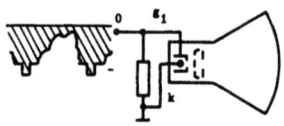

Bild 7.92: Katodensteuerung   **Bild 7.93**: Gittersteuerung

2) Die *Gittersteuerung* (Bild 7.93): Das *negativ* gerichtete Videosignal steuert

den *Wehneltzylinder*, die Katode hat videomäßig Massepotential (Katodenbasisstufe bei Elektonenröhren bzw. Emitter- oder Sourceschaltung bei Transistoren).

In der Farbfernsehtechnik sind *zusätzlich* 2 Varianten für die Farbansteuerung gegeben, nämlich die *Farbdifferenzansteuerung* und die *RGB-Ansteuerung*. Insgesamt sind also 4 Konzepte für die Steuerung der Farbbildröhre möglich:

1) RGB-Ansteuerung an den Gittern (Bild 7.94 a),
2) RGB-Ansteuerung an den Katoden (Bild 7.94 b),
3) Farbdifferenzansteuerung an den Gittern und Leuchtdichteansteuerung an den Katoden (Bild 7.95 a),
4) Farbdifferenzansteuerung an den Katoden und Leuchtdichteansteuerung an den Gittern (Bild 7.95 b).

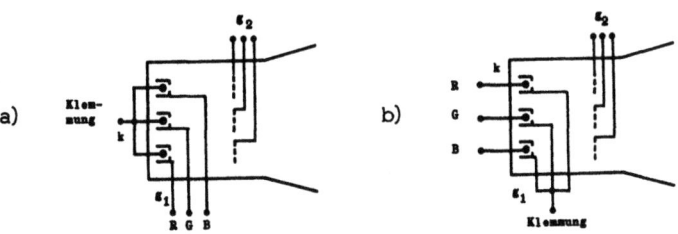

Bild 7.94: RGB-Ansteuerung

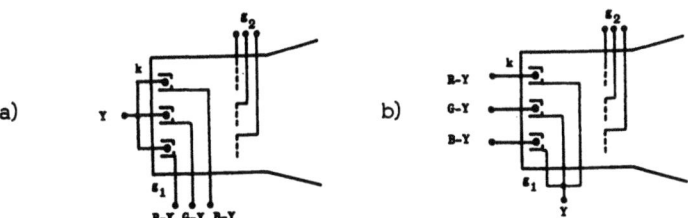

Bild 7.95: Farbdifferenzansteuerung

7.14.2.1. RGB-Ansteuerung an den Katoden

An einer idealisierten Kennlinie und unter der vereinfachenden Annahme, daß der Steuerspannungsbedarf für alle 3 Systeme gleich sei, wollen wir uns am Beispiel des EBU-Farbbalkens mit 100 % Weiß die Größenordnung der in der Praxis auftretenden Steuerspannungen und deren Kurvenform klarmachen.

Die Katode einer Farbbildröhre liegt normalerweise auf etwa + 150....200 V. Das Gitter hat entsprechend der erforderlichen negativen Vorspannung gegen Katode von ca. - 100 V eine Spannung von + 50....100 V gegen Masse. Nehmen wir an, daß ein Signal von u_{ss} = 100 V zwischen Gitter und Katode die Röhre gerade voll aussteuert, so ergeben sich für die RGB-Ansteuerung an den Katoden die im Bild 7.96 dargestellten Pegel und Kurvenformen.

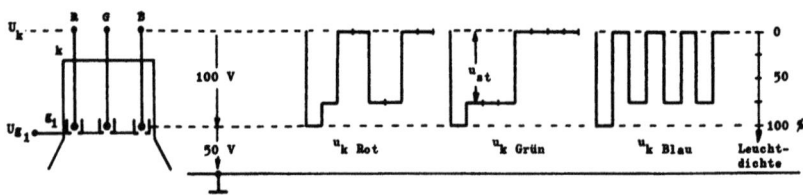

Bild 7.96: Idealisierte Videospannungen an den Katoden der Bildröhre bei RGB-Katodensteuerung

7.14.2.2. RGB-Ansteuerung an den Gittern

Die Gleichspannungspotentiale und die Beträge der Signale R, G und B sind wieder dieselben wie im Falle der Katodensteuerung. Lediglich die Polarität von R, G und B ist entgegengesetzt (Bild 7.97).

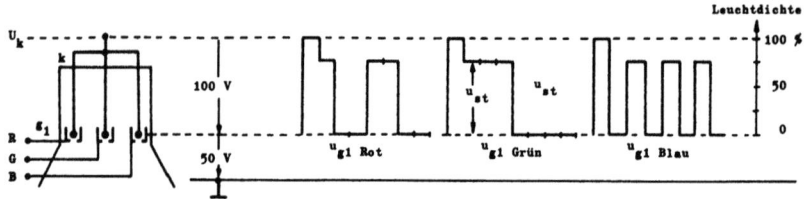

Bild 7.97: Idealisierte Videospannungen an den Gittern der Bildröhre bei RGB-Gittersteuerung

7.14.2.3. Farbdifferenzansteuerung an den Gittern mit Leuchtdichteansteuerung an den Katoden

Bei der Farbdifferenzansteuerung wird die eigentliche Steuerspannung erst *in der Bildröhre selbst* erzeugt. Sowohl Gitter als auch Katode führen Wechselspannungen, während bei der RGB-Ansteuerung nur jeweils eine Elektrode Wechselspannung führt. Das die Katode steuernde Signal - in diesem Falle also das Y- Signal - muß positiv gerichtet sein und das das Gitter steuernde - hier das Farbdifferenzsignal - negativ. Die Entstehung des EBU-Farbbalkens aus Y, (R-Y), (G-Y) und (B-Y) ist im Bild 7.98 dargestellt (gestrichelt: Farbdifferenzsignale).

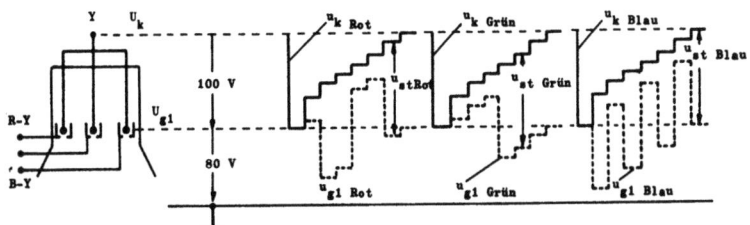

Bild 7.98: Idealisierte Videospannungen bei der Y-Steuerung an den Katoden und der Farbdifferenzsteuerung an den Gittern

Die Ruhepotentiale U_{g1} und U_k müssen gegenüber denen bei der RGB-Steuerung etwas höher liegen, damit der erforderliche Gittersteuerspannungshub realisiert werden kann.

7.14.2.4. Leuchtdichteansteuerung an den Gittern mit Farbdifferenzansteuerung an den Katoden

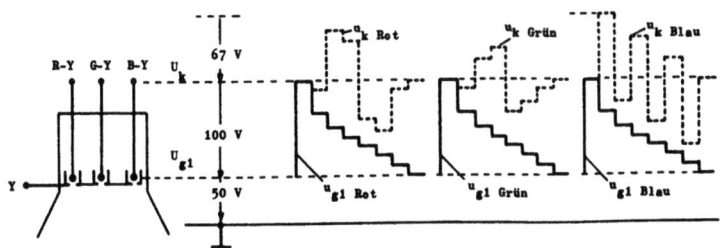

Bild 7.99: Idealisierte Videospannungen bei der Y-Steuerung an den Gittern und der Farbdifferenzsteuerung an den Katoden

Die Polaritäten der Steuerspannungen an den einzelnen Elektroden sind gegenüber dem Fall 7.14.2.3 vertauscht, die Beträge bleiben erhalten (Bild 7.99). Die Ruhepotentiale U_{g1} und U_k können in derselben Größenordnung wie bei der RGB-Steuerung liegen, die Betriebsspannung der Farbdifferenzendstufen muß jedoch so hoch gewählt werden, daß der größere Spannungshub an den Katoden möglich ist.

7.14.2.5 Vergleich der RGB- mit der Farbdifferenzansteuerung, Vor- und Nachteile

Beide Konzepte sind in Empfängerschaltungen zu finden, wir wollen jetzt untersuchen, welche Gründe entweder für das eine oder das andere sprechen.

Vorteile **Nachteile**

RGB-Steuerung:

1) Die Farbsignale R, G und B werden in einer Matrix gebildet, sie lassen sich beim Service mit relativ einfachen Mitteln (normales Oszilloskop) kontrollieren. Die Einstellungen sind unkritischer als bei der Farbdifferenzsteuerung.

2) Eine Elektrode pro System wird jeweils nur wechselspannungsmäßig angesteuert, die andere steht für die Klemmung zur Verfügung.

3) Die erforderlichen Ausgangsspannungen liegen in der Größenordnung von nur etwa 100 Volt.

4) Es werden nur 3 Videoendstufen benötigt.

1) Die 3 Videostufen benötigen eine Bandbreite von je 5MHz.

2) Wegen der großen Bandbreite müssen die Videoendstufen eine relativ große Verlustleistung haben, weil man sie niederohmig auslegen muß. Bestimmend für die obere Grenzfrequenz ist nämlich im wesentlichen die Zeitkonstante aus den (unvermeidlichen) Schalt- und Röhren- bzw. Transistorkapazitäten und den Arbeitswiderständen. Bei gegebenen Kapazitäten bedingt das entsprechend niederohmige Widerstände und damit bei gegebener Ausgangsspannung größere Verlustleistung.

Farbdifferenzansteuerung:

1) Es ist nur eine Endstufe (Y) mit der Bandbreite 0-5 MHz erforderlich.

1) Es werden insgesamt 4 Endstufen benötigt.

(Fortsetzung, noch Farbdifferenz-Steuerung)

Vorteile

2) Für die Farbdifferenzendstufen wird nur eine Bandbreite von etwa 1,5 MHz benötigt, entsprechend dem schmalbandigeren Farbdifferenzsignal. Das bedeutet eine niedrigere Verlustleistung für die Endstufen.

Nachteile

2) Die Farbdifferenzstufen müssen eine höhere Ausgangsspannung liefern (Größenordnung etwa 180 V).

3) Die eigentlichen Steuerspannungen werden an der gekrümmten Bildröhrenkennlinie ($\gamma \approx 2,5$) erzeugt.

4) Die Kontrolle der Steuerspannungen beim Service erfordert höheren Aufwand (z. B. Oszilloskop mit Differenzeingang)

Die technisch sauberere Lösung ist also offenbar die RGB-Ansteuerung, sie ist dafür aber etwas aufwendiger, findet heute aber vorwiegend Anwendung.

7.15 Lineare integrierte Schaltkreise in der Farbfernseh-Empfängertechnik

Das Bestreben der Farbfernsehgeräteindustrie, ihre Empfänger immer zuverlässiger und servicefreundlicher zu gestalten, findet seinen Ausdruck darin, daß sich die Verwendung von integrierten Schaltkreisen (Integrated Circuits, ICs) inzwischen in fast allen Stufen durchgesetzt hat, nachdem die Halbleiterhersteller entsprechende Schaltungen zu sehr niedrigen Preisen auf den Markt gebracht haben. Neben einer erheblichen Einsparung von Bauelementen, einer entsprechenden Verkleinerung der Chassis und einer reduzierten Leistungsaufnahme wird dadurch auch eine gewisse Standardisierung der Schaltungen erreicht, weil sich die eigentliche Entwicklung des Schaltungskonzeptes nun mehr zum Hersteller der ICs verlagert und der Spielraum für den Anwender verkleinert wird. Die Servicefreundlichkeit wurde seitens der Gerätekonstrukteure durch die sog. Modulbauweise weiter verbessert. Bestimmte Schaltungsteile (z. B. Tuner, ZF-Verstärker, Farbstufen, Videostufen, Hochspannungserzeugung usw.) werden zu je einem Baustein (Modul) zusammengefaßt und auf getrennten Platinen untergebracht. Das Trägerchassis enthält bei manchen Konstruktionen lediglich noch Stecker, die die Moduln mechanisch halten und die notwendigen elektrischen Verbindungen herstellen (mother board). Im Schadensfall kann die defekte Baugruppe einfach gegen eine andere ausgewechselt werden.

Zur Einführung wollen wir uns am Beispiel des Blockschaltplans für das TELEFUNKEN-Farbfernsehchassis 712 (Bild 7.100) einen groben Überblick über den Stand der Technik von etwa 1976 verschaffen. Die verwendeten ICs sind stark umrandet hervorgehoben.

Wie das Bild zeigt, werden eine Reihe verschiedener Funktionen in einem IC zusammengefaßt. Verfolgt man das Signal auf seinem Weg durch den Empfänger, so sieht man, daß im Bild-ZF-Verstärker ein IC (TBA 440) verwendet wird. Zur Erzielung des geforderten Frequenzgangs (s.a. Abschnitt 7.2) sind hier die konventionellen Maßnahmen mit mehreren Einzelfiltern nicht anwendbar, weil die Selektionskreise nicht mit in das IC einbezogen werden können. Die gesamte Selektion wird deshalb in einem einzigen Kompakt-LC-Filter am Eingang des ZF-Verstärkers eingestellt. Der Weg des Tones führt über einen integrierten Ton-ZF-Verstärker und einen integrierten NF-Verstärker (TBA 120 S und TBA 800). Im IC TBA 560 A sind mehrere Funktionen zusammengefaßt: Y-Verstärkung, Klemmung (Schwarzwertgewinnung), Austastung, Farb-ZF-Verstärkung, Farbkontrastautomatik und Burstverstärkung. Referenzoszillator und Phasendiskriminatoren für Farbkiller und PAL-Schalter sind im TBA 540 untergebracht. Der TBA 520 enthält die Synchrondemodulatoren und den PAL-Schalter. Die RGB-Matrix wird im TBA 530 realisiert. Die Verarbeitung des Synchronsignalgemisches erfolgt im TBA 950. Er enthält das Amplitudensieb, den Horizontal-Phasenvergleich und den Zeilenoszillator. Auf die elektronische Senderwahl, Programmspeicherung und die verschiedenen Methoden der drahtlosen Fernbedienung und den anderen Bedienungskomfort wird hier nicht näher eingegangen.

Da die Technologie gerade der integrierten Halbleiterschaltungen von einem enormen Entwicklungstempo gekennzeichnet ist, ist das oben skizzierte Konzept mittlerweile veraltet. Das ist jedoch unerheblich. Es haben sich zwar die Komplexität und der Komfort der Einzelschaltungen erhöht - insbesondere auch wegen der mittlerweile selbstverständlichen Video-Recordertechnik, des Stereo-Tons, des Videotext-Verfahrens und des Mehrnormenempfangs (PAL, SECAM). Das bedeutet jedoch (mit Ausnahme von Videotext und Bildschirmtext Btx) lediglich eine logische Weiterentwicklung der Analogschaltungen und weniger etwas prinzipiell Neues. Abgesehen davon, wird allerdings derzeit intensiv an neuartigen, digitalen Konzepten gearbeitet. Wir werden noch darauf eingehen.

Ergänzend zu diesem Thema wollen wir an einem weiteren Beispiel (Bild 101) den Stand von 1986 am Konzept eines besonders ökonomischen Empfängers von VALVO betrachten. Wir erkennen, daß die gesamte Kleinsignalverarbeitung von nur noch zwei ICs durchgeführt wird.

So sind in etwa die Funktionen (vgl Bild 1.100) von
- TBA 120 S (Ton-ZF), TBA 440 (Bild-ZF), TBA 950 (Sync-Verarbeitung)
  in einem IC, dem Kleinsignalprozessor TDA 4505 und die Funktionen von
- TBA 560 A (Y-und C-Verarbeitung, TBA 530 (RGB-Matrix)
  in einem weiteren IC, dem Einchip-PAL-Decoder TDA 3565

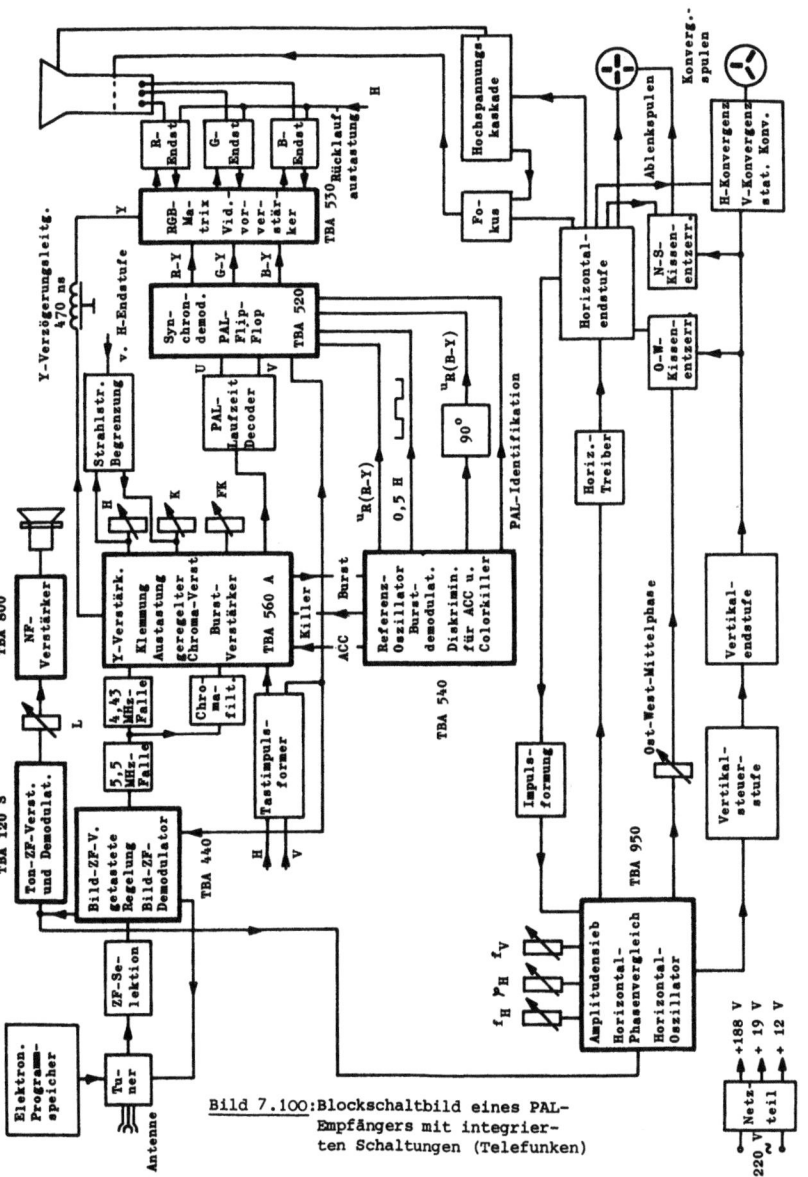

Bild 7.100: Blockschaltbild eines PAL-Empfängers mit integrierten Schaltungen (Telefunken)

zusammengefaßt. Zusätzliche ICs ermöglichen den Mehrnormenempfang von SECAM und NTSC.

Ohne auf Einzelheiten einzugehen, sei abschließend noch das Blockschaltbild des Kleinsignalprozessors TDA 4505 (VALVO) im Bild 1.102 wiedergegeben. Man erkennt, daß nur noch sehr wenige externe Komponenten erforderlich sind, die zum einen zur Erzielung der Selektion (z.B. OWF-Filter in der Bild-ZF) und zum anderen einigen Arbeitspunkteinstellungen dienen.

7.1.6. Digitale Signalverarbeitung im Fernseher

Die im Rahmen des eingeführten PAL-Standards gegebenen Möglichkeiten der Fernsehübertragungstechnik sind weitestgehend ausgeschöpft. Die Industrie ist nach wie vor bemüht, die Auswirkung der systembedingten Mängel von PAL (vgl. a. Abschnitte 7.13 und 7.14) durch Maßnahmen im Empfänger zu eliminieren. Besonders wirksam kann das mittels *digitaler Signalverarbeitung* realisiert werden.

Ihre Einführung begann schon vor etwa 20 Jahren mit der schrittweisen Digitalisierung der Bedienungsfunktionen, später folgten die Senderabstimmung und -speicherung und die Einführung von Videotext bzw. Bildschirmtext Btx (ca. ein Drittel der Gesamtfunktionen).

Nunmehr konzentrieren sich die Aktivitäten auf folgende Bereiche

- *Flimmerreduktion* durch 100 Hz-Bild,
- *Multinormverarbeitung*,
- *automatischer Ausgleich von Alterungserscheinungen* der Einzelkomponenten, zur Gewährleistung stets gleichbleibender Bild- (und Ton-)Qualität.

Die Signalverarbeitung muß, wie in der Analogtechnik, selbstverständlich auch hier in *Echtzeit* erfolgen. Anhand der Blockschaltung nach Bild 1.103 wollen wir die wesentlichen Komponenten einer digitalen Signalverarbeitung diskutieren. Da das HF-Signal ebenso wie die "fertigen" Bild- und Toninformationen unverändert analog sind, besteht das Gesamtsystem aus 3 Teilen
- dem *analogen Empfangsteil* bis zur Gewinnung des FBAS-Signals,
- der *digitalen Kleinsignalverarbeitung*,
- der *analogen Ansteuerung der Video- und Audioausgangsstufen*..

Zwischen diesen 3 Blöcken bedienen je ein *Analog-Digital-* und ein *Digital-Analogwandler* die entsprechenden Schnittstellen. Die analoge Empfangssignalverarbeitung bietet prinzipiell keine Neuerungen.
Der *Analog-Digitalwandler* hat die Aufgabe, das analoge FBAS-Multiplexsignal in diskrete Werte umzusetzen. Kennzeichnend sind dabei

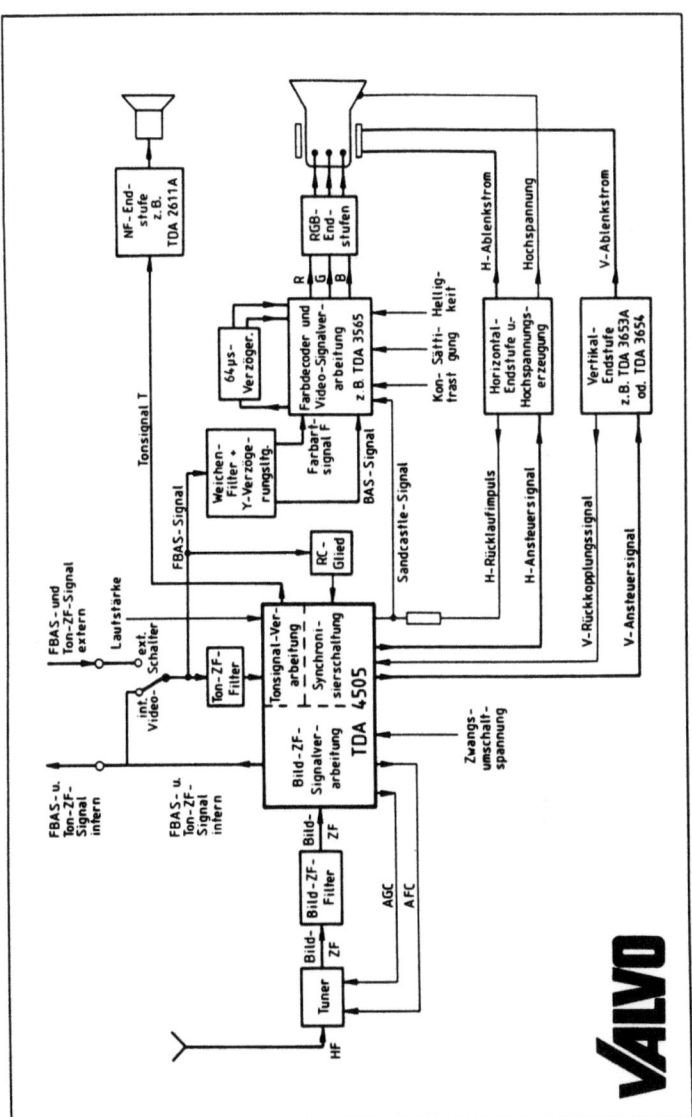

Bild 7.101: Blockschaltung eines ökonomisch konzipierten, hochintegrierten Empfängers

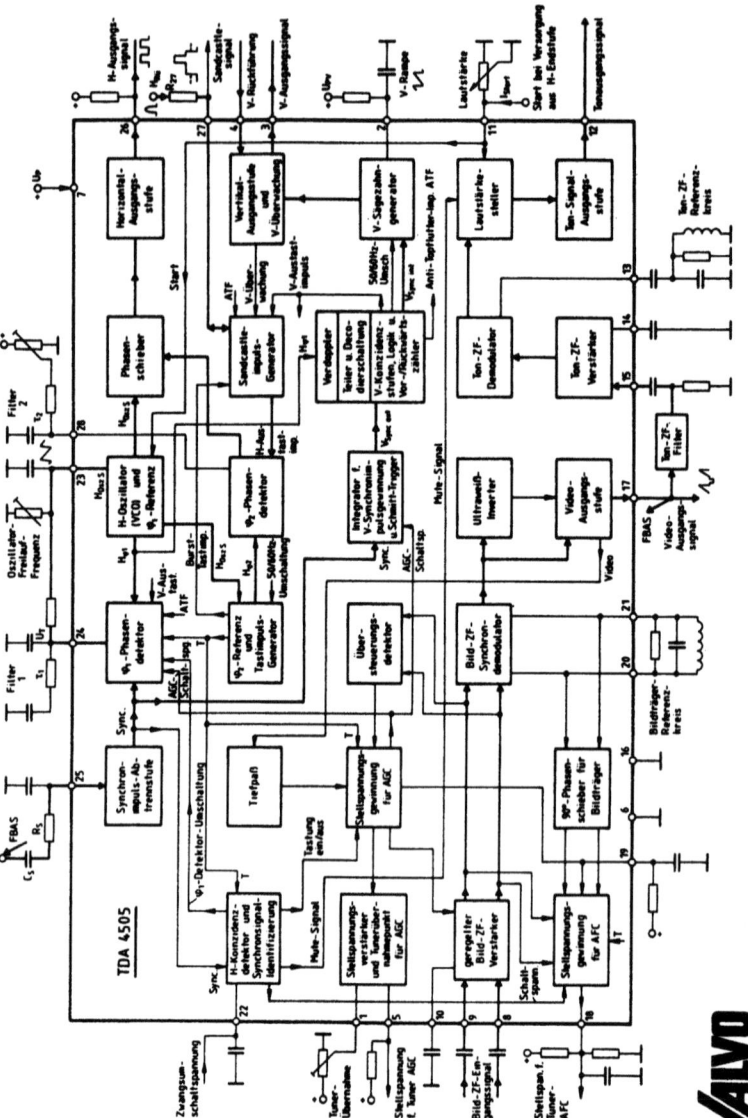

(Bild 7.102) Ausführliche Blockschaltung des Farbfernseh-Kleinsignal-Prozessors TDA 4505 mit den wichtigsten Elementen der externen Beschaltung

- 231 -

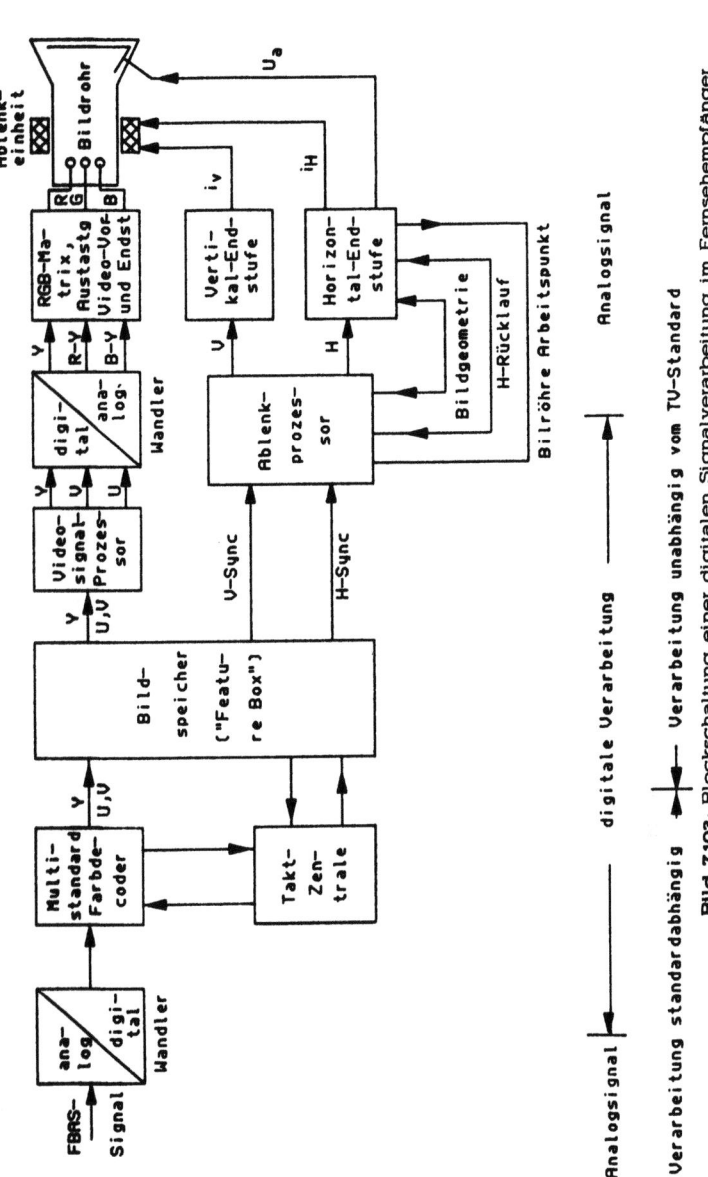

Bild 7103: Blockschaltung einer digitalen Signalverarbeitung im Fernsehempfänger

- *Digitale Wortlänge* (Amplitudenauflösung). Hier sind 7-8 bit (entsprechend 128 oder 256 Amplitudenstufen) ausreichend,
- *Abtastrate:* Es ist sinnvoll, die Abtastfrequenz an eine der typischen Frequenzen f_H (Zeilenfrequenz) oder f_F (Farbträgerfrequenz) zu koppeln. Eine von der CCIR genormte Taktfrequenz für die in Studios zum Teil bereits verwendete digitale Bildverarbeitung ist

$$f_{CCIR\ takt} = 864 \cdot f_H = 13{,}5\ \text{MHz} \qquad (7.16).$$

Für den A/D-Wandler wählt man beispielsweise das 1,5 -fache davon, also

$$f_{sample} = 1{,}5 \cdot f_{CCIR\ takt} = 20{,}25\ \text{MHz} \qquad (7.17).$$

Herz des Digitalteils ist der *Videosignalprozessor*. Er arbeitet zweckmäßig mit der Taktfrequenz aus Gl. (7.16), also 13,5 MHz. Er übernimmt die zentrale Steuerung zwischen den übrigen Blöcken.

Im *Multistandard-Farbdecoder* erfolgt die normabhängige Verarbeitung des Chromasignals. Durch digitale Filterung werden Y- und C-Komponente voneinander getrennt und anschließend demoduliert. Diese Stufe separiert außerdem die Synchronsignale, die wiederum den zentralen Taktgenerator steuern.

Der *Bildspeicher* enthält außer entsprechendem Speicherplatz für mehrere Bilder Schaltungen zur Bildverbesserung (sog. "Features"), z.B. Flimmerreduktion, Kantenversteilerung, Cross-Colour- und Cross-Luminancereduktion, "Bild im Bild" etc.

Im *Ablenkprozessor* werden die Steuersignale für die Zeilen- und Bildablenkströme und für die Rasterkorrektur erzeugt. Hierbei findet ein Soll-Ist-Vergleich zwischen den bei der Fertigung eingestellten Parametern und tatsächlich auftretenden Werten statt, mittels dessen das Betriebsverhalten ständig geregelt und damit über die Lebensdauer des Gerätes hinweg stabil gehalten wird. Hier sind auch Umschaltungen zwischen 525/625 Zeilen bzw. 60/50 Hz möglich.

Der *Digital-Analogumsetzer* erzeugt aus den digitalen Y, U- und V-Komponenten die analogen Y, (R-Y)- und (B-Y)-Signale.

Der Analogteil im Ausgang bietet im Prinzip nichts neuartiges.

7.17. Hochspannungsversorgung

Die Anforderungen an die Hochspannungsversorgung im Farbfernsehempfänger sind beträchtlich höher als beim Schwarzweißgerät. Das hat im wesentlichen 2 Gründe
- die höhere Spannung und
- die größere Leistung.

Eine Gegenüberstellung der charakteristischen Werte für Schwarzweiß - und Farbfernseher soll das in Tabelle 7.4 verdeutlichen.

Der *Innenwiderstand* der Hochspannungsquelle ist maßgebend für die Stabilität der Spannung bei Strahlstromänderungen. Bei Farbgeräten ist die Strahlstromänderung so groß, daß man ohne zusätzliche Stabilisierungsmaßnahmen nicht auskommt, wenn man keine unerträglichen Bildgrößenänderungen in Abhängigkeit von der Helligkeit in Kauf nehmen will.

		Schwarz-weiß	Farbe		
			Röhren-technik	Halbleitertechnik	
				Kaskade	Split-Diode
Spannung	(kV)	20	25	27	27
Strahlstrom	(mA)	0,15	1,5	1,5	1,5
Hochspannungs-belastung	(W)	3	38	41	41
Konvergenz-belastung	(W)	-	10	6	-
Fokus etc	(W)	2	7	5	4
Verluste in den Ablenk-spulen	(W)	14	23	21	10
Anodenver-lustleistung Boosterdiode	(W)	2	3	12	-
Anodenver-lustleistung Zeilenend-stufe	(W)	8	25		8
Gesamtlei-stung	(W)	29	106	85	63

Tabelle 7.4: Charakteristische Betriebswerte von Schwarzweiß - und Farbfernsehempfängern

Es gibt eine große Vielzahl verschiedener Schaltungen zur Hochspannungsgewinnung und Stabilisierung. Eine ausführliche Behandlung würde den Rahmen dieses Skriptums sprengen. Wir wollen uns deshalb auf 3 typische Beispiele beschränken, nämlich eine (veraltete) Stabilisierungsschaltung mit *Ballasttriode*, die Hochspannungserzeugung mit *Verdreifacherkaskade* (Cockroft-Walton-Schaltung) und die *Split-Diodenschaltung*.

Allgemein wird die Hochspannung durch die Gleichrichtung des auf einen entsprechenden Pegel hochtransformierten Zeilenrücklaufimpulses gewonnen. Da das Tastverhältnis relativ klein ist (s. z.B. Bild 7.28b), muß der Spitzenwert hoch sein (zum Beispiel U_{so} = 35 kV, wenn das Konzept der Direktgleichrichtung nach Abschnitt 7.16.1 angewendet wird.

7.17.1. Hochspannungsstabilisierung mit Röhren

Aus der Niederspannungstechnik kennen wir 2 Prinzipien für die Spannungsstabilisierung:

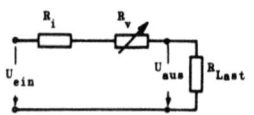

Bild 7.104 : Längsstabilisierung

1) *Längsstabilisierung* (Bild 7.104):
An dem regelbaren Widerstand R_v fällt stets soviel Spannung ab, daß die durch Lastoder Eingangsspannungsänderungen hervorgerufene Schwankung der Ausgangsspannung kompensiert wird.

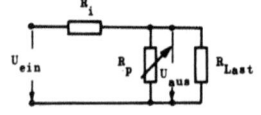

Bild 7.105 : Querstabilisierung

2) *Querstabilisierung* (Bild 7.105):
Der regelbare Widerstand R liegt parallel zur Last. Seine Größe stellt sich immer so ein, daß die Gesamtstromentnahme und damit auch die Ausgangsspannung etwa konstant bleiben.

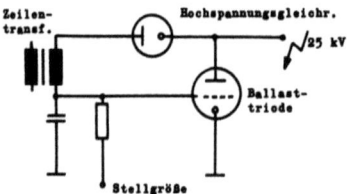

Bild 7.106 : Prinzipschaltung der Hochspannungsstabilisierung

Bei der Hochspannungsstabilisierung der Farbfernseher der ersten Generation verwendete man Röhren. Die Längsstabilisierung ist zwar wirtschaftlicher, läßt sich aber hier nicht realisieren, weil nämlich die Eingangsgleichspannung U_{ein} Werte hätte, die isolationstechnisch nicht mehr sicher zu beherrschen sind (Richtgrößen:

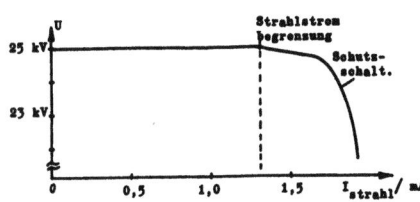

Bild 7.107 : Hochspannung als Funktion des Strahlstroms

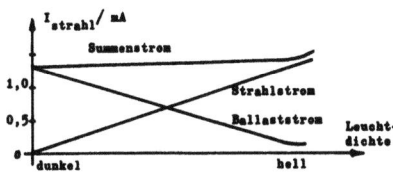

Bild 7.108 : Stromverteilung zwischen Ballasttriode und Bildröhre

U_{ein} = 2 ... 3 U_{aus} = 50 ...75 kV). Außerdem ist mit zunehmender Spannung die Gefahr der Erzeugung von schädlichen Röntgenstrahlen gegeben. Die Stabilisierung mit Röhren wird deshalb mit einer Parallelregelung (Bild 7.106) und einer speziell für diesen Zweck entwickelten Röhre, der sog. *Ballasttriode*, durchgeführt. Die folgenden Bilder zeigen das Prinzip der Schaltung und deren charakteristische Kurven, nämlich die Hochspannung U als Funktion des Strahlstroms I_{strahl} (Bild 7.107) und die Verteilung zwischen Ballaststrom und Bildröhrenstrom für verschiedene Bildhelligkeiten (Bild 7.108). Sowohl Bildröhre als auch Hochspannungsteil sind im allgemeinen mit speziellen Schutzschaltungen gegen Überlast versehen.

Bild 7.108 zeigt weiter, daß die Ballasttriode bei Strahlstrom Null den vollen Strom übernehmen muß. Sie muß also etwa 30 W Leistung in Wärme umsetzen! Die Röhre wird dabei rotglühend.
Außer der Tatsache, daß dieses Konzept sehr unwirtschaftlich ist, werden in der Ballasttriode zusätzlich noch Röntgenstrahlen erzeugt, deren Intensität wesentlich höher ist als die der Strahlung, die die Bildröhre selbst verursacht.

7.17.2. Hochspannungserzeugung mittels Kaskadengleichrichter

Bei Schwarzweißgeräten wird die Sekundärwicklung des Hochspannungstransformators so ausgelegt, daß sie mit den Schaltungs- und Wicklungskapazitäten einen Resonanzkreis bildet, der auf der 3. oder 5. Oberwelle der Zeilenfrequenz schwingt. Durch Resonanzüberhöhung kommen dabei Spitzenspannungen von etwa 25 kV zustande.

Verlegt man die Abstimmung auf die 9. Oberwelle, so wird der Innenwiderstand der Schaltung kleiner. Gleichzeitig hat aber auch der Rücklaufimpuls nur noch eine Spitzenspannung von ca. 8,5 kV. Durch eine *Spannungsver-*

dreifacherschaltung (Hochspannungskaskade) wird daraus die erforderliche Hochspannung von 25 kV erzeugt. Die Hochspannungskaskade besteht aus

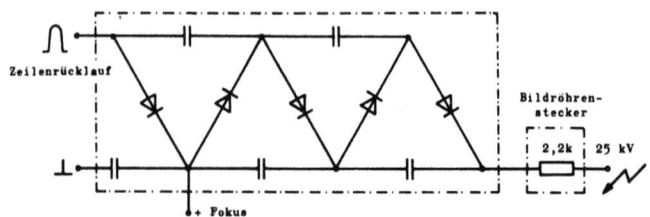

Bild 7.109 : Spannungsverdreifacherschaltung

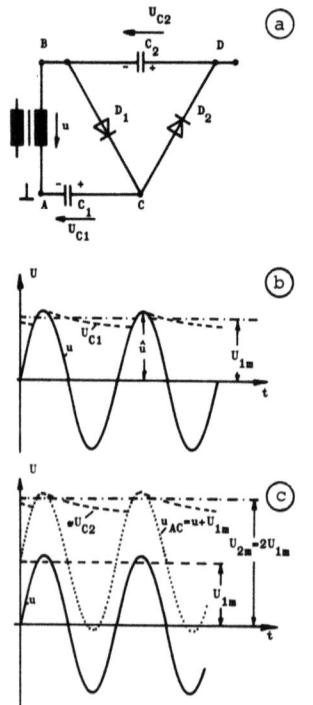

Bild 7.110: Prinzip der Spannungsverdopplung (Erläuterung im Text)

der Hintereinanderschaltung von 5 Gleichrichterstrecken, von denen je 2 mit einem Kondensator überbrückt sind (Bild 7.109). Die Hochspannungsgleichrichterstrecken werden von Selen- Stabgleichrichtern gebildet, die zusammen mit den Kondensatoren zu einer Einheit vergossen und so gegen Umwelteinflüsse isoliert sind. Die Wirkungsweise der Kaskadenschaltung soll am Beispiel einer Verdopplerschaltung nach Bild 7.110 a bei Betrieb mit einer Sinusspannung und geringer Last erläutert werden. Die Sekundärseite eines Trafos liefert die Wechselspannung $u = \hat{u} \cdot \sin \omega t$. Mittels D_1 wird u gleichgerichtet, und am Kondensator C_1 entsteht die Richtspannung $u_{C1} \approx \hat{u}$, (Bild 7.110b). Betrachtet man nun den Punkt C als Bezugspotential, so sind alle Spannungen um den Betrag U_{1m}, den arithmetischen Mittelwert von U_{C1}, positiver. Die am Punkt C stehende Spannung hat den Wert $u_{AC} = u + U_{1m}$ (Bild 7.110 c). Über die Diode D_2 wird nun u_{AC} gleichgerichtet und der Kondensator C_2 auf den Wert U_{C2} aufgeladen, dessen arithmetischer Mittelwert $U_{2m} = 2 U_{1m}$ ist. Der Punkt D hat somit gegen Masse die doppelte Spannung wie der Punkt C. Nimmt man Punkt D als Bezugspunkt und stockt weitere Kondensator-Dioden-Kombinationen auf, so läßt sich eine Vervielfachung der Spannung erreichen, wobei im praktischen Betriebsfall die Zahl der Kondensator-Dioden-Kombinationen im größer als der Vervielfachungsfaktor ist.

7.17.3. Hochspannungserzeugung mittels Split-Dioden-Transformator

Die Wirtschaftlichkeit und Zuverlässigkeit der Hochspannungserzeugung läßt sich bei Verwendung des *Split-Dioden*-Prinzips nach Bild 7.111 weiter verbessern. Die Hochspannungswicklung auf dem Zeilentransformator ist in 4 (in manchen Fällen auch nur 3) Teilwicklungen $W_1...W_4$ aufgeteilt, die über die Gleichrichterdioden $D_1...D_4$ in Reihe geschaltet sind.

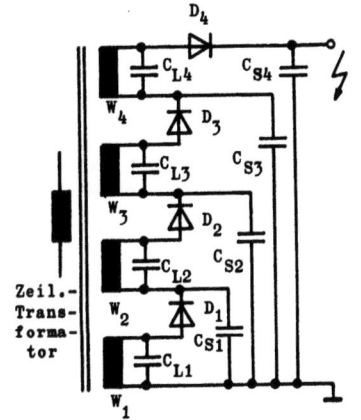

Bild 7.111: Split-Dioden- Transformator

Durch geschickte Ausnutzung der (unvermeidlichen) Lagenkapazitäten $C_{L1} ... C_{L4}$ und der Streukapazitäten $C_{S1} .... C_{S4}$, die sowohl zur Oberwellenabstimmung als auch als Ladekondensatoren dienen, erreicht man, daß keine zusätzlichen Folienkondensatoren wie in der Kaskade nach Bild 7.109 mehr benötigt werden. Die Silizium-Stabgleichrichter sind mit dem Zeilentransformator zu einer kompakten Einheit zusammengefaßt und in Kunststoffisolierung vergossen.

7.18. Ablenktechnik für die Bildröhre

7.18.1. Vertikalablenkung (Bildendstufe)

Die *Vertikalablenkschaltung* (Bildendstufe) im Farbfernsehempfänger hat die Aufgabe, den für die Nord-Süd-Ablenkung erforderlichen, bildfrequenten Sägezahnstrom zu liefern. Sie unterscheidet sich von der eines Schwarzweißgerätes im Prinzip nicht; es werden lediglich strengere Anforderungen gestellt:
- höhere Ablenkleistung wegen des größeren Bildröhren-Halsdurchmessers,

- zusätzliche Leistung für Konvergenz und Kissenentzerrung,
- höhere Stabilität zur Vermeidung von alterungsbedingten Geometrie- und Konvergenzfehlern.

Von den gängigen Vertikalablenkschaltungen seien Transistor-Gegentakt-B-Stufen und Thyristor-Ablenkschaltungen erwähnt. Die Wirkungsweise der Gegentakt-B-Stufen allgemein wird als bekannt vorausgesetzt. Das Prinzip der Thyristorablenkschaltung wird auch in der Horizontalablenkung angewendet und deshalb im Abschnitt 7.18.2.1 erläutert.

Ein besonders wirtschaftliches Konzept ist die SMVD (Switch Mode Vertical Deflection)-Schaltung. Ihr Prinzip ist im Bild 7.112 dargestellt. Wie die englische Bezeichnung sagt, handelt es sich um eine geschaltete Vertikalendstufe. Sie bezieht die Energie für die Bildablenkung aus der Horizontalendstufe. Da die Endtransistoren im Schalterbetrieb arbeiten, fällt im Vergleich zur analog betriebenen Gegentakt-B-Endstufe eine geringere Verlustleistung an. Der Zeilentransformator besitzt eine zusätzliche Gegentakt-Ausgangswicklung w_1, w_2, deren Enden über die Halbleiterschalter T_1, D_1 und T_2, D_2 zeilenfrequent an Masse gelegt werden. Die Teilströme i_{H1} und i_{H2} haben gegensätzliche Polarität und addieren sich im Ablenkkreis C_V, L_V, R_M zum Ablenkstrom i_V. Die Steuerung der Transistoren erfolgt mittels zweier gegenläufiger pulsdauermodulierter Signale, die den Stromflußwinkel der Schalter

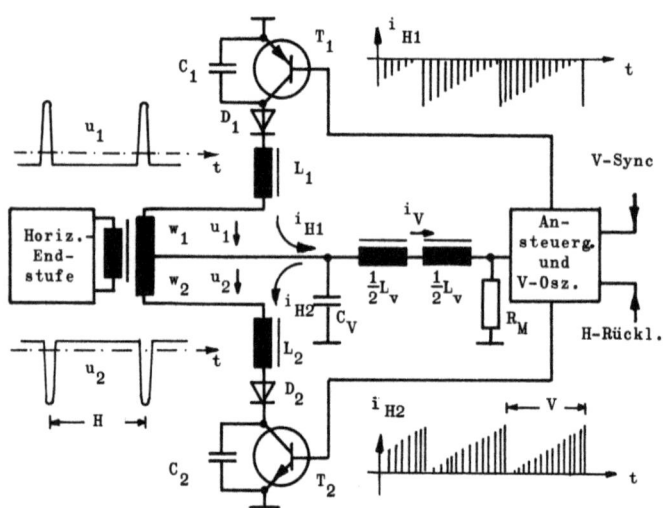

Bild 7.112: SMVD - Schaltung, Prinzip

bestimmen. Am oberen Bildrand wird i_V praktisch nur von i_{H1} geliefert, in Bildmitte ist $i_V = i_{H2} - i_{H1}$, und am unteren Bildrand ist $i_V = i_{H2}$. Die Spulen L_1 und L_2 dienen als Energiespeicher und zur Stromglättung. C_1 und C_2 dämpfen hochfrequente Schwingungen. Während des Vertikalrücklaufs sind sowohl T_1 als auch T_2 gesperrt, so daß sich in dem Resonanzkreis L_V, C_V, R_M festlegen. Am oberen Bildrand wird i_V praktisch nur von i_{H1} bestimmt, in eine Cosinus-Halbschwingung ausbilden kann, die den Polaritätswechsel von i_V einleitet. Die Ansteuerung der Schalter erfolgt über ein spezielles IC, das den V-Synchronimpuls, den Zeilenrücklauf und den Istwert des Ablenkstroms i_V, der über R_M abgegriffen wird, benötigt.

7.18.2. Horizontalablenkung (Zeilenendstufe)

Die Horizontalablenkschaltung im Farbfernsehempfänger hat die Aufgabe, den für die Ost-West-Ablenkung erforderlichen, zeilenfrequenten Sägezahnstrom zu liefern. Außerdem wird normalerweise die Hochspannungserzeugung von der Zeilenendstufe mit übernommen, weil sich dabei besonders wirtschaftliche Schaltungskonzepte ergeben. Wie wir aus Tabelle 7.4 entnehmen, sind die Anforderungen an Farbfernseh-Zeilenendstufen im Vergleich zu Schwarzweiß beträchtlich höher. Der Übergang von der Röhrentechnik auf Halbleitertechnik in den letzten 25 Jahren hat den Wirkungsgrad und die Zuverlässigkeit der Zeilenendstufen wesentlich verbessert. Halbleiterschaltungen erfordern gegenüber Röhrenschaltungen wegen der geringeren Überlastbarkeit, die im Fehlerfall schnell zur endgültigen Zerstörung führt, jedoch einen höheren Aufwand für Schutzeinrichtungen. Wir werden uns hier auf die Behandlung von Halbleiterschaltungen beschränken. 2 Konzepte haben sich herausgebildet:

- *Transistor*-Zeilenendstufen
- *Thyristor*-Zeilenendstufen.

Thyristorschaltungen besitzen gegenüber Transistorschaltungen
einige Vorteile:
- Die Verlustleistungen von Thyristoren und damit die Schaltverluste sind kleiner als die bei Transistoren.
- Die Ansteuerung der Thyristoren ist einfacher.
- Thyristoren sind nicht so empfindlich gegenüber Stromüberlastungen wie Transistoren.
- Thyristoren sind billiger als entsprechende Transistoren
- Die Netzversorgung läßt sich mit weniger Aufwand realisieren.

Als Nachteile sind zu nennen:
- komplizierte Wirkungsweise,
- relativ hoher Schaltungsaufwand,
- kritischer, von der Leitungsführung abhängiger Schaltungsaufbau.

7.18.2.1. Horizontal-Ablenkschaltungen mit Thyristoren

Prinzipschaltung

Im Bild 7.113 ist die Prinzipschaltung einer *Thyristor-Ablenkstufe* dargestellt. Sie besteht aus der eigentlichen Ablenkspule L_H in Reihe mit dem Tangenskondensator C_T. Parallel dazu liegt der sog. Hinlaufschalter, bestehend aus der Diode D_H und dem antiparallelen Thyristor Th_H.

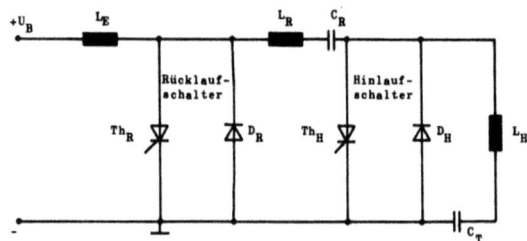

Bild 7.113: Thyristor-ablenkschaltung

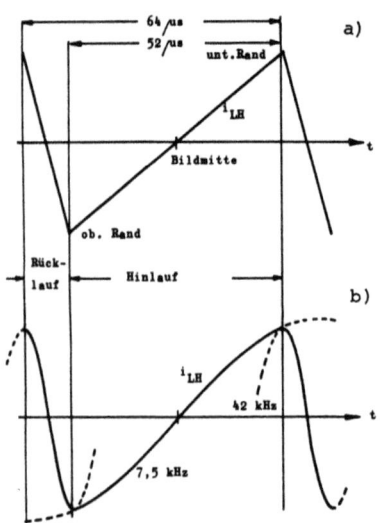

Bild 7.114: Idealer und realer Ablenkstrom

In Reihe zu dieser Schaltung befindet sich der *Kommutierungs-* oder *Rücklaufkreis* (L_R in Reihe mit C_R). Parallel zu dieser Gesamtschaltung finden wir den *Rücklaufschalter*, bestehend aus dem Thyristor Th_R und der antiparallelen Diode D_R. Über die *Ladedrossel* L_E wird der Energiebedarf der Schaltung aus der Betriebsspannung gedeckt.

Im Bild 7.114 a ist die ideale Form des Ablenkstroms für den Zeilenhin- und Rücklauf dargestellt. In der Praxis wird er jedoch aus 2 Cosinushalbschwingungen unterschiedlicher Frequenz zusammengesetzt (Bild 7.114 b) Das erreicht man, indem man den Rücklaufkondensator C_R während des Rücklaufs in Reihe zum Tangenskondensator C_T legt, so daß 2 Resonanzkreise unterschiedlicher Frequenz ($f_{hin} \approx 7{,}5$ kHz und $f_{rück} \approx 42$ kHz) entstehen.

Wirkungsweise der Schaltung

Wie wir eben gesehen haben, besitzt die Schaltung 2 Resonanzkreise, nämlich den Hinlaufkreis mit der Ablenkspule und dem Tangenskondensator als frequenzbestimmenden Elementen und den Rücklaufkreis, in dem die Kommutierungsspule und der Kommutierungskondensator wirksam werden. Beide Kreise werden durch bipolare Schalter zu genau definierten Zeitpunkten ein- und ausgeschaltet. Die Energie wechselt dabei entsprechend den Resonanzfrequenzen zwischen elektrischer und magnetischer Feldenergie hin und her. Lediglich die auftretenden Verluste werden aus der Betriebsspannung über die Drossel L_E gedeckt.

Die Vorgänge während einer Zeilendauer sind relativ kompliziert, so daß es zweckmäßig ist, den Zeitverlauf in 7 charakteristische Abschnitte $t_1 \ldots t_7$ aufzuteilen, die jeweils anhand eines Bildes erklärt werden. Dabei sind immer die Teile der Schaltung weggelassen, die während der betrachteten Zeit inaktiv sind. Der Zeitverlauf der wichtigsten Ströme und Spannungen ist dargestellt. Im Bild 7.115 ist die Aufteilung in die 7 Zeitabschnitte angedeutet.

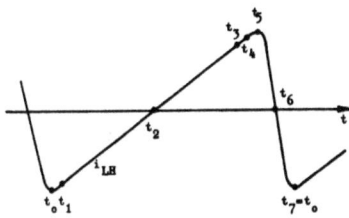

Bild 7.115: Zeiteinteilung einer Zeilendauer

Zeitraum $t_o \leq t \leq t_1$ Beginn des Zeilenhinlaufs (Bild 7.116):

Die Dioden D_H und D_R sind beide leitend. Der Kondensator C_R ist mit seinem linken Belag negativ aufgeladen. Die in C_R gespeicherte Ladung ist relativ klein, so daß der Strom i_{DR} sehr rasch Null wird. Die Diode D_H übernimmt den Strom von D_R.

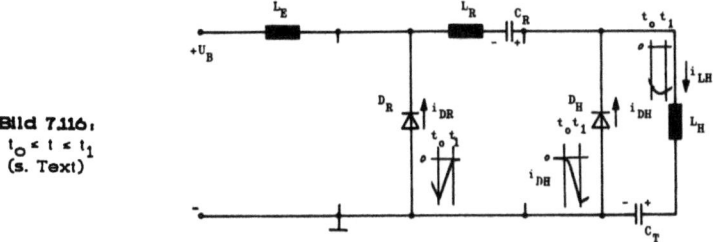

Bild 7.116:
$t_o \leq t \leq t_1$
(s. Text)

Der Hinlaufstrom i_{LH} ist annähernd konstant, hat negatives Vorzeichen und setzt sich aus der Stromsumme $i_{DR} + i_{DH}$ zusammen.

Zeitraum $t_1 \leq t \leq t_2$, Hinlauf vom linken Bildrand bis zur Mitte (Bild 7.117):

Nachdem D_R gesperrt ist, übernimmt nun D_H den vollen Strom. Die Gate-Strecke des Thyristors Th_H wird etwa in der Mitte des Zeitraums positiv vorgespannt, so daß der Thyristor zur Zündung vorbereitet ist. Der Strom i_{LH} lädt C_T weiter positiv auf. C_R lädt sich über L_E und L_R positiv auf.

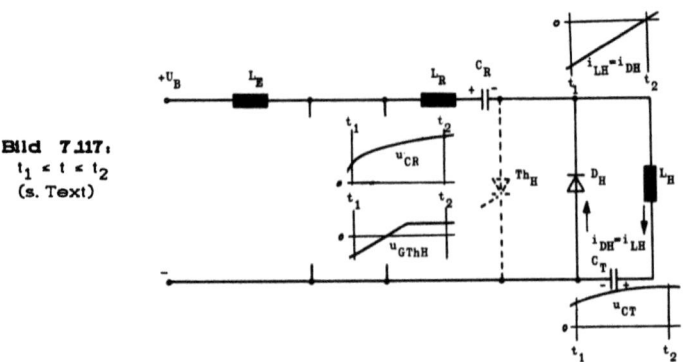

Bild 7.117:
$t_1 \leq t \leq t_2$
(s. Text)

Zeitraum $t_2 \leq t \leq t_3$, Hinlauf von Bildmitte bis zum rechten Rand (Bild 7.118):

Die Spannung an C_T hat ihren Maximalwert erreicht. C_T beginnt sich zu entladen, damit wechselt i_{LH} sein Vorzeichen. Da D_H nun in Sperrichtung gepolt und Th_H zündbereit ist, übernimmt dieser den Strom. C_R wird infolge der Resonanzüberhöhung auf knapp das Doppelte der Speisespannung U_B aufgeladen.

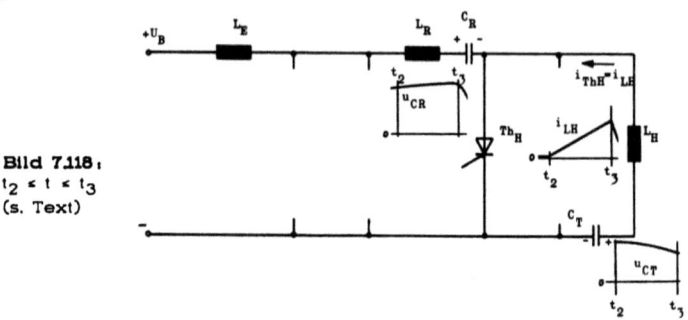

Bild 7.118:
$t_2 \leq t \leq t_3$
(s. Text)

Zeitraum $t_3 \leq t \leq t_4$, Hinlauf vorletzte Phase, Aktivierung des Rücklaufschalters (Bild 7.119):

Kurz vor Ende des Rücklaufs wird im Zeitpunkt t_3 der Rücklaufthyristor Th_R gezündet. Es setzt eine Entladung von C_R über die Strecke L_R, Th_R, Th_H ein. Th_H wird von 2 Strömen entgegengesetzter Richtungen, nämlich i_{LH} und dem Entladestrom i_{LR} durchflossen. In dem Augenblick, wo beide Ströme gleiche Beträge haben, löscht der Hinlaufthyristor (t_4). Der Kondensator C_R ist noch nicht vollständig entladen.

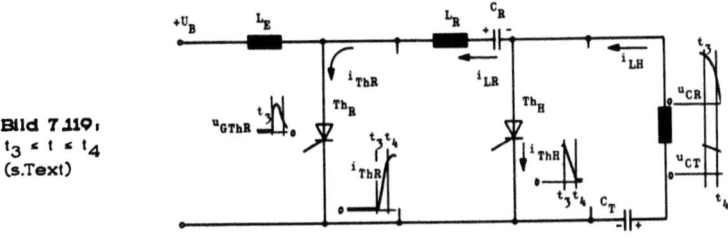

Bild 7.119:
$t_3 \leq t \leq t_4$
(s.Text)

Zeitraum $t_4 \leq t \leq t_5$, Hinlauf letzte Phase (Bild 7.120):

Die Entladung von C_R geht weiter, der Entladestrom wird jetzt von der Hinlaufdiode D_H übernommen. Schließlich ist C_R entladen. Infolge des Resonanzvorgangs baut sich an C_R nun eine Spannung mit entgegengesetztem Vorzeichen auf, so daß D_H in Sperrichtung gepolt wird. Im Zeitpunkt t_5 sind in dem nun bestehenden Kreis C_R, L_R, Th_R und L_H die Spannungen $-u_{CT} = -u_{CR}$, d.h. die treibende Spannung ist Null, und die gesamte Energie ist in Form von magnetischer Energie vorhanden.

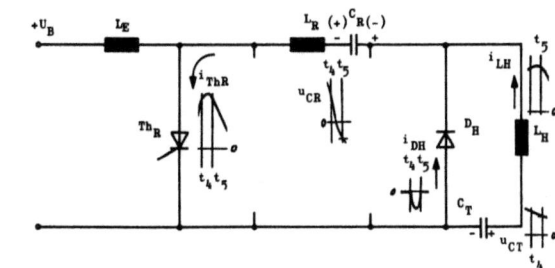

Bild 7.120:
$t_4 \leq t \leq t_5$
(s.Text)

- 244 -

Zeitraum $t_5 \leq t \leq t_6$. Rücklauf vom rechten Bildrand bis Bildmitte (Bild 7.121):

Der Rücklauf setzt in dem eben beschriebenen Kreis mit der Resonanzfrequenz, die durch die Reihenschaltung von L_R, L_H, C_T und C_R gegeben ist, ein (ca. 42 kHz). C_R wird hierbei mit seinem "linken" Belag immer mehr negativ aufgeladen. In dem Augenblick, wo die gesamte magnetische Energie

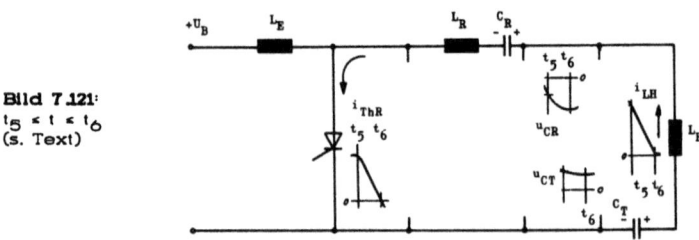

Bild 7.121:
$t_5 \leq t \leq t_6$
(s. Text)

in elektrische umgewandelt ist, hat u_{CR} ein Maximum und u_{CT} ein Minimum erreicht. Der Strom i_{LR} wird Null, und der Rücklaufthyristor Th_R löscht.

Zeitraum $t_6 \leq t \leq t_7 = t_o$. Rücklauf von Bildmitte zum linken Rand (Bild 7.122):

Die Differenzspannung zwischen u_{CT} und u_{CR} treibt den Strom i_{LR} mit umgekehrter Polarität weiter durch den Kreis mit L_H, L_R, C_T und C_R. Jetzt übernimmt aber die Rücklaufdiode D_R den Strom. Die Spannung an C_R wird abgebaut, gleichzeitig steigt sie an C_T wieder an. Der Rücklauf ist beendet,

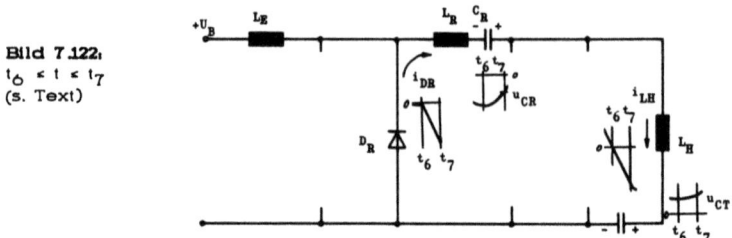

Bild 7.122:
$t_6 \leq t \leq t_7$
(s. Text)

wenn die treibende Spannung in dem Kreis wieder Null geworden ist, d. h. wenn $-u_{CT} = u_{CR}$ ist.
Die gesamte Energie ist jetzt wieder in magnetischer Form im Kreis vorhanden. Von nun an wiederholt sich der gesamte Vorgang wieder wie beschrieben. Bild 7.123 zeigt noch einmal zusammenhängend den Zeitverlauf der wichtigsten Spannungen und Ströme sowie deren Zuordnung zueinander. Die

a) Strom in der Ablenkspule L_H

b) Strom in der Rücklaufdiode D_R

c) Strom in der Hinlaufdiode D_H

d) Strom im Hinlaufthyristor Th_H

e) Strom im Rücklaufthyristor Th_R (gestrichelt i_{LH})

f) Spannung am Gate des Hinlaufthyristors (Zündzeitpunkt: t_2)

g) Spannung am Gate des Rücklaufthyristors (Zündzeitpunkt: t_3)

h) Spannung am Rücklauf-Kondensator C_R

i) Spannung am Tangens-Kondensator C_T (zu den Zeiten t_0 und t_5 ist $u_{CT} = -u_{CR} = u^*$)

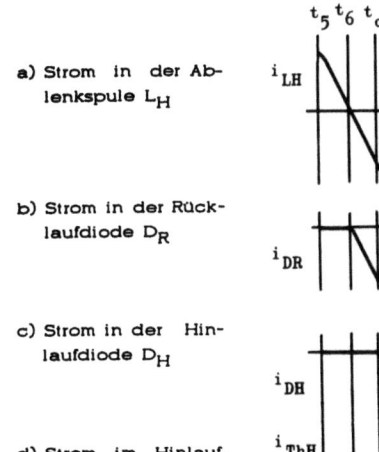

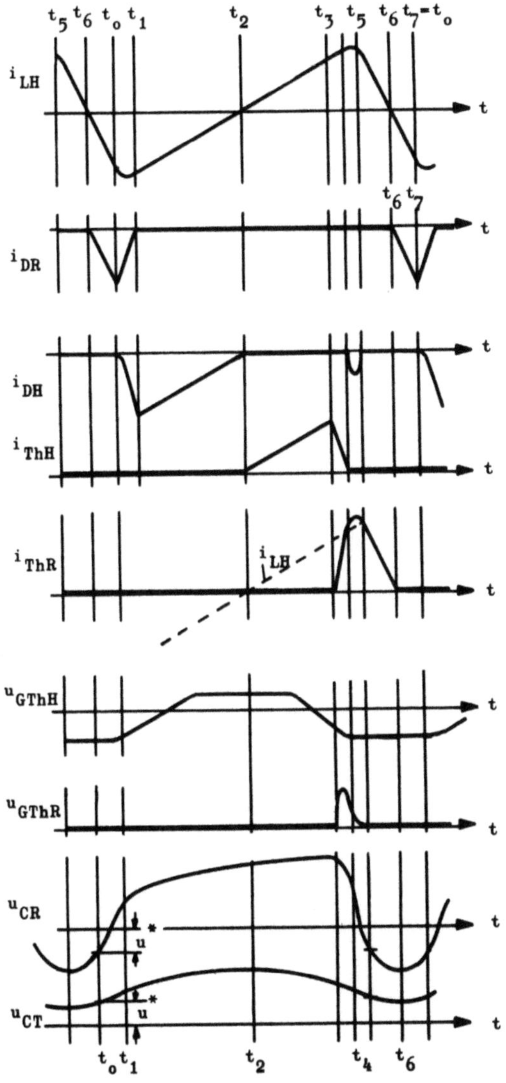

Bild 7.123 a - i: Zusammenfassung der Bilder 7.115 123

Wirkungsweise der Tangens-Entzerrung soll noch kurz erläutert werden.

Der Bildschirm moderner Röhren ist extrem flach, das heißt, der Weg, den der Strahl zurücklegt, wenn sich die Ablenkung in Bildmitte befindet, ist viel kürzer als der, der sich am Bildrand ergibt. Wäre der Stromanstieg in der Ablenkspule linear, so würde sich auch der Ablenkwinkel zeitlinear ändern. Der Leuchtpunkt würde sich aber nicht mit gleichmäßiger Geschwindigkeit über den Bildschirm bewegen, sondern er wäre an den Bildrändern schneller als in Bildmitte, und zwar geht hier in erster Näherung die Tangens-Funktion ein (Bild 7.124). Um diesen Fehler zu kompensieren, braucht man in Bildmitte eine größere Ablenkgeschwindigkeit als an den Rändern, also einen S-förmigen Ablenkstrom. Betrachten wir uns in Bild 7.123i die Spannung am Tangenskondensator C_T, so sehen wir, daß sie in Bildmitte ein Maximum hat und an den Rändern ein Minimum. Daraus resultiert der gewünsch-S-förmige Verlauf des Ablenkstromes.

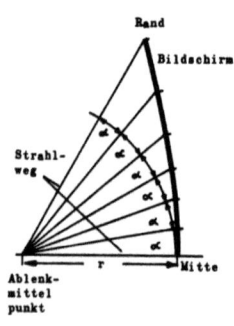

Bild 7.124: Tangensverzerrung

7.18.2.2. Horizontalablenkung mit Transistoren

Wie bereits in den vorangegangenen Abschnitten ausgeführt, wird in der Zeilenendstufe ein Großteil der insgesamt vom Empfänger aufgenommenen Leistung umgesetzt. Sowohl bei Röhren- als auch bei Transistor- und Thyristorschaltungen ist daher ein möglichst hoher Wirkungsgrad anzustreben. Allen Schaltungen liegt deshalb das Prinzip der Energierückgewinnung zugrunde, das wir bei den Konvergenzschaltungen (s. Abschnitte 5.3.3.3 und 5.4.4) und bei der Thyristorablenkschaltung bereits kennengelernt haben (s. 7.18.2.1). Es findet ein steter Wechsel zwischen magnetischer und elektrischer Energie statt, und lediglich die unvermeidlichen Ohmschen Verluste werden aus der Betriebsspannung gedeckt. *Transistorzeilenendstufen* gibt es in einer Reihe von Varianten:

- *Paralleldiodenschaltung*, bei der der Ablenktransistor antiparallel zu einer Diode liegt (im Gegensatz zur Seriendiodenschaltung, wie sie in der Röhrentechnik üblich ist),

- *Pumpschaltung* mit 2 Transistoren und je einer antiparallelen Diode,

- *Reihenschaltung aus 2 Transistoren*, deren Basis-Kollektordioden im Inversbetrieb die Funktion der Paralleldioden übernehmen,

- *Reihenschaltung eines Transistors*, der im Inversbetrieb als Paralleldiode arbeitet *mit einem weiteren Transistor mit Paralleldiode*, der nur einen kleinen Teil der Ablenkleistung, aber zusätzlich die Leistung für die Ost-West-Modulation (s. Abschnitt 5.4.3.5) liefert.

Während die erste Variante besonders in der Schwarzweißtechnik verwendet wird und sich für niedrige Betriebsspannungen eignet, ist in der Farbfernsehtechnik die letzte besonders wirtschaftlich. Wir wollen hier lediglich die Wirkungsweise der Paralleldiodenschaltung behandeln, weil ihr Prinzip in allen anderen Varianten wiederzufinden ist und am Schluß kurz auf den Inversbetrieb eingehen.
Im Gegensatz zu den Thyristorablenkschaltungen benötigen Transistorschaltungen wesentlich stabilere Betriebsspannungen, so daß der geringere Schaltungsaufwand in der Zeilenendstufe bei der Transistorablenkung mit einem aufwendigeren Netzteil erkauft werden muß.

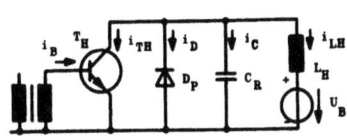

Bild 7.125: Paralleldiodenschaltung

Bild 7.125 zeigt das Prinzip der Paralleldiodenschaltung Der Zeilenendtransistor T_H bildet mit der antiparallelen Diode D_P einen bipolaren Schalter, wie wir ihn von der Thyristorablenkung her bereits kennen. Parallel dazu liegt die Ablenkspule L_H in Reihe mit der Betriebsspannung U_B und eine Kapazität C_R, die zusammen mit den übrigen Blindwiderständen im Ablenkkreis eine Resonanzfrequenz erzeugt, die etwa der halben Zeilenrücklauffrequenz entspricht.
Bild 7.126 zeigt die Wirkungsweise der Schaltung anhand des vereinfachten Verlaufs einiger charakteristischer Ströme und Spannungen. Wir beginnen die Betrachtung zum Zeitpunkt t_0, zu dem der Ablenkstrom i_{LH} gerade Null ist (Strahl in Bildmitte). Durch Einprägen des Basisstroms i_B wird T_H leitend, der Kollektorstrom $i_{TH} \approx i_{LH}$ steigt etwa zeitlinear an. Im Zeitpunkt t_1 (rechter Bildrand) wird T_H wieder gesperrt, i_{LH} fließt in gleicher Richtung weiter, jetzt jedoch als Ladestrom i_C in die Kapazität C_R. Dabei erreicht u_C rasch ein Maximum im Zeitpunkt t_2 (Mitte Zeilenrücklauf), und i_{LH} wechselt sein Vorzeichen. Zur Zeit t_3 (linker Bildrand) ist C_R entladen. Die durch L_H induzierte Spannung polt D_P nun in Durchlaßrichtung, so daß i_{LH} über D_P etwa linear auf Null abklingen kann. Von hier ab wiederholt sich der gesamte Ablauf periodisch.

In der Praxis sind die Strom- und Spannungsverläufe wegen der nicht idealen Schaltereigenschaften etwas komplizierter. Besonders kritisch ist die richtige Bemessung von i_B, damit die Schaltverlustleistung von T_H möglichst

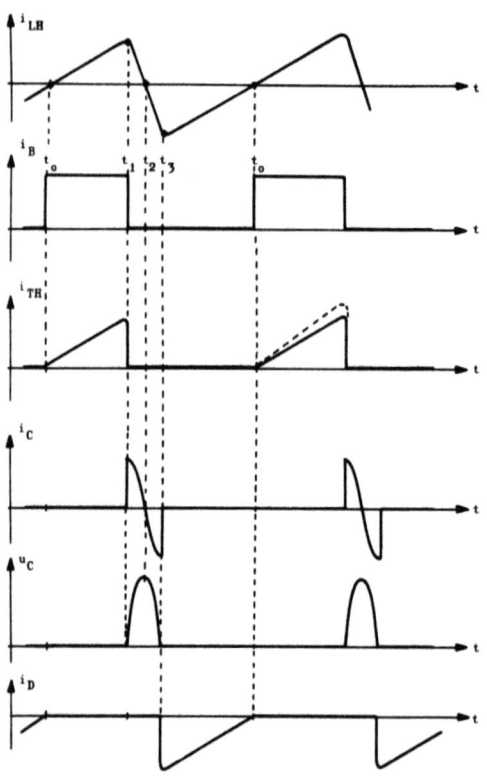

klein bleibt. Die Schaltung nach Bild 7.125 hat außerdem den Nachteil, daß die Ablenkspule vom Gleichstrom durchflossen ist. Da die Zeilenendstufe gleichzeitig zur Hochspannungsgewinnung dient, läßt sich das Konzept verbessern, indem man die Ablenkspule über den ohnehin erforderlichen Tangenskondensator C_T (s. a. vorherigen Abschnitt) kapazitiv ankoppelt und den Gleichstrom über die Primärwicklung des Zeilentransformators Tr zuführt. Ein Siebglied C_s, L_s hält Zeilenfrequenzreste aus der übrigen Versorgung fern (Bild 7.127).

Bild 7.126: Idealisierte Ströme und Spannungen bei der Paralleldiodenschaltung

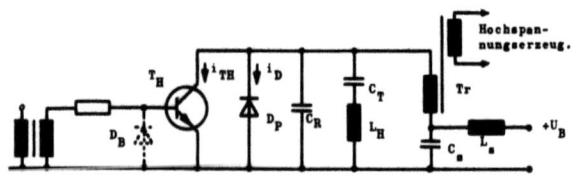

Bild 7.127: Verbesserte Paralleldiodenschaltung

Inversbetrieb von T_H : Läßt man die Paralleldiode D_P im Bild 7.127 fort, so übernimmt der Zeilenendstransistor T_H selbst die Funktion der Paralleldiode. Im Zeitpunkt t_3, wo der Ablenkstrom und damit die Kollektorspannung von T_H negativ sind, (Anfang des Zeilenhinlaufs, Bild 7.126), wird die Kollektor-Basisdiode von T_H in Durchlaßrichtung - also invers - betrieben. Der Stromkreis schließt sich dabei über den Eingangstransformator im Basiskreis. Durch Einfügen der gestrichelt dargestellten Diode D_B lassen sich die Schalteigenschaften verbessern, da der Inversstrom jetzt über D_B fließt.

8. Zusätzliche Informationsübertragung im Fernsehkanal

Die Fernsehsignalübertragung von Bild- und Toninformationen verfügt, wenn man den ursprünglichen Sinn des reinen Verteildienstes vom Sender zum Empfänger betrachtet, über einige Redundanzen in Form von Signalübertragungslücken, die man im Zuge der erweiterten technologischen Möglichkeiten immer intensiver für zusätzliche Dienste ausnutzt. Wir müssen dabei unterscheiden zwischen den Diensten, die dem *Nutzer* zugutekommen und denen, die es dem *Betreiber* gestatten, seine eigenen Einrichtungen besser zu überwachen und zu steuern. Wir wollen aus beiden Kategorien die wichtigsten kennenlernen.

8.1. Prüfzeilentechnik

Bereits 1970 wurde vom CCIR ein *Prüfzeilenverfahren* genormt, mit dessen Hilfe die automatische Überwachung der Übertragungseigenschaften des FBAS-Kanals möglich ist. Es dient somit ausschließlich Meßzwecken. Es existieren 4 verschiedenartige Prüfzeilen, die in der (unsichtbaren) V-Austastlücke in den Zeilen 17, 18, 330 und 331 untergebracht sind (Bild 8.1).

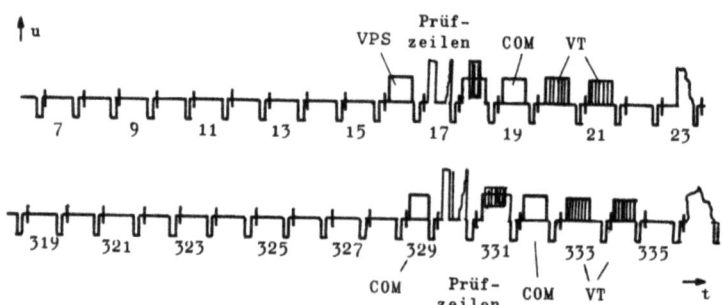

Bild 8.1. Lage der Zusatzinformationen in der V-Austastlücke in der CCIR-Norm (vgl. auch Bild 1.35)

Im wesentlichen können folgende Systemparameter gemessen werden:
- Amplituden- und Frequenzgang des Y-Kanals,
- Einschwingverhalten, (Gruppen-) Laufzeitverhalten,
- differentielle Amplituden- und Phasenfehler im Farbkanal,
- Bandbreite des Farbkanals.

Bild 8.2 zeigt den zeitlichen Verlauf der Meßsignale

Allen Signalen gemeinsam ist die Aufteilung der Zeilen in *Zeitschritte von 2μs* oder 32 Einheiten. Außerdem erstreckt sich der Amplitudenbereich (mit einer Ausnahme in Zeile 330) vom Schwarzpegel (30 %) bis zum Weißwert (100 %), bezogen auf die gesamte FBAS-Amplitude (Sync-Pegel 0 %).

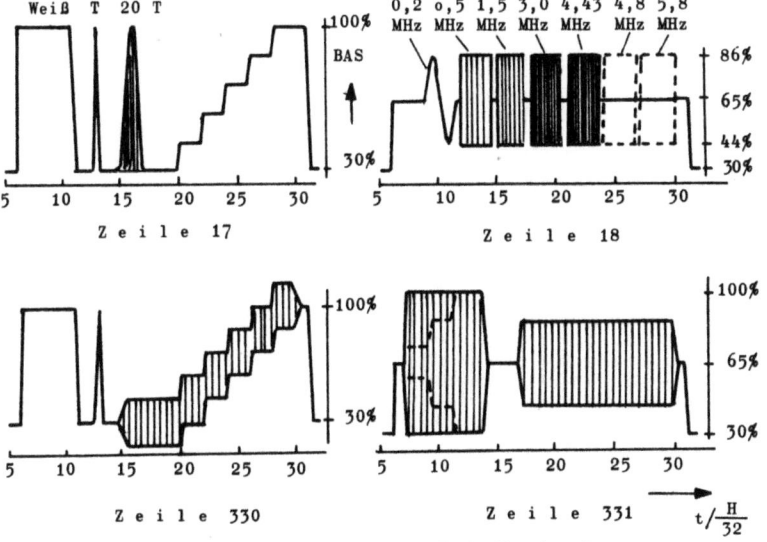

Bild 8.2: Zeitverlauf der Prüfzeilensignale

Typisch für den Beginn der Zeilen 17 und 330 sind der *Weißimpuls* und der *2T-Impuls*. Der Weißimpuls dient für alle anderen Signale als Bezugsgröße für 100 % Weiß. An seinem Zeitverlauf können Verstärkungsänderungen und Dachschräge für das Y-Signal festgestellt werden. Der 2T-Impuls ist ein nadelförmiges Signal mit $\sin^2$-Charakteristik und einer Halbwertsbreite (das ist die Zeitdauer bei 50 % Amplitudenwert) von 200 ns. Allgemein läßt sich zeigen, daß ein Kanal mit der oberen Grenzfrequenz f_o auf einen idealen Rechteckimpuls mit der Einschwingzeit

$$T = \frac{1}{2 f_o} \tag{8.1}$$

reagiert (s. a. Bild 6.24). Bezogen auf f_o = 5 MHz erhält man aus (8.1) 2T = 200 ns. Daher hat der Impuls seinen Namen. Er hat die Eigenschaft, bei richtig dimensionierter Kanalbandbreite minimales Überschwingverhalten zu zeigen, so daß man aus seiner Form verschiedene Übertragungsfehler erkennen kann. Bild 8.3 zeigt hierfür Beispiele.

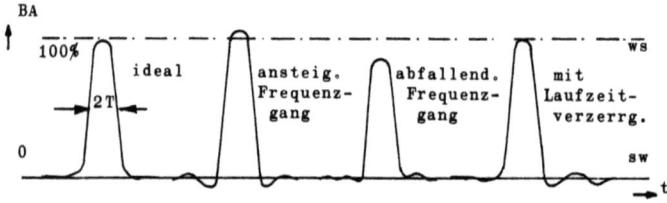

Bild 8.3: Reaktion des Y-Kanals auf den 2T-Impuls

Der 2T-Impuls entspricht etwa dem Signal eines einzelnen Bildpunktes.

Zeile 17 enthält als drittes Signal den 4,43 MHz trägerfrequenten *20 T-Impuls*. Nach Gleichung (8.1) enthält die $\sin^2$-Umhüllende den Spektralbereich bis 500 kHz. Die Form des 20T-Impulses am Ausgang des Übertragungssystems macht demnach eine Aussage über die Bandbreite des Chrominanzsignals. Die *Grautreppe* in Zeile 17 dient der groben Amplitudenlinearitätsprüfung im Y-Kanal.

Der *Multiburst* in Zeile 18 ist ein weiteres Signal zur Beurteilung der Frequenzübertragungscharakteristik im Y-Signal. Aufbauend auf einer Grundhelligkeit von 50% (entsprechend 65% BAS-Amplitude) folgen 7 Sinus-Bursts mit steigender Frequenz und konstanter Amplitude. Die beiden letzten Bursts sind im wesentlichen für den Studiobetrieb von Interesse, weil dort mit höherer Videobandbreite gearbeitet wird.

Zur Beurteilung von *differentiellen Amplituden- und Phasenfehlern* im Chrominanzbereich dient das *Treppensignal* aus Zeile 330. Hier wird eine Farbartspannung mit konstanter Amplitude und definiertem Phasenwinkel ($\varphi = 60° \triangleq$ etwa purpur) mit jeweils um 20% steigendem Grauanteil übertragen. Differentielle Phasenfehler (Farb-Phasenfehler, die von der Y-Signalamplitude abhängig sind), können dadurch ermittelt werden, daß man die Phasenlagen der Teilfarbbalken am Ausgang des Chrominanzkanals mißt

Die Zeile 331 enthält ein Signal zur Messung der *Amplitudenlinearität* des Übertragungskanals im Bereich der Farbträgerfrequenz. Aufbauend auf einem Grauwert von 50% werden Farbträgersignale mit großer Amplitude gesendet. Nichtlinearitäten im Chrominanzbereich verzerren das sinusförmige Signal, was sich als Änderung des mittleren Grauwertes darstellt.

8.2. Videotext (Teletex)

8.2.1. Allgemeines

Videotext VT (internationale Bezeichnung: *Broadcast Videotex*) und *Bildschirmtext* Btx (internationale Bezeichnung: Interactive Videotex) sind zwei neuere Telekommunikationssysteme, die handelsübliche - mit einem speziellen Zusatzdecoder versehene - Farbfernsehgeräte zur Wiedergabe von Text und einfachen Grafiken benutzen. Die Gemeinsamkeit beider Systeme besteht darin, daß zur Übertragung und zur Darstellung der Information auf dem Bildschirm weitgehend identische Datenformate (und damit auch identische Empfängerbaugruppen) verwendet werden. Der wesentliche Unterschied zwischen beiden Diensten zeigt sich in 2 Punkten:

- Videotext ist ein reiner Verteildienst von Informationen von einer Zentrale zum Teilnehmer, während Bildschirmtext interaktiven Betrieb (Dialog) zwischen Zentrale und Teilnehmer möglich macht.

- Bei Videotext erfolgt die Datenübertragung simultan innerhalb des gewählten Fernsehkanals, und zwar ähnlich wie bei der Prüfzeilentechnik in der V-Austastlücke (s. Bild 8.1.). Die Datenübertragung bei Bildschirmtext läuft über den hauseigenen Fernsprechanschluß mittels eines zwischengeschalteten *Modems* (Modulator-Demodulator), das die Umsetzung der Signale aus dem Fernsprechkanal in den Videokanal vornimmt und die der Zentrale zu übermittelnden Steuersignale codiert und absetzt.

Bild 8.4. zeigt die Blockschaltung eines Fernsehgerätes mit Videotext-(VT)- und Bildschirmtext-(BT)-Zusatz. Man erkennt die drei Teilfunktionen TV (normaler Fernsehbetrieb) sowie VT- oder BT-Betrieb. Auf Details wollen wir später eingehen. Videotext wurde ab 1980 in der Bundesrepublik Deutschland erprobt und ist inzwischen fest eingeführt. Bildschirmtext ist zwar mittlerweile auch eingeführt, hat sich aber sich aber im Heimbereich nicht in dem Maße durchgesetzt, wie die Betreiber es prognostiziert hatten.

8.2.2. Anforderungen an Bildschirmtext

Aus Kompatibilitätsgründen werden an das Bildschirmtextsystem folgende Anforderungen gestellt:

- Das Fernsprechnetz wird in seiner existierenden Form zur Übertragung der codierten Sende- und Empfangsinformationen benutzt.

- Die Fernsprechhauptanschlüsse bleiben in ihrem bisherigen Nutzungsumfang bestehen und erhalten lediglich Zusatzfunktionen.

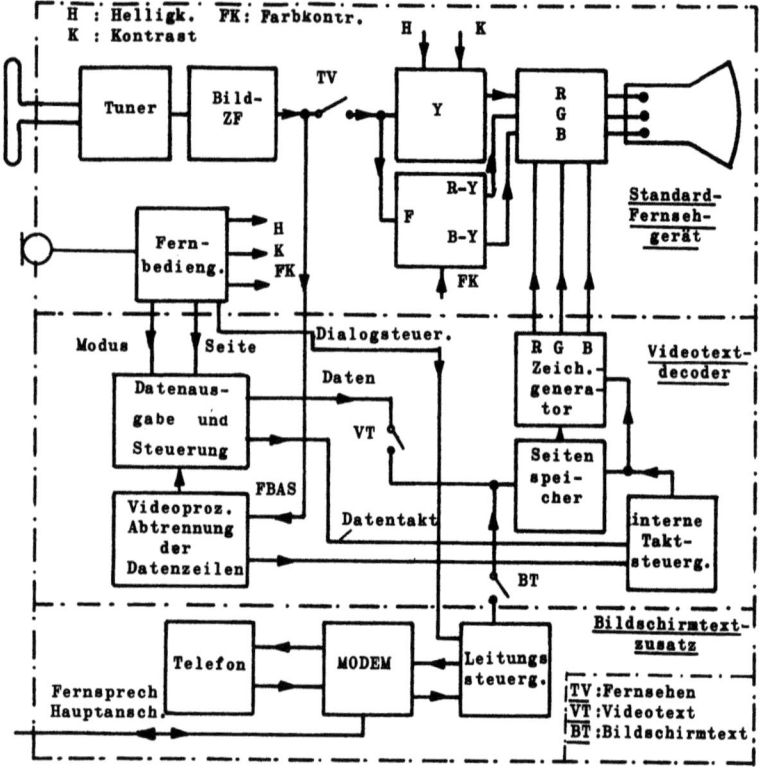

Bild 8.4: Blockschaltbild eines Farbfernsehgerätes mit VT- und BT-Zusatz.

- In der Grundausstattung benötigt der Teilnehmer keine weiteren Einrichtungen zur Dateneingabe, die Nummernscheibe/Tastatur dient als Eingabegerät.

- Durch "aufwärtskompatible" Komponenten wie alphanumerische Tastatur, Drucker usw. läßt sich die Anlage zu einem Heimterminal ausbauen.

- Die Datenübertragung zum Fernsehgerät erfolgt über dessen Antennen- oder Video-Eingang.

8.2.3. Bildaufteilung und Zeichenform

Berücksichtigt man die Physiologie des Auges, so ergeben sich einige Randbedingungen für die *Aufteilung des Bildschirms* und die *Wahl der Zeichenform*:

- Die Buchstaben sollen möglichst großflächig sein (ca. 10 mm Höhe bei 1,5 bis 2 m Betrachtungsabstand, entsprechend einem Sehwinkel von 20' nach DIN 66234).

- Die Zwischenräume zwischen den Zeichen sollten ca. 30% der Breite eines Großbuchstabens betragen.

- Die Zwischenräume zwischen den Zeilen sollten auch bei Umlauten (Ä, Ö, Ü) etwa 70% der Schrifthöhe betragen.

- Die Zeichen sollten aufrecht stehen und rechteckig sein mit einem Verhältnis Breite : Höhe = 70%.

1981 wurde deshalb für die deutsche Version folgende Bildaufteilung gewählt:

- 1 Textzeile + Zwischenraum entspricht 20 Rasterzeilen,

- 1 Textzeile enthält maximal 40 Zeichen
  Ausnahme: die Kopfzeile (Page Header) hat maximal 32 Zeichen,

- 1 Bild enthält maximal 24 Textzeilen.

Der maximale Zeicheninhalt einer Bildschirmseite beträgt also
23 · 40 + 32 = 952 Zeichen.

8.2.4. Zeichenvorrat und Darstellungsarten

Der derzeit verwendete Zeichenvorrat umfaßt 96 alphanumerische Zeichen und 64 Grafiksymbole. Die alphanumerischen Zeichen nach DIN 66002 bestehen aus
- großen und kleinen Buchstaben mit Umlauten,
- Ziffern,
- Satz- und Sonderzeichen.

Sie werden in einer 5 x 9-Rechteckpunktmatrix dargestellt (Bild 8.5a). Zusätzlich besteht noch die Möglichkeit der Eckenabrundung. Die flächigen Grafiksymbole basieren auf einem 2 x 3-Raster entsprechend Bild 8.5b. Es ergeben sich insgesamt 64 aneinander anschließende Kombinationen, mit

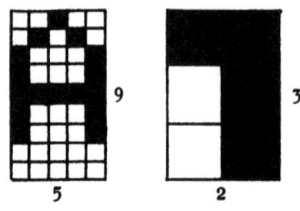

a) alphanum. Zeichen b) Grafiksymbol
Beispiel: A

Bild 8.5: Zeichendarstellung

denen größere Flächen beliebig angefüllt werden können. Zusätzlich sind noch eine Reihe von Steuerfunktionen gegeben, von denen die wichtigsten aufgeführt werden:
- Wahl verschiedener Farben (Farbbalken nach Abschn. 7.13.2). - Inversion der Zeichen (schwarzes Zeichen auf hellem Untergrund), - Wahl von alfanumerischen oder grafischen Zeichen,

- Blinken der Zeichen,

- Unterstreichungen,

- Verdoppeln der Zeichenhöhe.

8.2.5. Codierung und Informationsübertragung

Wie wir im vorigen Abschnitt gesehen haben, existieren insgesamt 160 verschiedene Zeichen. Der im herkömmlichen Fernsehen übliche Weg, die Symbole analog abzutasten und zu übertragen, wäre sehr unwirtschaftlich und zeitraubend, da pro Vollbild nur 4 Zeilen für die Übertragung zur Verfügung stehen. Wesentlich günstiger ist hier eine digitale Codierung, durch die der Datenfluß entscheidend reduziert wird. Bei der Wahl des Übertragungsverfahrens sind folgende Forderungen zu erfüllen:

- Die Codes aller Zeichen müssen *wahlfrei adressierbar* sein, so daß Text und Grafik beliebig gestaltet sein können,

- das Datenübertragungsverfahren soll einen Code verwenden, der möglichst *kompatibel* mit anderen bereits eingesetzten Codes ist,

- die Datenübertragung soll *bitseriell* und *asynchron* erfolgen.

Die Codierung erfolgt in der Weise, daß jede Datenzeile eine Textzeile auf dem Bildschirm erzeugt.
Jedes Zeichen besteht aus 8 bit ≙ 1 Byte. Verwendet wird der ASCII - Code (American Standard Code for Information Interchange). Er besteht aus 7 Datenbits und einem Prüfbit (check bit). Mit 7 bit lassen sich $2^7 = 128$ Zeichen verschlüsseln. Dieser Vorrat reicht aus, wenn man berücksichtigt, daß außer den 96 alphanumerischen Zeichen noch eine Reihe von Steuerfunktionen benötigt werden (s.a.Abschnitt 8.2.3), so zum Beispiel die Umschaltung zwischen Alphanumerik und Grafik.

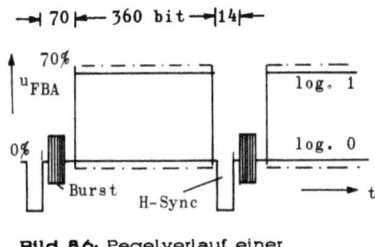

Bild 8.6: Pegelverlauf einer Datenzeile

Wir wollen uns nun den Aufbau der Datenzeilen beim Videotextverfahren näher betrachten. Dabei ist zu unterscheiden zwischen der Kopfzeile (Page Header), einer Textseite und den darauffolgenden 23 Zeilen (s.a. Bild 8.8). Bild 8.6 zeigt zunächst einmal den Pegelverlauf einer Datenzeile allgemein.
Der aktive Teil (52 µs) der Fernsehzeilen 20, 21, 333 und 334 (s.a. Bild 8.1) enthält jeweils 45 Byte ≙ 360 bit. Daraus berechnen wir eine Bitrate von

$$\frac{360 \text{ bit}}{52 \text{ µs}} = 6{,}923 \text{ Mbit/s} = 6{,}923 \text{ MBaud}.$$

In der Praxis verkoppelt man die Taktfrequenz für die Datenübertragung mit der Zeilenfrequenz, und zwar wurde für die CCIR-Norm gewählt

$$\boxed{f_{Bit} = 444 \cdot f_H = 6{,}9375 \text{ MHz}} \qquad (8.2a).$$

Die Zeitdauer für ein bit beträgt demnach

$$\boxed{T_{Bit} = \frac{1}{f_{Bit}} = 144 \text{ ns}} \qquad (8.2b).$$

Als Übertragungscode wurde der besonders wenig Bandbreite erfordernde NRZ-Code (NRZ = Non Return to Zero) gewählt. Er ist dadurch gekennzeichnet, daß die Signalform direkt die binäre Folge von logisch 0 und 1 abbildet. Bild 8.7 zeigt ein Beispiel für das Codewort 10101110. Logisch 0 (≙ LOW) entspricht dabei dem Schwarzpegel und logisch 1 (≙ HIGH) ist auf 70% des Weißwertes festgelegt (Bild 8.6). Die höchste Frequenz tritt bei der abwechselnden Folge von 0 und 1 auf. Sie beträgt etwa $1/2 \cdot f_{Bit}$. Um das Überschwingen des Datensignals gering zu halten, wird es senderseitig durch ein sogenanntes roll-off- Filter auf ca. 3,5 MHz bandbegrenzt (-6 dB).

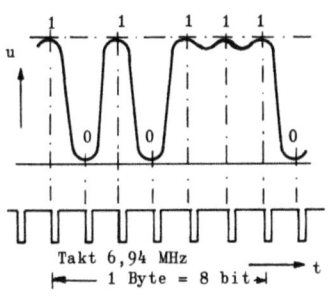

Bild 8.7: NRZ-Code

Wir wollen anhand von Bild 8.8 die speziellen Strukturen von Kopfzeile und

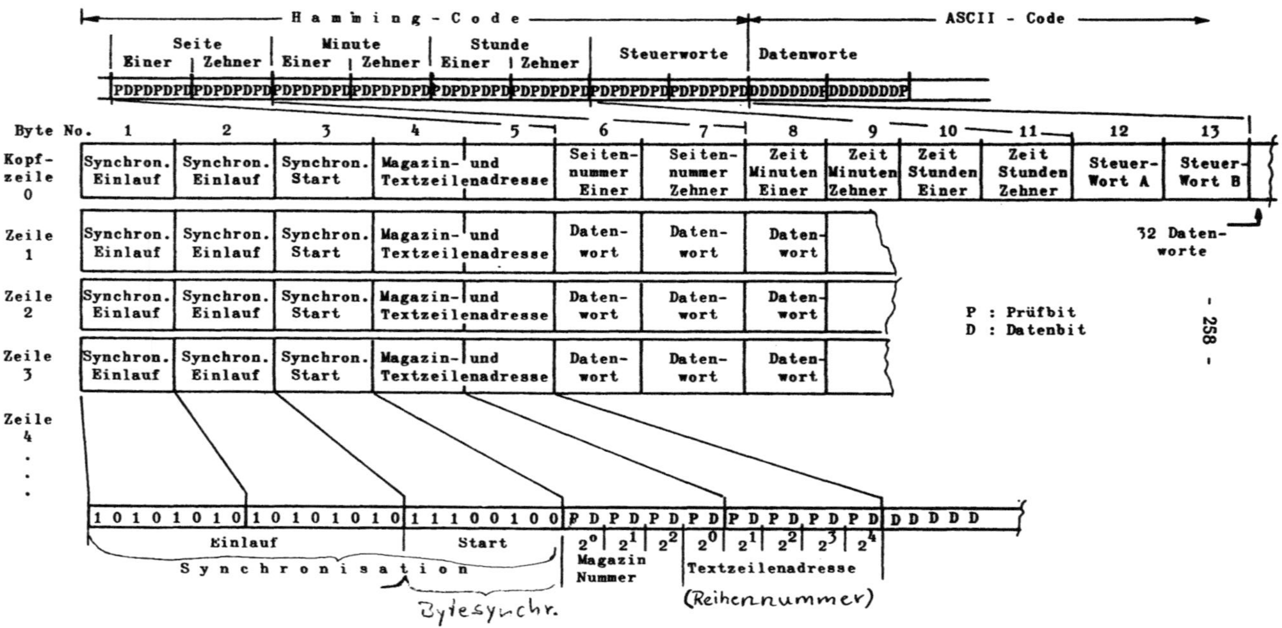

Bild 8.8: Aufbau der Videotext-Datenzeilen

Videotextzeilen näher untersuchen. Alle Datenzeilen werden eingeleitet durch 3 Synchronisationsbytes. Die ersten beiden dienen dem Einlauf (clock run- in) und das dritte dem Start (framing). Es folgen jeweils 2 Bytes für die Magazin- und Textzeilenadresse (magazine and row adress). Bei den Videotextzeilen folgen dann 40 Bytes mit jeweils einem Zeichen (character byte), während die Kopfzeile noch 2 Bytes für die Seitennummer (page number), 4 Bytes für die Uhrzeit (time bytes) und 2 bytes für spezielle Steuerfunktionen (control bytes) enthält. Danach werden, wie im Abschnitt 8.2.3. bereits erwähnt, 32 Zeichen gesendet. Zur Sicherung des Codes gegen Übertragungsfehler werden alle Worte mit Adressierungen und Steuerfunktionen im Hamming-Code gesendet. Hier wechselt jeweils ein Datenbit (D) mit einem Prüfbit (P) ab. Der Code ist in der Lage, 1-bit-Fehler zu erkennen und zu korrigieren.

Abschließend zum Thema Videotextdatenübertragung wollen wir die zur Übermittlung eines vollständigen Videotextmagazins erforderliche Zeit berechnen.

1 Magazin besteht aus 100 Seiten,
jede Seite hat maximal 24 Text- oder Grafikzeilen (Reihen),
also gilt

$$\frac{100 \text{ Seiten}}{\text{Magazin}} \cdot \frac{24 \text{ Textzeilen}}{\text{Seite}} \cdot \frac{20 \text{ ms}}{2 \text{ Textzeilen}} = \frac{24 \text{ s}}{\text{Magazin}} \qquad (8.3).$$

24 s ist also die maximale Zeitdauer, die ein Teilnehmer warten muß, wenn die von ihm gewählte Seite zuvor gerade gesendet worden ist. 1 Seite wird nach (8.3) in 0,24 s übertragen. Wichtige Seiten (z.B. Inhaltsverzeichnis) werden in kürzerer Folge gesendet, damit die Zugriffs zeit kleiner ist. Im Zuge der fortgeschrittenen Steigerung des Bedienungskomforts auf der Basis der Digitaltechnik verfügen manche Empfänger über zusätzliche Seitenspeicher (z.B. für 4 Seiten), die der Bediener auf häufig genutzte Videotextseiten programmieren kann. Sie werden automatisch ständig aktualisiert und stehen dann auf Knopfdruck unmittelbar zur Verfügung.

8.2.6. Videotext-Signalverarbeitung im Empfänger

Anhand des Blockschaltbildes 8.4 wollen wir uns einen groben Überblick über die Videotext-Signalverarbeitung im Empfänger verschaffen. Außer dem eigentlichen Videodecoder benötigt der Empfänger eine Fernbedienung, die gegenüber der für einfache Geräte um einige Funktionen erweitert ist. Mittels der Fernbedienung wählt sich der Betrachter die Betriebsart Videotext (VT), die gewünschte Seitenzahl und andere Zusatzfunktionen. Im *Videoprocessor* erfolgt zunächst einmal

- die Abtrennung und Regenierung der VT-Zeilen aus dem FBAS- Signal,

- die Synchronisierung eines internen 6,9375 MHz Taktgenerators mit den Synchronbytes sowie die Erzeugung eines 6 MHz-Taktes für die Bildzeichenwiedergabe,

- die serielle Datenausgabe an die Datenverarbeitung und Steuerung.

Die *Datenausgabe und Steuerung*

- untersucht die angelieferten Datenzeilen auf Übertragungsfehler,

- wählt die zur gewünschten Seite gehörenden Zeichencodes aus und gibt sie an den Seitenspeicher weiter,

- wertet die jeweils gewünschten Bedienungsfunktionen (Darstellungsart etc.) aus und erzeugt die dazu notwendigen Steuerbefehle für die übrigen Teile des Decoders.

Die *Taktsteuerung* organisiert den gesamten Zeitablauf der Bildwiedergabe. Sie erzeugt unter anderem

- die Textzeilenadressen für den Seitenspeicher,

- den Lesetakt für den Seitenspeicher und

- Kennsignale für den Zeichengenerator zur Steuerung von Zeichengrößenverdopplung, Zeichenrundung, etc.

Der *Zeichengenerator* ist ein Festwertspeicher (ROM = Read Only Memory) , der den oben erläuterten Zeichenvorrat, in 8 Bit-Worten codiert, enthält. Seine wichtigsten Aufgaben sind:

- die Umsetzung der bitparallelen Zeicheninformation in zeitserielle Videosignale Y, R, G, B,

- die Wahl der Betriebsart (grafisch oder alphanumerisch) und

- die Erzeugung von blinkenden oder invertierten Zeichen.

Durch weitere Zusatzfunktionen läßt sich der Videotextdecoder auch für Bildschirmtextbetrieb ausbauen. Hier ist für die Ablaufsteuerung unter anderem ein Mikrocomputer erforderlich. Auf Einzelheiten können wir aus Platzgründen leider nicht eingehen.

8.3. Datenübertragung in der V-Austastlücke

Außer für Videotextübertragung lassen sich die in der V-Lücke vorhandenen Leerzeilen auch für andere Zwecke der Datenübertragung verwenden. So können beispielsweise im studio- und senderinternen Betrieb Fernmeß- und Fernsteuerfunktionen für die zentrale Überwachung des Betriebsablaufs übertragen werden.

8.4. Zweiton- und Stereoton- Übertragung

Das in der UKW-Rundfunktechnik gebräuchliche Stereotonverfahren ist in der dort üblichen Form nicht auf das Fernsehen übertragbar. Hier sind eine Reihe von Konzepten untersucht worden, die wir kurz ansprechen wollen.

8.4.1. Stereo- und Zweitonverfahren im Frequenzmultiplex

Die *Stereoton-* und *Zweiton-Frequenzmultiplextechnik* ist 1982 im deutschen Fernsehen eingeführt worden. Bei diesem Verfahren bleibt die konventionelle Methode der FM-Übertragung des monofonen Summensignals M = (L+R) unverändert erhalten. L und R sind hierbei die Toninformationen für das linke und das rechte Ohr. Bei UKW-Stereo wird bekanntlich in einem zweiten Kanal das AM-geträgerte Differenzsignal (L-R) gesendet. Dieser Weg scheidet im Fernsehen aus Gründen der Störsicherheit aus. Stattdessen wird die R-Information einem separaten Träger in FM aufmoduliert (Bild 8.9), der auf der Mitte zwischen dem Eigentonträger (ET) und dem Nachbarbildträger (NB) liegt (s.a. Bilder 7.12 und 7.13). Um Interferenzstörungen zwischen den Tonkanälen bei der Demodulation zu minimieren, erhält der Tonträger f_{TTII} des R-Signals einen Halbzeilenoffset gegen f_{TTI} des (L+R)-Signals nach der Vorschrift

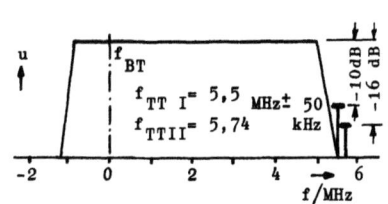

Bild 8.9: Zweiton-Übertragung im Frequenzmultiplex

$$\boxed{f_{TTII} = f_{TTI} + 1/2 \cdot 31 f_H = 5{,}7421875 \text{ MHz}} \qquad (8.4).$$

Außerdem wird f_{TTII} um 6 dB gegenüber f_{TTI} abgesenkt.

Nach der Demodulation gewinnt man das Signal L in einer Matrix nach der Gleichung

$$\boxed{(L+R) - R = L} \qquad (8.5).$$

Dem Empfänger muß mitgeteilt werden, um welche Art Sendung es sich handelt. Hierfür werden zusätzlich zwei unterschiedliche *Pilotfrequenzen* f_{stereo} bzw. $f_{zweiton}$ übertragen, und zwar

oder
$$f_{stereo} = f_H / 133 = 117,5 \text{ Hz} \quad (8.6)$$
$$f_{zweiton} = f_H / 57 = 274,1 \text{ Hz} \quad (8.7)$$

Sie sind jeweils in Amplitudenmodulation auf einem *Hilfsträger* f_{pilot} mit der Frequenz

$$f_{pilot} = 3,5 \cdot f_H = 54,6 \text{ kHz} \quad (8.8)$$

untergebracht. Er liegt innerhalb des FM-Hubbereichs der Toninformation.

Bild 8.10 zeigt die Blockschaltung des Stereo-/Zweiton-Decoders mit der sog. *Quasi-Parallelton-Verarbeitung*. Für die Toninformation ist im ZF-Signalweg ein getrennter Zweig geschaffen, bei dem die Umgebung von Bildträger und Tonträger bevorzugt selektiert sind (33,4 MHz bzw. 38,9 MHz, vgl. a. Bild 7.26 sinngemäß). Bei der Demodulation entstehen die beiden Tonträgerfrequenzen f_{TTI} und f_{TTII}.
Anstelle von Stereosignalen kann man auch 2 verschiedene Informationen (z.B. Originalton und synchronisierten Ton bei Filmen) übertragen.

Zur Steuerung der Multiplexer-Logik, mit deren Hilfe man die Auswahl der Informationsart (z.B. Mono/Stereo bei Stereosendung oder Ton 1/Ton 2 bei Zweitonsendung) vornehmen kann, gibt Tabelle 8.1. einen Überblick.

Funktion	x_0 x_1 x_2	y_0 y_1	geschaltete Wege	Kennung
Mono	1 1 X	0 1	1->9 und 5->10	—
Stereo	0 1 X	1 1	2->9 und 6->10	—
Zweiton (Ton 1)	1 0 0	1 0	3->9 und 7->10	274,1 Hz
Zweiton (Ton 2)	1 0 1	0 0	4->9 und 8->10	117,5 Hz

Tabelle 8.1: Steuerung der Funktionen Mono/Stereo/Zweiton

Die Variablen $x_0 ... x_3$, y_0 und y_1 haben folgende Bedeutung:
x_0: Kennung für Stereo ("1" mit, "0" ohne Stereo)
x_1: Kennung für Zweiton ("1" mit, "0" ohne Zweiton)
x_2: Bedienerfunktion Zweiton/Stereo ("1" -> Ton 2, "0" -> Ton 1).
yo,y1: Steuervariablen für den Analog-Multiplexer (insges. 4 Wege)
X: Wert der Variablen ist ohne Bedeutung (don't care).

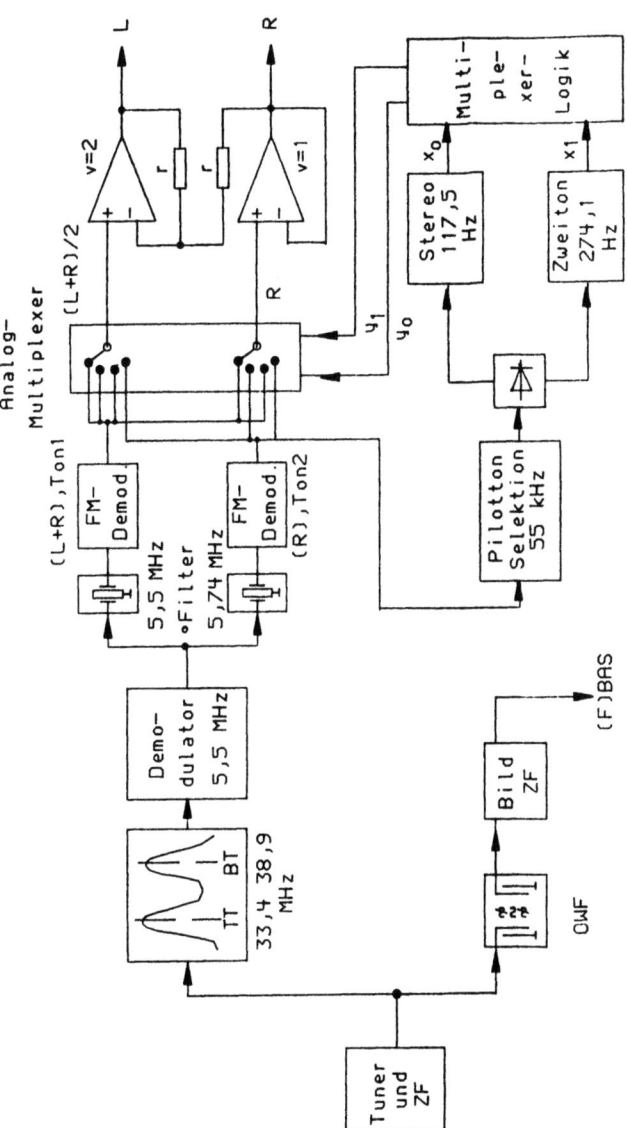

Bild 8.10: Blockschaltung einer Stereo/Zweiton-Decodierung im Fernsehempfänger

8.4.2. Sound-in-Sync - (SIS)-Verfahren

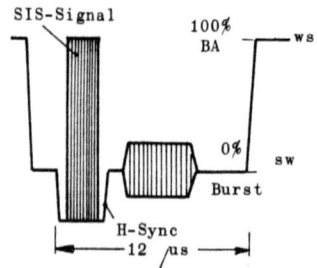

Bild 8.11: Sound-in-sync-Signal

Das Sound-in-Sync-Verfahren (SIS) überträgt zusätzliche Toninformationen, wie es die englische Bezeichnung (BBC, 1970) auch ausdrückt, in den H-Austastlücken des Fernsehbildes. Hierzu wird die Toninformation digitalisiert und entsprechend Bild 8.11 in den H-Impuls eingefügt. Das Verfahren ist für normale Fernsehgeräte nicht kompatibel und wird deshalb nur im internationalen Fernsehnetz kommerziell benutzt, weil damit Übertragungsleitungen gespart werden können.

8.4.3. COM-(COmpressed Multisound)-Verfahren

Entsprechend Bild 8.1. lassen sich weitere ungenutzte Zeilen der V-Austastlücke zur zusätzlichen Tonübertragung ausnutzen. Es sind dies z.B. die Zeilen 19 und 332. Die Toninformation wird durch entsprechende Modulationsverfahren in diese Zeitabschnitte komprimiert.

Die übertragene Informationsmenge pro Datenzeile beträgt

$$N = 52 \ \mu s \cdot 5 \ \text{MHz} \tag{8.9}$$

Bezogen auf die Halbbildwiederholungszeit von 20 ms ist das gleichbedeutend mit

$$N = 20 \ \text{ms} \cdot f_{NFmax} \tag{8.10}$$

Aus (8.6) und (8.7) ergibt sich als obere N_F-Grenzfrequenz

$$f_{NFmax} = \frac{52 \ \mu s}{20 \ \text{ms}} \cdot 5 \text{MHz} = 13 \ \text{kHz} \tag{8.11}$$

Der Kompressionsfaktor k beträgt

$$k = \frac{20 \ \text{ms}}{52 \ \mu s} = 385 \tag{8.12}$$

Da pro Datenzeile je ein separater Kanal untergebracht werden kann, erklärt sich auch die von *Gaßmann* 1970 geprägte Bezeichnung COM (COmpressed Multisound).

8.5. Video-Programm-System VPS

Unter der Bezeichnung *Video-Programmier-System* (VPS) läßt sich seit 1985 die automatische Schaltuhr von Videorecordern dynamisch programmieren, sofern das Gerät einen entsprechenden VPS-Decoder hat. Das hat sich als sehr nützlich erwiesen, weil häufig die in Programmzeitschriften ausgedruckten Anfangs- und Endzeiten durch Verlängerung etc. der vorangegangenen Sendungen eine Verschiebung erfahren. Durch VPS wird sichergestellt, daß der programmierte Recorder synchron zur gewünschten Sendung läuft.

Die VPS-Information (das sog. *VPS-Label*) ist binär codiert in Zeile 16 eines jeden Vollbildes eingebaut (vgl. a. Bild 8.1). Sie besteht aus 4 Worten mit folgender Bedeutung

- Tag
- Nationalität
- Uhrzeit
- Programmquelle (Sender).

Die Programmierung des Recorders erfolgt entweder über Tasteneingabe (umständlich) oder über einen einfach zu bedienenden Strichcodeleser. Beim Programmieren erzeugt der Nutzer ein Label (Sollabel). Stimmt das Label mit dem empfangenen (Istlabel) überein, so zeichnet der Recorder für die Dauer der Übereinstimmung auf.

VPS benötigt nur einen Teil der Datenzeile 16, die insgesamt 15 Worte à 8 Bit enthält, von denen jedoch nicht alle benutzt werden. Sie haben folgende Funktion (Tabelle 8.2):

Wort-No.	Bedeutung
1	Run in (10 10 10 10 10 10 10 10) (Biphase)
2	Startcode (10 00 10 10 10 01 10 01)
3	codierte Quellenkennung des Senders (4 Bit für z. Zt. 16 Sender)
4	Klarschriftkennung des Senders (ASCII-Code)
5	Tondaten Signalinhaltskennung (Mono/Stereo/Zweiton, 2 Bit verwendet)
6	Signalinhaltskennung (Programm/Testbild, 2 Bit verwendet)
7	ASCII-Klarschrift (z.B. Beitragsnummer etc.)
8	Zieladressen für Leitweglenkung
9	dto.
10	Meldungen, Befehle
11	
12	
13	**VPS-Label** mit den Bits 0 ... 31
14	
15	Reserve

Tabelle 8.2: Bedeutung der 15 Worte der Datenzeile 16

Nur die insgesamt 32 Bits der 4 Worte 11... 14 bilden das VPS-Label und werden wie folgt verwendet (Tabelle 8.3):

Bit No	Bedeutung
0 und 1	Adreßbereiche 1 ... 4
2 bis 6	Tag (5 Bit für 31 Tage)
7 bis 10	Monat (4 Bit für 12 Monate)
11 bis 15	Stunde (5 Bit für 24 Stunden)
16 bis 21	Minute (6 Bit für 60 Minuten)
22 bis 25	Nationalität (4 Bit, hex. 1 .... F)
26 bis 31	Programmquelle

Tabelle 8.3: Zuordnung der Bits zum VPS-Label

Mit dem *Adreßbereich* werden die Programmquellen von ARD und ZDF und später auch auch andere festgelegt. Auf Details verzichten wir hier. Die übrigen Codierungen sind selbsterklärend. Jede Nationalität und Programmquelle (zB. Deutschland, NDR usw.) haben einen speziellen Code. Die Nationalitätencodes sind in Tabelle 8.4 zusammengestellt.

1	2	3	4	5	6	7	8	9	A	B	C	D	E	F
DDR	ALG	AND	ISR	I	BEL	BLR	AZR	ALB	AUT	HNG	MLT	D	CNR	EGY
GRC	CYP	SM	SUI	JOR	FNL	LUX	BUL	DNK	GIB	IRQ	G	LBY	ROU	F
MRC	TCH	POL	CVA		SYR	TUN	MDR	LIE	ISL	MCO			E	NOR
	IRL	TUR			YUG	UKR	HOL		LBN				S	

Tabelle 8.4: Nationalitätencodierung in Bits 22 ... 25 (1 ... F hexadezimal)

Wichtig, obwohl nicht zum VPS gehörend, ist noch Wort 5, das Angaben über den Tonstatus (Mono/Stereo/Zweiton) macht. Aus Wort 5 werden die Bits 1 und 2, wie folgt, verwendet (Tabelle 8.5):

Bit 1	Bit 2	Tonstatus
0	0	Zweiton
0	1	Mono
1	0	Stereo
1	1	Zweiton

Tabelle 8.5: Statuscodierung im Wort 5

Die Bits 3 und 4 werden künftig evtl. für zusätzliche Kennungen verwendet (z.B. "jugendfrei").
Die Datenzeile 16 ist nicht voll ausgenutzt, so daß Platz für spätere Systemerweiterungen gegeben ist.

Ein Ziel ist auch, VPS über Videotexteingabe zu programmieren. Hierzu benötigt der Recorder zusätzlich einen Videotextdecoder (s.a. Abschnitt 8.2), und man kommt zu dem System VPF *(Videorecorder-Programmierung mit Fernsehtext)*.

Dem Standard von VPS liegt die Vorschrift "Technische Richtlinien ARD/ZDF Nr. 8 RZ (VPS)" zugrunde.

Verzeichnis der Formelzeichen

		Einheit			Einheit
AM	Amplitudenmodulation	-	R	Rotsignal, allg.	-
B	Blau-Signal, allg.	-	(R-Y)	Rotdifferenzsignal	-
BT	Bildträgerfrequenz	MHz	(R-Y)'	" , reduziert	-
B-Y	Blaudifferenzsignal,allg.	-	S	Süd	-
(B-Y)	" , reduziert	-	t	Zeit	s
C	Kapazität	F	U	Spannung	V
D	Diode	-	U	U-Signal, allg.	-
ET	Eigentonträgerfrequenz	MHz	u	Wechselspannung	V
F	Farbart, Farbe, allg.	-	Beispiele für Indizierung:		
f	Frequenz	Hz	u_{R-Y}	Rotdifferenzspannung	V
FM	Frequenzmodulation	-	u'_{R-Y}	" , reduziert	V
FT	Farbträgerfrequenz	M Hz	$u_{R(R-Y)}$	Referenzträgerspannung	
G	Grün-Signal, allg.	-		für das Y-Signal	V
g	Gitter	-	V	vertikal(frequent)	-
(G-Y)	Gründifferenzsignal	-	V	V-Signal, allg.	-
(G-Y)'	" , reduziert	-	v	Geschwindigkeit	cm/s
H	horizontal(frequent),1 Zeile	-	v	Verstärkungsfaktor	-
I	I-Signal, allg.	-	W	West	-
I	" , reduziert	-	W	magnetische Energie	Ws
I	Strom	A	W	Weißpunkt	-
i	Wechselstrom	A	W	Weißsignal, allg.	-
k	Reduktionsfaktor	-	X,x	Unbekannte	-
L	Induktivität	H	X,Y,Z	Normalfarben(Wellenlänge)	nm
l	Länge	cm	x,y,z	, normiert	
N	Nord	-	x,y,z	Raumkoordinaten	cm
NB	Nachbarbildträgerfrequenz	MHz	Y	Leuchtdichtesignal,allg.	-
NF	Niederfrequenz	Hz	Ω	Raumwinkel	°
NT	Nachbartonträgerfrequenz	-	Φ	Lichtstrom	lm
O	Ost	-	φ	Phasenwinkel	°
P	Stellwiderstand	Ω	γ	Gradation	-
P	Leistung	W	μ	Permeabilität, magnet.	
P	Raumpkt.	-	τ	Laufzeit	s
Q	Q-Signal, allg.	-	ω,Ω	Kreisfrequenz	s^{-1}
R	Widerstand	Ω			

Quellennachweis

Monografien, Fachbücher etc.

[1.1]	Welland	: Farbfernsehen, 4-fach-Band der RPB-Bücherei, 137/140, Franzisverlag 1966
[1.2]	Hartwich	: Einführung in die Farbfernseh-Servicetechnik, Band I-III, 1967/69, Philips Technische Bibliothek
[1.3]	Holm	: Farbfernsehtechnik ohne Mathematik, Philips Technische Bibliothek, 1968
[1.4]	Heinrichs	: Farbfernseh-Servicetechnik, Franzisverlag 1968
[1.5]	Limann	: Fernsehtechnik ohne Ballast, 7. Auflage, Franzisverlag 1968
[1.6]	Dillenburger, W	: Einführung in die Fernsehtechnik, Band I, 4. Auflage 1975, Band II, 1969, Fachverlag Schiele & Schön GmbH, Berlin
[1.7]	Philips	: Einführung in die Farbfernseh-Servicetechnik, Band II: Meßtechnik und Fehlerbestimmung, Philips Verlag Hamburg 1969
[1.8]	Mayer, N.	: Technik des Farbfernsehens in Theorie und Praxis Verlag für Radio-Foto-Kinotechnik, Berlin 1970
[1.9]	Weaver, L.E.	: Television Measurement Techniques IEE Monograph Series 9 London 1971
[1.10]	Schönfelder, H.	: Fernsehtechnik, Teil 1, 1971 und Teil 2, 1973, v. Liebig Verlag Darmstadt
[1.11]	Hutson	: Color-Television Theorie, Mc Graw Hill 1971
[1.12]	Telefunken	: Farbfernsehtechnik, Band I, 2.Auflage 1966, Farbfernsehtechnik, Band II, Elitera-Verlag, Berlin 1973
[1.13]	Telefunken	: Laborbücher, Bände 1 ... 5, 1958/71
[1.14]	Dillenburger, W.	: Fernseh-Meßtechnik, 3.Auflage 1972, Fachverlag Schiele & Schön GmbH, Berlin
[1.15]	Theile, R.	: Fernsehtechnik, Springer Verlag 1973
[1.16]	Schultze, W.	: Farbenlehre und Farbenmessung, 3.Auflage, Springer Verlag 1975
[1.17]	Richter, M.	: Einführung in die Farbmetrik, de Gruyter Verlag 1976
[1.18]	Lang, H.	: Farbmetrik und Farbfernsehen, R. Oldenbourg Verlag 1978
[1.19]	Dillenburger, W	: Fernsehen, Beitrag in C. Rint, Handbuch für Hochfrequenz- und Elektrotechniker Band 3, 12.Auflage, Hüthig und Pflaum Verlag München 1979
[1.20]	Prestin, U.	: Standardschaltungen der Rundfunk- und Fernsehtechnik, Franzis Verlag München, 1980

- 270 -

[1.21] Mäusl, R. : Fernsehtechnik, Pflaum Verlag München 1981
[1.22] Bernath, K.W. : Grundlagen der Fernseh-System und Schaltungstechnik, Springer Verlag 1982
[1.23] Schönfelder, H. : Bildkommunikation, Springer Verlag 1983
[1.24] Pütz, J.(Hrsg.) : Alles über Fernsehen, Video, Satellit, 2. Auflage, vgs Verlag Köln, 1989

Zeitschriften, Sonderdrucke, Broschüren, Normen etc.

[2.1] Bruch, Mahler u.a.: Zur Technik des Farbfernsehens, Sonderdruck Telefunken Zeitung 38, (1965) Heft 1, S. 3-120
[2.2] Bruch : Farbfernsehsysteme NTSC, PAL, SECAM, Funkschau 36, 1964, Heft 23, S. 619-629
[2.3] Bruch, Seifert, Röbel, Pollack, Karger u.a. : Diverse Aufsätze über den aktuellen Stand der Farbfernsehschaltungstechnik, Technische Mitteilungen AEG-Telefunken, Heft 5, 1970, S. 281-360
[2.4] Blaupunkt : Einführung in das Farbfernsehen Teil I und II, Sonderbroschüre von Dipl. Ing. Ohlhorst, 1967
[2.5] Mac Adams, D.L.: Perceptions of colors in projected and televised pictures, J. SMPTE 65 (1956), 455-469
[2.6] Manz, F. : Trinitron, Farbfernsehtechnik KV-1810 E, Technische Schriftenreihe 1/T4, SONY GmbH, Köln
[2.7] Seifert, Stephan, Alt, Schröder u.a.: Diverse Aufsätze zur Technik der In-Line-Röhre und deren Konvergenzschaltungen, Technische Mitteilungen AEG-Telefunken 65, No. 7, S. 241-266
[2.8] CCIR : CCIR Recommendations and Reports of the XIVth Plenary Assembly, Rec. 470-1, Rep. 624-1, Vol. XI (Television), Genf UIT 1978
[2.9) Reiber, H. : Horizontal-Ablenkteil mit Thyristor-Endstufe für transistorisierte Fernsehempfänger, Radio Mentor Electronic 34 (1968), 31-35
[2.10] Siemens : Eine neue Filtergeneration für Fernsehgeräte. 36-MHz-OW-Filter lösen herkömmliche LC-Filter in der ZF-Stufe ab, Siemens, August 1978
[2.11] Veith, R., Kriedt, H., Rehak, M. Bild-ZF-Teil mit Oberflächenwellenfilter, Funkschau 51 (1979), 226-230, 311-312
[2.12] Valvo : Verstärker für die Ansteuerung von Fernseh- ZF-Oberflächenwellenfiltern mit dem Transistor BF 370, Valvo Brief 17.1.80
[2.13] Valvo : 20 AX - Vom Konzept zum System, Information über Farbfernsehempfängertechnik, 1974
[2.14] Otten, W. Wölber, J. : Das 20-AX-System, 66 cm-In-Line-Farbbildröhre mit Langlochmaske für parastigmatische Ablenkung, Funkschau 46 (1974), H 9, S. 299 - 302 und H. 10, S. 374 - 376

[2.15] Barten, P.G.J., Kaashoek, J. : 30 AX Self-Aligning 110° In-Line Color TV Display, IEEE Trans. Consumer El. Vol CE- 24, Nr. 3, 1978, S. 481-487

[2.16] Nerstheimer : Abgleichfreies Farbbildsystem in Paßtechnik, Funkschau 50 (1978) 25, S. 74-78

[2.17] Valvo : 30 AX Abgleichfreies Farbbildsystem in Paßtechnik, Anwendungshinweise, Valvo Entwicklungsmitteilung No. 76, August 1980

[2.18] Valvo : Das 45 AX-System, Spitzentechnik für Farbbildrören, Firmenschrift Hamburg 1988

[2.19] Valvo : 45 AX Black Line, The Route to Perfection, Firmenschrit No. 9398 357 10011, Holland 1988

[2.20] Valvo : An Angle to the Corners, the new Approach to Shadow Mask Suspension, Firmenschrift No. 9398 356 7011, Holland 1988

[2.21] BBC/IBA/BREMA : Broadcast Teletext Specification, Sept. 1976

[2.22] Fedida, S. : Viewdata. The Post offices textual information and communication system, Wireless World Febr. 1977, S. 32 ff

[2.23] Eaton, D., Montgommery, W.A. : Die Grundlagen von Teletext und Viewdata Funkschau 1977, 1. Teil, H 18, S. 78-82, 2. Teil, H19 , S. 62-67

[2.23] Zimmermann, R. : Bildschirmtext und Videotext - Internationale Standardisierung, NTZ 32, 1979, H 6, S. 398-403

[2.24] Zimmermann, R. : Bildschirmtext und Videotext - Weiterentwicklung und Nutzung, NTZ Bd. 32, 1979, H 5, S. 302 ff

[2.25] Valvo : Videotext und Bildschirmtext - LSI-Konzept, Valvo-Brief 25.3.80

[2.26] Valvo : Technische Informationen für die Industrie Videotext und Bildschirmtext mit den LSISchaltungen SAA SO20, SAA SO30, SAA 5041 und SAA 5051, No. 80 0407, April 1980

[2.27] EBU : Main characteristics of a "level 2" teletext system for EBU organisations using the fixed format principle, Tech 3240-E, Technical centre Brüssel, July 1982

[2.28] EBU : Main characteristics of a teletext system for EBU organisations using the variable- format principle, Tech 3241-E, technical centre, Brüssel August 1982

[2.29] Gaßmann, G.-G., Eckert, E. : Das COM-System, ein neues Vielton-Übertragunssystem, Funkschau 42 (1970), S. 689- 692 u. 749-750

[2.30] Wolf, P. : Die Übertragung von NF-Signalen in einer einzelnen Zeile der Bildaustastlücke, Rundfunktechnische Mitteilungen 15 (1971), H. 2, 61-69

[2.31] Mayer, N., Möll, G. : Verfahren zur Mitsendung zusätzlicher Bildinformation in der Vertikalaustastzeit einer Fernsehübertragung, Rundfunktechn. Mitteilungen 15 (1971), H. 5, S. 206-213

[2.32] Wolf, P. : Analyse eines Verfahrens zur Übertragung von NF-Signalen in zeitkomprimierter, analoger Form, NTZ 25 (1972), H. 8, S. 352-358

[2.33] Wolf, P. : Nutzung des Fernsehkanals für die Übertragung zusätzlicher Informationen, Fernseh- und Kinotechnik 29 (1975), H. 8, S. 235-238

[2.34] Pilz, F. : Digital codierte Übertragungen von Text und Grafik in den Vertikal-Austastintervallen des Fernsehsignals, Fernseh- u. Kinotechnik 31 (1977), 277-283

[2.35] Aigner, M. : Zweitonübertragung beim Fernsehen: Der Einfluß des Offsetbetriebes von Fernsehsendern auf den Tonstörabstand beim FM/FM-Multiplexverfahren und beim Zweiträgerverfahren, Rundfunktechnische Mitt. 22 (1978) S. 185-194

[2.36] Aigner, M. : Eine neue Stereomatrizierung für den Fernsehton, Rundfunktechn. Mitteilungen 23, (1979), H.1, S.10-13

[2.37] Burkhardt, R., Steudel, G. : Integrierte digitale Stereotonübertragung im Fernsehen, Rundfunktechn. Mitteilungen 24 (1980)), H. 1, S. 26-30

[2.38] Dambacher, Kislinger, K. : Stereo- und Zweiton-Technik beim Fernsehen, Fernseh- und Kinotechnik 35 (1981), H. 8, S. 273-278

[2.39] Schwarz, H. ,Weltersbach, W. : HiFi-Qualität für den Fernsehton. Eine neue Konzeption für die Differenz-Tonträgergewinnung beim Zwei-Tontträger-Verfahren, Fernseh-und Kinotechnik 35 (1981), H. 8, S. 279-286

[2.40] Krüger, H.E. : Das digitale Fernsehkennungssystem ZPS, NTZ 35 (1982), H. 6, S. 368-376

[2.41] Heitmann, J : Digitalisierung von Fernsehsignalen - Notwendige und mögliche Standards für digitale Fernseh-Studiosignale, Fernseh- und Kinotechnik 33 (1979), H. 5, S. 150-154

[2.42] Schönfelder, H. : Fernsehtechnik für zukünftige Kommunikationsaufgaben, Bosch Techn. Berichte 6 (1979), H. 5/6, S. 276-285

[2.43] Wendland, B. : Entwicklungsalternativen für zukünftige Fernsehsysteme, Fernseh- und Kinotechnik 34 (1980), H. 2, S. 41-48

[2.44] Schönfelder, H. : Zukunftsaspekte der Fernsehtechnik, Fernseh- und Kinotechnik 33 (1979), H. 9, S. 307-310

[2.45] Koch, R. : Flächenhafte Halbleiter-Bildsensoren, Rundfunktech. Mitteil. 27 (1983), H. 5, S. 213-224

[2.46] Triβl, K.H.; Heller, A. : Die PAL 8er-Sequenz und ihre Auswirkungen beim MAZ-Schnitt, Rundfunktechn. Mitteil. 28 (1984), H. 3, S. 101-111

[2.47] Janker, P. : Die Lösung der PAL-8er-Sequenz-Problematik beim MOSAIK-System, Rundfunktechn. Mitteil. 28 (1984), H. 3, S. 112-120

[2.48] Stollenwerk, F.; Schröder, H. : Fernsehsysteme mit kompatibel erhöhter Bildqualität - Ein Systemvergleich, Rundfunktechn. Mitteil. 28 (1985), H 5, S. 224-234

[2.49] Holoch, G.; Janker, P.; Mayer, N. : I-PAL - Eine übersprechfreie kompatible Systemvariante mit verbesserter Horizontalauflösung für das Leuchtdichtesignal, Rundfunktechn. Mitteil. 29 (1985), H. 1, S. 1-14

[2.50] Dosch, Ch. : C-MAC/Paket - Normvorschlag der Europäischen Rundfunkunion für den Satellitenrundfunk, Rundfunktechn. Mitteil. 29 (1985), H. 1. S. 23-35

[2.51] Heler, A. : VPS - Ein neues System zur beitragsgesteuerten Programmaufzeichnung. Rundfunktechn. Mittel. 29 (1985), H. 4, S. 161-169

[2.52] diverse Autoren : Techniken für Fersehsysteme erhöhter Bildqualität, Sonderpublikation der Voträge auf den 2. Dortmunder Fernsehseminar, 26.- 28. Sept. 84, Verlag Fernseh- und Kinotechnik, 1984

[2.53] Ziemer, A. : HDTV - elektronisches Produktionsmittel der Zukunft? , Fernseh- und Kinotechnik 39 (1985), H. 11, S. 521-522

[2.54] Dosch, Ch. : D2- und D2-Mac/Paket - Die Mitglieder der MAC-Fernsehstandardfamilie mit geschlossener Basisbanddarstellung , Rundfunktechn. Mitteil. 29 (1985), H. 5, S. 229-246

[2.55] Fischer, T. : Fernsehen wird digital, Elektronik (1981), H. 16, S. 27-35

[2.56] Mayer, N. : Probleme und Stand der internationalen Normung digitaler Bildsignale, Fernseh- und Kinotechnik 35 (1981), H 5, S. 161-166

[2.57] Jacobsen, M.; Weltersbach, W. : Digitale Videosignalverarbeitung im Farbfernsehempfänger, 1. Teil: PAL-Farbdecoder, Fernseh- und Kinotechnik 35 (1981), H. 9, S. 317-323; 2. Teil: Maßnahmen zur Verbesserung der Bildqualität, Fernseh- und Kinotechnik 35 (1981), H. 10, S. 371-379

[2.58] Draheim, P. : Digitaltechnik im Fernsehgerät, NTZ 35 (1982), H. 2, S. 96-98

[2.59] Valvo : Digitale Video-Signalverarbeitung, Teil I und Teil II, Technische Information 881031, 1988

[2.60] Stollenwerk, F. : Fernsehsysteme mit kompatibel erhöhter Bildquali-
Schröder, H. tät - ein Systemvergleich,Rundfunktechnische Mit-
teilungen 28 (1984), H.5, S. 224-234
[2.61] Schönfelder, H. : Verbesserung der PAL-Bildqualtiät durch digitale
Interframetechnik, Fernseh- und Kino-Technik 38,
No. 6 (1984), S. 231-238
[2.62] Teichner, D : Qualitätsverbesserung durch adaptive Inter/Intra-
Frame-Verarbeitung im PAL-Heimempfänger, Fern-
seh-und Kino-Technik 40, No. 2 (1986), S. 65-73
[2.63] Hentschel, Ch : Bildspeichergestützte digitale Verarbeitung von
Johansen, Ch. Farbfernsehsignalen, Fernseh- und Kino-Technik
Teichner, D. No. 3 (1986), S. 112-117, No.4, S. 152-156, No. 5,
S.211-216
[2.64] Schröder, H. : Moden zur flimmerfreien Fernsehbildwiederabe,
Wendland, B. ein Vergleich, Fernseh- und Kino-Technik, No. 4
(1986), S.134-139
[2.65] Nillesen, T. : Digitaler TV-Farbdecoder mit Zeilenfrequenz-
Weltersbach, W. verkopplung, Fernseh- und Kino-Technik, No. 4
(1986), S. 141-146
[2.66] Schwarz, H. : Mehrnormen-Fernsehempfänger, eine Übersicht,
Fernseh- und Kino-Technik, No. 5 (1986),
S. 193-200
[2.67] Schönfelder, H. : Komponententechnik im Fernsehen, Fernseh- und
Kino-Technik, No. 8 (1986), S. 371-378
[2.68] Collet,M. : Vergleich von Halbleiter-Bildaufnehmern: Interline-,
Gabler, L. XY- und Frame-Transfer-Konzept, Fernseh- und
Euler, G. Kino-Technik, No. 9 (1986), S. 463-468
[2.69] Börner, R. : 3D-Aufnahme- und Wiedergabeverfahren in Theorie
und praktischer Anwendung, Fernseh- und Kino-
Technik, No. 3 (1987), S. 81-95, No. 4, S. 145-149
[2.70] Messerschmid,U.: Hochauflösendes Fernsehen HDTV und dreidimen-
sionales Fernsehen 3D-TV, Fernseh- und Kino-Tech-
nik, No. 5 (1987), S. 173-176
[2.71] Breide, St. : MAC-kompatible Übertragung der Farbdifferenzsignale in einem zukünftigen HDTV-System, Rundfunktechnische Mitteilungen 32 (1988), H. 4,
S. 173-179
[2.72] Teichner, D. : PAL-Coder und -Decoder mit dreidimensionalen
Filtertechniken, Fernseh- und Kino-Technik, No.9
(1989), S. 403-422

Sachweiser

AB-Burst 152
Ablenkung
  Horizontal- 239
  Thyristor- 240
  Transistor- 246
  Vertikal- 237
Ablenk
  -ebene 86
  -feld 33 ff
  -prozessor 232
  -spule 36
  -systeme 89
  -winkel 37,89
Abschirmung, magnetische 68, 83
Abtasttheorem 13
ACC 189,191
Aliasing 14
Amplitudenmodulation 125 ff
Amplitudensieb, integr. 226
Anastigmatismus 85
Anstiegszeit 134
ASCII-Code 256, 265
Astigmatismus 84
asynchron 256
Auflösung
  örtlich 15
  zeitlich 14
Auge 48
Austastung 182, 189
AVC, AVR 168, 179
A/D-Wandler 228
Ballasttriode 234
Bandbreite
  Farb-ZF 187
  Tuner 164
  ZF-Teil 169 ff
  PAL-Leitung 201 ff
  Video- 18
BAS-Signal 16 ff
Bell-Filter 138
Beugung 49
Bildschirm 31 ff
Bildspeicher 232

Bildsynchronsignal 22, 45
Bildschirmtext 45, 259 ff
Bildträger 45, 169
Bildwandler
  -röhre 25
  -Halbleiterchip 28
Bild-ZF 135 ff
  Amplitudenlinearität 168
  Bandbreite 169 ff
  Verstärker, integr. 226
bitseriell 243
Blaulateralmagnet 65
Blendengitter 99
Brennlinie 103 ff
Broadcast Videotex 253
Burst 130
  -Abtrennung 189
  alternierender 171
  -Amplitude 189
  Aufgaben 189
  -Phase, PAL 152
  -Polung 189
  -Verstärker 189
(B-Y)
  -Signal 118 ff, 215, 217
  -Synchrondemodulator 213 ff
CCD 28
CID 28
CIE 50
CCIR 40 ff, 131
Chrominanz 117
  -stufe, integr. 226ff
  -verstärker 186
Cloche filtre 138
Color-Killer 191 ff
Cockroft-Walton-Schaltung 234
Codierung, digital 256 ff, 264 ff
Composite Sync 45
COM-Verfahren 264
Dachschräge 164
Datenausgabe (VT) 260
Datenbit 257
Datenzeile 257

Deemphasis 145
Delta-Röhre 63 ff, 101
Demodulator
   Bild- 177 ff
   Ton- 177 ff
Domatrizierung 214
Dickhalsröhre 63, 88 ff
differentielle Amplitude 252
differentielle Phase 146, 252
Diode
   Schalter- 165
   Varicap- 165
Doppelgegentaktmodulator 127 ff
Dreifarbentheorie 50 ff
Dreikanalübertragung 115
Dreistrahlröhre 62 ff
Dünnhalsröhre 62 ff, 88
EBU-Testfarbbalken 217
Echo, 3 τ- 203
Echtzeitverarbeitung 228
Eckenkonvergenzgenerator 90ff
Entmagnetisierung 68, 84
Entsättigung 148
Falle 169
Farb
   -abschalter 191
   -art 53, 117
   -artverstärker 187
   -balkensignal 217
   -bildröhre 62 ff, 219
   -bildröhre, Ansteuerung 219 ff
   -differenzansteuerung 223 ff
   -differenzsignal 118 ff
   -dreieck 54 ff
   -empfindung, Auge 49
   -temperatur 149
   -träger 119 ff
   -trägermodulation 125 ff
   -kontrastregelung 189, 191
   -kreis 60
   -meßgerät 51
   -mischung, additiv 50
            subtraktiv 50
   -reinheit 65, 67 ff
   -reinheitsmagnet 67

   -sättigung 54
   -synthese 51
   -temperatur 57, 149
   -ton 54
   -unterscheidung, rel. 59
   -valenz 51
   -vektor 52 ff
   -wert 51
   -ZF-Verstärker 186
Farbe 46ff
   Primär- 46
   Pastell- 54
FBAS-Signal 130
Feldformer (In-Line-Röhre) 130
Festwertspeicher (ROM) 260
Fernmeß   Funktion 261
Fernsteuer
Flimmern 14
Fosssierung, dyn. 63
Frame Transfer (FT) 30
Frequenzmodulation
   Farbträger   (SECAM) 137
Frequenzverkämmung 23, 119, 150
Gammakorrektur 40
Gegentaktmodulator 126 ff
Gittersteuerung 220
Gleichenergieweiß 52
Glockenfilter 138
Grauabgleich 219
Grauskala 66, 252
Grauwert 11
Gruppenlaufzeit 170,250
γ-Entzerrung 40
Halbbild 20
Halbwertsbreite (Impuls) 251
Halbzeilenoffset 119, 261
Hamming-Code 259
Helligkeit
   (Videoverstärker) 181 ff
   -sempfindung 49
Hinlaufschalter 240
Hochspannung 31, 233 ff
   -skaskade 234 ff
   ‚Innenwiderstand 233
Horizontalrücklauf 22

Hubbereich, FM 138,262
H-Sync 17 ff
I-Achse 59
I-Signal 59,132
IBK 50
IC, lineare integr. 225 ff
Identifikationssignal SECAM 140
In-Line-
 Röhre 100 ff
Interactive Videotex 253
Interdigitalfilter 174
Interferenz 119
Interlace 15, 20
Inversbetrieb (Transistor) 249
Kamera 23 ff, 114 ff
Kaskadengleichrichter 234
Katodensteuerung 220 ff
Katodenstrahlröhre 30 ff
Kell-Faktor 19
Kissen
 -fehler 62, 79
 -entzerrung 79, 92 ff
Kompatibilität 116, 256
Komplementärfarbe 55, 61
Kompressionsfaktor (COM) 264
Kontrast 33
Kopfzeile 255
Kopplung
 galvanisch 183
 kapazitiv 184
 kritisch etc. 172
Konfusion 103
Kontrast 181
Konvergenz 65, 69 ff
 ,automatische 85
 ,dynamische 72 ff
 -ebene 86
 -fehler 72 ff
  Horizontal- 72, 77 ff
   Lateral- 70, 79
   Selbst- 85 ff
   ,statische 69
   Vertikal- 75 ff
Label (VPS) 265
Ladedrossel 240

Längsstabilisierung 234
Lateralmagnet, Blau 70
Laufzeit
 -ausgleich 134 ff
 -leitung, I- 134
 -leitung, PAL- 2o1 ff
 -leitung, SECAM- 137 ff
 -leitung, Y 134, 182
 -vorentzerrung 170, 182
Leuchtdichte 11, 13 ff, 116 ff
Leuchttripel 63
Licht 46
 -spektrum 46
 -strom 40
 ,weißes 46
Line-Tranfer (LT) 29
Linse, elektrisch 35, 99, 112
Luminanz 11, 13 ff, 116 ff
 -stufe, integr. 226
 -verstärker 158 ff
Matrix
 RGB- 218
 RGB-, integr. 226
 Y- 117 ff
Matrizierung 71,76 ff
Mc-Adams-Ellipsen 59
Mehrfachreflexionsleitung 202
Mehrpol
 -felder 107 ff
 -einheit 108
Mischung
 Farb- 50, 55
 ,multiplikative 103 ff
M-Leitung 183
Modem 240
Modulationsprodukt 104
Modulbauweise 135, 209
Moir 92, 94, 98
Multiburst 238
Multinorm 228
Multiplex
 Zeit- 17
 Frequenz- 17
 raum- 17
Multistrip-Koppler 174

Negativmodulation 42
Notzhaut 48
NF-Verstärker, integr. 226
Nipkow-Scheibe 23
Nord-Süd-Achse 73
Normalfarbdreieck 57
NRZ-Code 257
NTSC 59, 119, 131 ff
 -Coder 133
 -Decoder 136
 -Zeile 152, 192 ff, 194 ff
Oberflächenwellenfilter 174
Orthikon 25
Ost-West-Achse 73
OWF-Filter 174
Page Header 255 ff
PAL 42, 135 ff
 -Flipflop 209 ff
 -Laufzeitleitung 201 ff
 -Schalter 209 ff
 -Zeile 152, 194 ff, 198 ff
Parabelstrom 73 ff
Parastigmatismus 102
Paßtechnik 110
Phasen
 -diskriminator, Burst 192 ff
 -gang, Bild-ZF 176
 -laufzeit 176
Pixel 15
Preemphasis 137
Plasma-Display 39
Plumbikon 26
Primärfarben 50
Primärstrahler 50
Prisma 47
 ,elektrisches 99
Prüfzeilentechnik 250 ff
PTC 69
Purpurfarben 57
QUAM 121, 129
Q-Achse 59
Q-Signal 132
Quadraturmodulation 121, 129
Quantisierung 13 ff
Quarzleitung 201

Querstabilisierung 234
Reduktion, Farbdiff. 123, 209
 -sfaktor 124
Referenz
 -oszillator 198 ff
 -oszill., integrierter 226
Regelung, getastete 179, 190
Regelung, verzögerte 180
Restseitenband 44,132
RGB-Ansteuerung 214, 222 ff
RGB-Matrix, integr. 216
R-Information (Stereo) 261
Röhre
 90°- 63 ff
 110°- 82 ff
Roll-off-Filter 244
ROM (Festwertspeicher) 247
Rücklaufschalter (VT) 257
(R-Y)
 -Signal 118 ff, 215, 217
 -Synchrondemodulator 214 ff
Sägezahnstrom 36, 108, 240
Schalter, bipolarer, Halbleiter- 240
 ,elektronischer, SECAM 131, 135 ff
Schlitzmaske 99 ff
schwarzer Strahler 149
Schwarzwert 17, 44, 184
Schwingkreis, polarisierter 190
SECAM 131, 135 ff
 -Coder 133 ff
 -Decoder 136
Sechspolfeld 107
Sehen 50
SMVD-Schaltung 238
Speicherplatte 26
Spektrum, BAS 23
Sperre, 4,43 MHz 185
Split-Diodenschaltung 237
Stäbchen (Auge) 48
Stereoton 201 ff
Strahlablenkung 36 ff
Strahler, schwarzer 149
Strahllandung 86
Strahlung, elektromagnet. 46
Strangwickel 90,105

Summensignal, monofon 261
Synchrondemodulator 211 ff
Taktsteuerung (VT) 260
Tangensentzerrung 246
Tangenskondensator 92,246
Teletext 253
Testfarbbalken, EBU 217
Textzeile (VT) 255
Tonträger 42ff, 261
Ton-ZF-Verstärker, integr. 226
Toroidspule 97
Trägerunterdrückung 127 ff
Trapezfehler 72
Transcoder 132
Transductor 81, 93 ff
Trinitron 99 ff
Tuner 160 ff
Übermodulation 123
Ultraschalleitung 137, 201
U-Signal 118, 204, 208
U-V-Entzerrung 209
Varicapdiode 165, 199
VDR 68
Verdopplerschaltung 231
Verdreifacherschaltung 231
Vertikalablenkung 237
Verzögerungsleitung
   I- 134
   Y- 134
   PAL- 201
    SECAM- 137
Videoinformation 11
Videoprocessor (VT) 232, 259
Videotext (VT) 253 ff
Videoverstärker 180
Vierpolfeld 107ff
Vierpoltoroidwicklung 108
Vier-Quadranten-Multiplizierer 138
Viertelzeilenoffset 150
VPF 266
VPS 265
V-Leitung 202
V-Signal 118, 204, 208
V-Sync 17ff
Wellenlänge 46

Weißpunkt 54 ff
Wickelkopf 89
Wortlänge, digital (VT) 232
Y-Signal 11, 13 ff, 116 ff
Y-Verstärker 180 ff
Y-Verzögerung 134, 182
Zapfen 48
Zeichengenerator (VT) 260
Zeilensynchronsignal 20 ff
Zeilenoffset
   Halb- 119, 261
   Viertel- 150
Zeilensprung 15, 20
ZF-Durchlaßkurve 169 ff
Zweitonübertragung 261
Zwischenzeilenverfahren 20
2T-Impuls 251

MIX
Papier aus verantwortungsvollen Quellen
Paper from responsible sources
FSC® C105338

If you have any concerns about our products,
you can contact us on
ProductSafety@springernature.com

In case Publisher is established outside the EU,
the EU authorized representative is:
**Springer Nature Customer Service Center GmbH
Europaplatz 3, 69115 Heidelberg, Germany**

Printed by Libri Plureos GmbH
in Hamburg, Germany